诚直论

——上海市语文学科德育基地的思考与实践

陈 军 主编

现代教育出版社
Modern Education Press

图书在版编目（CIP）数据

诚直论：上海市语文学科德育基地的思考与实践 / 陈军主编.

-- 北京：现代教育出版社, 2019.8

ISBN 978-7-5106-7463-1

Ⅰ.①诚… Ⅱ.①陈… Ⅲ.①语文课 – 教学研究 – 中

小学②德育 – 教学研究 – 中小学 Ⅳ.①G633.302 ②G631

中国版本图书馆CIP数据核字(2019)第178392号

诚直论——上海市语文学科德育基地的思考与实践

主　　编　陈　军

责任编辑　王　薇

封面设计　刘珊珊

出版发行　现代教育出版社

地　　址　北京市朝阳区安华里504号E座　　邮　编　　100011

电　　话　010-64244736（编辑部）

　　　　　010-64256130（发行部）

印　　刷　北京虎彩文化传播有限公司

开　　本　720mm×1000mm 1/16

印　　张　19.5

字　　数　300千字

版　　次　2019年10月第1版

印　　次　2019年10月第1次印刷

书　　号　ISBN 978-7-5106-7463-1

定　　价　58.00元

前　言

　　我所带教的近三十名来自上海不同区县的优秀语文教师，年轻、好学、肯干，也敏于思考，令我深为钦佩。这本以"诚直论"为题的教学经验选集，是我们学科基地班的第一次思想汇总，是每一位基地班学员语文教学思想，特别是语文学科德育思想的初步小结。严格说来，它代表的是新的起点，还不是成果。

　　我们的"起点"内涵是什么呢？一是我们自己的教学实际，这是我们研究语文学科德育的专业起点；二是学生的成长需求，这是目标，同时也是我们每天工作的立足点，每项思考的出发点；三是学科德育的现实问题，我们的研究要直面教育现场，要下功夫，尽可能地解决问题。从这方面来思考，我们确定了一个基本的德育问题，即诚直人格问题。一方面，诚直是语言的特性，语文的思想、审美、文化与思维都离不开这个内核；另一方面，引导青少年在学习语文过程中说真话，做真人，将他们培养成为中华民族的优秀儿女。在当前，这尤为迫切。

　　"修辞立其诚"，是中华文化的优良传统，博大精深，内涵丰富。如何从不同角度、不同路径、不同方法上来探讨，自然是我们基地工作的策略和每一位学员的个人选择。就"基地"的总体研究设计而言，我们紧扣语言、思维、审美、文化这四维来激励学员展开思考，为之提供经验。本书的内容安排就是依照这一思路来进行的。就学员的个人研究取向而言，我们搭建开放平台，鼓励每一位学员从自己的兴趣出发，进行个性化的研究。从目前呈现的内容来看，尽管贴近了语文核心素养的"四维"，但还是显得驳杂，没有形成体系。虽然如此，但毕竟迈出了第一步，也还是令人欣喜的。

　　于漪老师是我们这项研究的总导师，上海市教委领导和职能部门对我们的研究也一直予以大力扶持，我们深表感谢！同时，我们也进一步认识到，语文学科德育的研究，任重而道远，我们责无旁贷。

陈　军

2019 年 6 月 3 日

目　录 /contents

▶诚直论概念解读◀

▶语言与习得◀

▶ 文化与思辨 ◀

个性与思维

文学与审美

诚直论概念解读

语文学科德育的文学传统

陈 军

语文学科德育的核心精神体现在文学作品中。全面认识中国文学基本精神是加强语文德育的前提。"诚"与"直"，实质上是中国文学活动与变革中基本精神内容的一个有机组成部分。换言之，当我们回顾中国文学发展史时，必定会发现关于"诚"与"直"的思想表达的连续性记载。同时我们也会认识到，这条史脉往往就是中国文学不断嬗变脉动的精神节奏。

一、诚直文学思想之源头

讲到语言表达特别是文学的"诚""直"精神与传统，必然要追溯到《尚书·尧典》。

郭绍虞《中国历代文论选》第一篇文字，即是据清代孙星衍《尚书今古文注疏》中的《尧典》节录——

帝曰：夔！命女典乐，教胄子：直而温，宽而栗，刚而无虐，简而无傲。诗言志，歌永言，声依永，律和声。八音克谐，无相夺伦，神人以和。夔曰：於！予击石拊石，百兽率舞。

（郭绍虞《中国历代文论选》，上海古籍出版社 2001 年 10 月第 1 版）

郭绍虞认为，这节文字记载了中国早期的文学理论，包括两个方面的内容：一是"诗言志"。"由于'诗言志'概括地说明了诗歌表现作家思想感情的特点，也就涉及诗的认识作用。与'诗言志'这一特点相联系的另一方面，则是诗的教育作用。'志'是诗人的思想感情，言志的诗必然具有思想感情上影响人和对人进行道德规范的力量"（参见《中国历代文论选》第 1 册第 2 页）。郭著的评价与历代文学家的认识是一致的。例如，朱自清在《诗言志辨序》中就明确指出，这里的"诗言志"论，是中国历代诗论的"开山的纲领"。又如，《汉书·艺文志》指出："《书》曰：'诗言志，歌咏言。'故哀乐之心感，而歌咏之声发。诵其言谓之诗，咏其声谓之歌。故古有采诗之官，王者所以观风俗，知得失，自考正也。"采诗之功能与目的，十分明确，"观风俗，知得失，自考正"是由诗而展开的全面多维的认识鉴定活动。尤其值得关注的是，唐孔颖达全面解释了诗言志"诚"与"直"的特点。

诗者，人志意之所之适也。虽有所适，犹未发口，蕴藏在心，谓之为志。发见于言，乃名为诗。言作诗者，所以舒心志愤懑，而卒成于歌咏。故《虞书》谓之"诗言志"也。包管万虑，其名曰心；感物而动，乃呼为志。志之所适，外物感焉。言悦豫之志则和乐兴而颂声作，忧愁之志则哀伤起而怨刺生。《艺文志》云："哀乐之情感，歌咏之声发"，此之谓也。

（《十三经注疏》本《毛诗正义》卷一）

这里讲的"诗言志"，实际上就是讲"志→言→诗"的形成阶段。

第一阶段：生"志"（感物而动，蕴藏在心）。

第二阶段：用"言"（志的转化，发见于言）。

第三阶段：成"诗"（愤懑之志，悦豫之志，忧愁之志）。

在这三个阶段中，诗人有三项工作体现了"诚"与"直"的特点。一是感于外物，真而诚，自然生"志"，否则，就不能"感物而动"。二是发而为诗，真而诚，自然创作，否则就不能"颂声作"，"哀伤起"以及"怨刺生"。尤其重要的是第三项工作，即由"感"到"诗"的中介环节，"发见于言"，要用准确的语言真诚而又直接地加以表达；否则，"感"就落空，"诗"就失真，"意"就不明。

孔颖达的解注，其实是《诗经》大量作品总体特征的一种概括说明。《诗经》的305篇作品中，不说其他，单就直接论诗的"十一条"来看，"八例为讽，三例为颂"。"讽"为什么占多数呢？郭绍虞认为"决非偶然"，"这不仅反映了《诗经》的实际情况，而且有其深刻的社会根源"。由于美好事物常常受到损害，不合理现象大量存在，因此，"讽"便是人们表达真实情感和对社会保持清醒认识的重要表达方式。这就是"诚"和"直"的真实体现。在这里，诚，就是忠实于生活；直，就是直接性表达，不隐恶，用清人程廷祚的话说，就是"不讳刺"。程说："然则刺诗之作，亦何往而非忠爱之所流播乎？是故非有爱君之心，则天保既醉，祇为奉上之谀词。诚有爱君之心，则虽国风之刺奔刺乱，无所不刺，亦犹人子孰谏父母而涕泣随之也。"（《金陵丛书》本《青溪集》卷二）。

最为难能可贵的是，孔颖达从"诚"与"直"的品鉴上指出了诗与歌、言与声的关系与异同，这就是"情见于声，矫亦可识"的观点。孔颖达在《毛诗正义》中说——

"诗是乐之心，乐为诗之声，故诗乐同其功也。初作乐者，准诗而为声；声既成形，须依声而作诗,故后之作诗者,皆主应于乐文也。设有言而非志,谓之矫情;情见于声,矫亦可识。苦夫取彼素丝,织为绮縠,或色美而材薄,或文恶而志良,唯善贾者别之。取彼歌谣,播为音乐,或词是而意非,或言邪而志正,唯达乐者晓之。"

歌咏,确乎是明辨审美的最佳方式,而审美的前提是对真实情感、诚恳态度、正义主张、直捷语言的认同。正如钱钟书所言:"声音为出入人心之至真,入于人心之至深,直捷而不迂,亲切而无介,是以言虽被'心声'之目,而音不落言诠,更为由乎衷、发乎内、昭示本心之声。"他还引证古希腊的谈艺观:"推乐最能传真像实,径指心源,袒襮衷蕴。"最后,钱钟书高度赞赏道:"仅据《正义》此节,中国美学史即留片席地与孔颖达"。(参见《管锥编》第一册,中华书局 1979 年 8 月第 1 版)。

当我们在了解孔颖达的诚直思想之后,再来探求《尚书·尧典》的有关诗歌教育目的与立意,就更能看到诚直理念在文学及其文论史上的重要地位。节选《尧典》这一节可分三层:第一层,开门见山揭示目的;第二层,讲实现目的的教育内容;第三层,讲教育方式与情境。

关于目的——

直而温,宽而栗,刚而无虐,简而无傲。

第一个就是"直",正直而不失温和,继之是宽宏而不失庄严,刚毅而不苛刻,简易而不傲慢。为什么要把"直"作为第一要求提出来呢?因为它既是底线又是主线。作为底线,它是"直"与"曲","真"与"伪"的分水岭。作为主线,它又贯串"宽""刚""简"各个人格特点与表现。试勾勒《尧典》的诗教内涵图示如下:

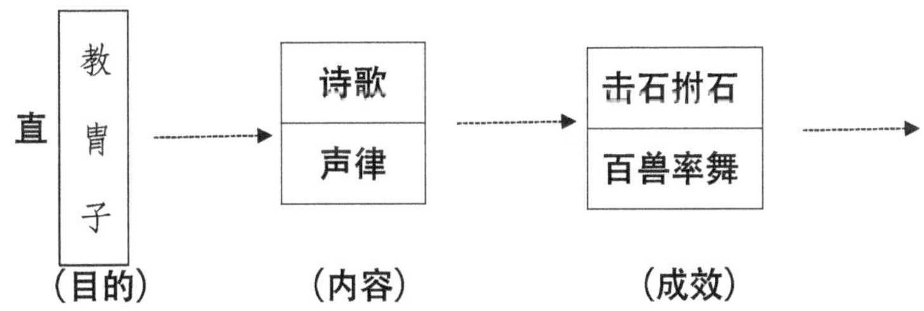

二、诚直文论思想之架构

把文学和教育叠合起来加以系统化阐释并且构成了完整的"诚直"观的创立者是孔子,他的思想在《论语》中得以全面阐述和揭示(最主要的有 14 则)。孔子特别强调文和道德的联系,提出"有德者必有言"的看法;他很重视文学的社会作用,说'诗可以兴,可以观,可以群,可以怨';他"对诗的社会作用作了较系统的理论表述,在理论上比前人发展了一步";孔子论诗乐很重视中和之美,认为《关雎》

乐而不淫，哀而不伤"。"在孔子的时代，中国古代文学理论处于始创阶段，他在诗歌社会作用等问题上的论述，一定程度地反映了文学本身的特征，对于后代文学理论的发展，提供了有益的思想资料，对后代产生了深远的影响……"（参见郭绍虞主编、王文生副主编《中国历代文论选（一）》，上海古籍出版社 2001 年 10 月第 1 版），指出孔子文论的"系统性"特征，无疑是一个深刻的洞见。

就"诚"与"直"思想而言，孔子所论很明确也很系统。这里重点讲两则。

一是《论语·阳货》——"二南"：

子谓伯鱼曰："女为周南召南矣乎？人而不为周南召南其犹正墙面而立也与？"

这里，孔子特别强调了读《周南》《召南》的极端重要性。重要到什么程度？假若不学习二南，"那会像面对着墙壁而站着"（杨伯峻《论语译注》），"言即其至近之地，而一物无所见，一步不可行"（朱熹《四书集注》）。沈括也说："周南、召南，乐名也，有乐有舞焉，学者之事。……不独诵其诗而已"（《梦溪笔谈》卷三）。明李贽说："《诗》之有用如此，今特以之取科第而已，所云夜明珠弹黄雀者，非耶？"（《四书评》）。二南为何有"大用"？这是由其内容决定的。《周南》，十五国风之一，列国风之首，包括《关雎》等十一篇。旧说是周时南国（指洛阳以南至江汉一带）的民歌，一说指用南国的乐调写的歌。《召南》，也是十五国风之一，包括《鹊雀》等十四篇。召为周初召公奭的采邑，其地南部民间歌谣，称《召南》，所及地域南至长江上游。"二南"，都是民歌，而且其中大量为男女抒发情爱的诗篇。朱熹说"二南""所言皆修身齐学之事"（《论语集注》）。清方玉润说："恍听田家妇女，三三五五，于平原绣野、风和日丽中群歌互答，余音袅袅，若远若近，忽断忽续，不知其情之何以移而神之何以旷。"近代康有为说得更有现代意味："《周南》、《召南》，诗首篇名，所言皆男女之事最多，盖人道相处，道至切近莫如男女也。修身齐家，起化夫妇，终化天下。正墙面而立，言至极，其余益无可为也"（《论语注》，中华书局 1984 年 1 月第 1 版）。综前所述，可见孔子重二南，旨在重人道也。重人道尤在男女之道；而男女之道为人性之本源，感生乎心，情发乎诚，言之不迁，直抒胸臆。由此可见，夯实人性之本，继而扩大社会，申及王道教化等。这个诗教的系统性，如图所示：

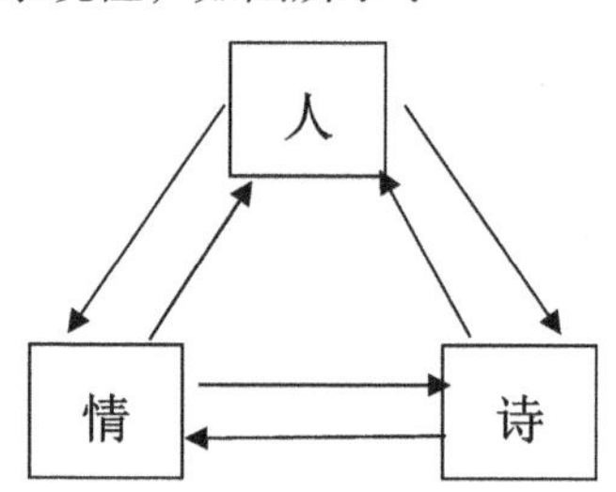

人读诗而移情，移情而育人。同时，人心有情，移情而读诗，诗益增情，从而育人。总之，在"人""情""诗"三者中，"情"是核心。何谓"情"？情，有欲者也。董舒仲曰："情者，人之欲也。"《礼记》："何谓人情，喜怒哀乐惧爱恶欲，七者不学而能。"情与性同。性，善者也。董仲舒曰："性者，生之质也；质朴之谓性。"（段玉裁《说文解字注》，中华书局 2013 年 7 月第 1 版）十五国风，婉而多讽，抒情遣性，发乎内心，"诚"也"直"也。

二是《论语·阳货》——"兴观群怨"：

子曰："小子何莫学夫诗？诗，可以兴，可以观，可以群，可以怨。迩之事父，远之事君；多识于鸟兽草木之名。"

康注："可以兴"，"感发志意"；"可以观，考见得失；可以群，和而不流；可以怨，怨而不怒……又足以资多识，知物性，考医药，备养生。盖博物之学，孔子所重，学诗之法，此章尽之。读是经者，所宜尽心也"。(《论语注》)康注实由朱注而来，朱注又从何而来呢？来自郑玄与孔安国，一是"感发志意"对接孔安国"引譬连类"，联想也；二是"考见得失"对接郑玄"观风俗之盛衰"；观察也；三是"和而不流"对接孔安国"群居相切磋"，交流也；四是"怨而不怒"对接孔安国"怨刺上政"。兴观群怨四者，诚直一也。诚为情感基础，直为表达特征。倘无诚直，四者必废。

"兴观群怨"四者之内在逻辑，王夫之解释最为透彻。

"于所兴而可见，其兴也深；于所观而可兴，其观也审；以其群者而怨，怨愈不忘；以其怨者而群，群乃益挚。"(《薑斋诗话·诗绎》)

试以图示：

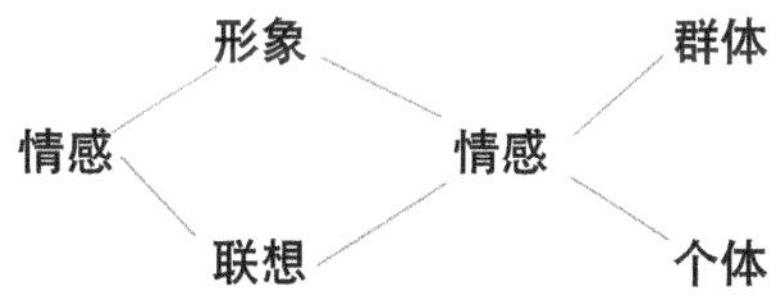

有情感而观，观而深化情感，其"兴"也更深刻；根据所兴而观察，所兴益强，促进观察更加尽心，仔细而详明；依据群体讨论而产生的怨刺，这种"怨"更有普遍性和典型意义，因而更加铭刻于心；依凭有群体意义的所怨来进一步讨论，则群体思想交流更加真诚而坦直。王夫之之论所贵者，兴观群怨，一也，通也。他本人就是这样确认的："出于四情之外，以生四情；游于四情之中，情无所窒。作者用一致之思，读者各以其情而自得。"（王夫之《船山遗书·诗绎》）

"兴观群怨"，四者相通；通而不偏，"思无邪"者也。宋人张戒说："（诗）其正少，其邪多；孔子删诗，取其思无邪者而已。自建安七子、六朝、有唐及近世诸人，思无邪者；惟陶渊明、杜子美耳，余皆不免落邪思也。"话虽偏激，但强调"思无邪"。"思无邪"是孔子所言，他说，"《诗》三百，一言以蔽之，曰：思无邪"。(《论语·为政》）其解有二：一是邢昺认为："诗之为体，论功颂德，止僻防邪，大抵皆归于正"(《论语注疏》），朱熹深表认同，也说"凡《诗》之言，善者可以感发人之善心，恶者可以惩创人之逸志，其用归于使人得其情性之正而已"(《四书集注》）。另一说来自近人认为，"无邪，直义。三百篇之作者，无论其为孝子忠臣，怨男愁女，其言皆出于至情流溢，直写衷曲，毫无伪托虚假"(《论语新解》，钱穆引了《论语集释》郑浩《论语集注述要》），他深表赞同就是这个"直"，并对此评价说，"此即所谓诗言志，乃三百篇所同。故孔子举此一言以包盖其大义。诗人性情，千古如照，故学于诗而可以兴观群怨。此说似较前说为得"，同时又加按语云，"学者必务知要，斯能守约。本章孔子论诗，犹其论学论政，主要归于己心之德。孔门论学，主要在人心，归本于人之性情。学者当深参"。(《论语新解》三联书店 2002 年 9 月第 1 版）钱穆立足于德，立德又立足于人心，立"人心"又归之于本——性情，诚直之道明矣！

三、"诚直"表达之背离

不要认为，真诚、正义、直言、质实等文学创作与语言表达所追求的美好观念在中国思想表达史上一路畅通，断无障碍。其实，三千年来，一直倡导修辞立其"诚"，一个主要原因就是立诚最难，阻碍最大。

不要认为，所有的文学传统都是真的、美的、善的，其实也有"恶的"。强力政治所推行的"恶文""伪言"一直是十分重要的力量在发生支配作用，如果说，这也是不可不说的"传统"的话，那么，这其中的沉痛理应化作我们今天推进诚直文德的强大力量。

在中国思想表达史上，与"诚直"尖锐的分离有两种：一是庄子哲学观对文学观的影响，演化为对"直"的愤怒的"出离"，其本质依然是守诚，依然是直说，但方式方法有了改变。二是商鞅等法家所倡导的为政权服务的文艺观一方面直接否定孔子等儒家所建立的诚直文学思想，一方面又巧妙地绑架之并让儒家文学思想化为己用，形成表儒内法的文学处理观和文艺政治力量，从而欺世盗名。这是今人尤其要深而思之的。

《商君书》(节录）如下——

农战之民千人，而有《诗》《书》辩慧者一人焉，千人者皆怠于农战矣。

《诗》、《书》、礼、乐、善、修、仁、廉、辩、慧，国有十者，上无使守战。国以十者治，敌至必削，不至必贫；国去此十者，敌不敢至，虽至必却。兴兵而伐，必取，按兵不伐，必富。

（《商君书·农战》）

商鞅，卫国人，生活于战国中期，先秦早期法家代表人物。《商君书》主要记载了商鞅的政治思想和"一断于法"的治政策略。早期法家的思想源于春秋时管仲、子产，起于战国李悝，继有吴起、慎到、申不害、商鞅。商鞅重"法"，慎到重"势"，申不害重"术"。到战国时期，韩非子综"法""术""势"各家之长，建立起以君主集权为核心的思想体系及其治国政策，在中国历史上产生了巨大而深重的影响。

商鞅从农战思想出发，把诗、书、礼、乐、善、修、仁、廉、辩、慧这"十者"与国家的强富目标对立起来，非常明确地提出"必去"的主张。在《靳令》中，商鞅也强调，"六虱：曰礼乐；曰诗、书；曰修善；曰孝悌；曰诚信，曰贞廉；曰仁义；曰非兵；曰羞战。国有十二者，上无使农战，必贫至削。"商鞅彻底否定了以儒家为代表的以仁义诚信为核心价值的思想意识，同时也否定了以"诗书礼乐"为系统的教育内容。

商鞅为什么提出这样的农战思想呢？这是由他的政治思想与治国的目的决定的。"商鞅的政治目的有四个，治、富、强、王。""治、富、强"是策略，"王"是终极目标。所谓"王"就是统一当时的中国。所以《商君书》总是强调"强者必治，治者必强。富有必治，治者必富。强者必富，富者必强。"商鞅说服了秦孝公，取得了变法成功，为一百三十年后的秦始皇统一六国奠定了重要基础。（参见高亨《商君书注译》，中华书局 1974 年 11 月第 1 版）

商鞅为什么要把儒家的仁义礼乐诚信等与法家的政治行为对立起来呢？一言以蔽之，儒家以人为本，尊重人的本性与情感，而法家则从来不以人为人，始终坚持铲除人的这些私情为手段达到君王专制的目的。例如，为了农战取胜，商鞅采取厚赏与重刑政策，特别是重刑，残酷无比，不但犯法者罪轻而刑重，而且什伍连坐，三族连坐。到了韩非辅助秦王时，表现得更加突出，"在韩非眼中，人民是不存在的。耕农时君主需要的是牛马，战阵时君主需要的是豺狼，防奸时君主需要的是鹰犬"（王元化《人物·书话·纪事》，人民文学出版社 2006 年 1 月第 1 版）。所以，对于人民表达真情实感的优秀文学作品及其文化传统，商鞅建议的是烧光毁灭之政策，正所谓"燔诗、书而明法令"（《韩非子》）。很显然，诗书不烧，法令不明；善性不灭，恶政不行。例如，儒家反对奸人告密，"其父攘羊，而子证之"，孔子明确反对，主张"父为子隐，子为父隐"，这是从人的私情（孝慈）出发的。而商鞅的"连坐"诱

9

发韩非治政采取"告奸"之术，韩非说："明主者，使天下不得不为己视，天下不得不为己听"，用种种巧术暗示天下人彼此监督，相互举发（参见《韩非子·奸劫弑臣》。商鞅、韩非是从绝对维护君王权威出发的，韩非说："冠虽穿弊，必戴于头；履虽五采，必践之于地"（《韩非子·外储说左下》）。民，履也；君王，冠也。再坏的君主还是君主，就好像破烂的帽子总戴在头上；再好的百姓也是百姓，美好的鞋子总是要踩在脚下。

韩非辅政时，更是取消诗书文化之教，"明主之国，无书简之文，以法为教，无先王之语，以吏为师"（《韩非子·王蠹》）。从而秦始皇实现统一，全国推行封建制，焚书坑儒，毁灭文化，巩固专制，掘开了千古祸源。这里要特别指出的是，商鞅提出的包括文艺在内的整个文化应该为他所提出的耕战政策和法治主张服务的思想，在以后的历史演进中，往往演化为一种"时代主张"而为统治者变式承袭。商鞅强调的"以言去言"，也常为后世统治者所乐道。何为"以言去言"呢？郭绍虞指出："也就是要以歌颂耕战政策为内容的文艺，去代替儒家的诗书礼乐，所谓'起居饮食所歌谣者，战也'"（《中国历代文论选》）。

秦始皇开创封建帝制之后，二千多年来，文学表达的诚直精神始终在思想的"二重性"中闪烁其词，更加令人忧思。

首先，荀子化仁为法，外礼内法的新儒家文学思想始终占主导地位，体现了"教化——工具"二重性。荀子解构了孔孟，贬抑了庄子，合成了法术，从而形成了其"宗经征圣"的文学观。荀子也用崇尚真诚与正直的态度反对取法先王，特别是讽刺孟子喜欢托古，"言必称尧舜"（《孟子·滕文公》），这就是"呼先生以欺愚者"（《荀子·儒效》）。荀子所以如此批判孔孟，是因为在商鞅变法之后，荀子看到了战国末叶的社会变革动态，从而树立了自己的新儒学观点，提出了"俗儒""雅儒""贱儒""大儒"的分类说（《荀子·非十二子篇》）。荀子深受墨家思想影响，认定天不是有意志的，体现了时代的进步性，所以司马迁称荀子是"推儒墨道之行事"的学者（《史记·孟荀列传》）。荀子在思想表达上反对惠施、公孙龙的诡辩论，指出他们强辞诡辩、淆乱名实，是"大奸"者。比如，指出惠施、邓析是"治怪说""玩琦辞"。他认为，用一个观念来混淆客观实在的东西，是"蔽于辞而不知实"（参见《荀子》"解蔽""正名"等）。尤其要注意的是，荀子提出"性恶论"，推翻孔孟的性善论，从而也推翻了孔孟确立的性善伦理的教育观。荀子认为，人"生而有好利""生而有疾恶""生而有耳目之欲，有好声色"（《荀子·性恶》）。因此，人只有通过教育克制其"恶"而成为有教养者。关于荀子性恶论与孟子"性善论"的认识区别，杨荣国讲得比较具体，他说："第一，谓人性为善，善即是知识，如孟子的所谓'羞恶、辞让、恭敬、辞让、恭敬和是非’，都是人类所因有的善性，都属知识的范围，意思就是人类有这许多先验的知识，只等后天的功夫去扩充。谓人性为恶则反是，恶即无知识之谓，即纯感官的，所谓‘饥而欲饱，寒而欲衣，劳而欲休’……这许多，不都是纯感官的吗？第二，谓人性为善，那就是说，人们有许多应有的知识，只待人们把它扩而充之，把它发挥出来。……要多向内面做功夫。谓人性为恶则反是，只承认人类有生理上的要求，但不承认有所谓先验的知识，……因之就对所谓天命不预存任何的希望，就无须向内面做功夫，就非向外界学习不可。"从这两点我们得知，基于人类感官上的欲求而言性恶的荀子，较之基于人类固有的知识而言性善的孟子，前者是伦理学上的感觉论，后者则是所谓先验论。先验论是唯心论，而伦理学上的感觉论则是多少具有唯物因素的。两者的基本观点的区分就在这里（杨荣国《中国古代思想史》，人民出版社 1954 年 5 月第 1 版）。由于荀子确立了人性恶的教育论，因此，在国家治理上他提出了"具有‘法’的内容的‘礼’，"这个"礼"，不是为了止欲、寡欲，而是"从所可"，即适当满足欲望。如何适当满足呢？他说："断长续短，损有余，益不足"（《荀子·礼论》）。这里就暗含了"法"的意味，也就是通过"法"的"礼"来调节社会。正如荀子所言："礼者，法之大分，类之纲纪者也"（《荀子·劝学》），"上以法取焉，而下以礼节用之"（《荀子·富国》）。荀子的这一思想后来传给了学生韩非，韩非为新兴者倡法，突出"术""势"，演变成政治的所有内容都要为君主专制来立论和实施。这一点非关本文主旨，暂不论述。这里要强调的是，由这样的政治思想所支配的"宗经征圣"文学观是有社会思想基础的，看起来具有"进步"的杂糅性，实际上设置了使文学表达始终不能独立完成的隐形桎梏。杨荣国指出，"过去曾有人说，中国两千多年以来，其支配的思想是荀子的思想。这说话的人虽是拥护孔孟而反对荀学，但却道出了一个真理，即把真正代表中国封建制度的思想的开山者找出来了——这个，就是荀子，就是荀子的思想"（《中国古代思想史》）；"过去曾有人"的"有人"是谁呢？就是汪中、谭嗣同和梁启超。谭嗣同说："二千年来之政，秦政也，皆大盗也；二千年来之学，荀学也，皆乡愿也。惟大盗利用乡愿，惟乡愿工媚大盗"（《仁学》卷上）；梁启超说："汉代经师，不问为今文家古文家，皆出荀卿（汪中说），二千年来，宗派屡变，壹皆盘旋荀学肘下"（《清代学术概论》第 138 页）。

荀子的"宗经征圣"的文学观、文化艺术观始终是二千年来的"主流价值观"，"经"和"圣"的内涵有变化性选择，但尊崇的态度则始终如一，故而文学的独立性也就丧失了。

其次，文学体制决定了文人身份的二重性。朱刚所著《中国文学传统》（高等教育出版社 2018 年 5 月第 1 版）所论，给我们以深刻启迪。朱刚指出，"作者的身份不同，其表达方式、表达倾向、表达特点也随之有差异"，"从身份的角度，我们可以把中国传统的作者分成两类"，"绝大部分诗、词、文言文的作者，都具有官员的身份，即所谓'士大夫'。还有少量接近或附属于'士大夫'的乡绅、幕僚、门客、闺阁等，其表达方式与'士大夫'也基本一致，可以归为一类。这是中国文学作者在身份上的一个显著特点"，"因为太少例外，以至于我们通常都不太意识到这是一个特点"，"与此相对，另一类就是通俗文学的'作者'，往往无名，或者如《西游记》《水浒传》的'作者'那样，虽然有个姓名，但他们并不拥有对作品的完整的作者权，……他们不是'士大夫'，而是'庶民'，是民间的艺人和低层的文人"（《中国文学传统》，第8页）。

"士大夫"文人身份的"二重角色"是怎样的呢？

朱刚比较了中英语言翻译情况：

scholar-official [学者 / 官员]

scholar-bureaucrat [学者 / 官僚]

literati and officialdom [文人和官员]

把英语世界中两个不同的社会角色合而为一，才能表达出传统中国的这一特殊身份，阎步克称作是"二重角色"（《士大夫政治演生史稿》，北京大学出版社1996年版）。

"士大夫"既是政治权力的合作者，又是文化表达的追求者，这两者又该如何"合作"？这其中的表达内控机理是值得关注的：正如朱刚所言，官员们自身没有实力，纯粹是君主用来管理国家的工具，在君主独裁的局面中，士大夫的表达只能传递君主的意志，或者主动站在国家的立场进行表达（参见《中国文学传统》）。倘若某些官员想另有表达，主张思想的另类，那也只能是借圣人之言，用经典之论来迂曲排遣，如果过头，必遭抑压和排斥。更为严峻的是，国家立场表达的目的往往是对个人另类表达的取缔，因此，所谓表达的"诚"与"直"只能与国家意志保持一致，而多样性、多元化才是"诚"与"直"的本质特性，这样一来，士大夫表达在表达内控中失去个人性，失去诚与直的表达平台就不在话下了。

综上所述，我们对于中国的文学传统就不能不保持冷峻的态度，如此才能对"诚直"之说有一个基本客观的评估。

四、"诚直"史脉召唤未来

无论如何，我们都不能否定，司马迁"发愤"著《史记》，用伟大的创作实践奠定了诚与直的言说传统，他说，"意有所郁结，不得通其道也，故述往事，思来者"（司马迁《史记·太史公自序》）。意欲通其道，诚也；述往事而思来者，直也。无韵之离骚，心之诚也；史家之绝唱，言之直也。汉赋发达，加之汉武帝罢黜百家，独尊儒术，谀言起也，扬雄奋起批判，指出"辞胜事"的失诚事实："以华丹乱窈窕，以淫词淈法度"，把赋看作是"雕虫篆刻"的文字游戏，他在《问神》中提出了鲜明的语言表达观："君子之言，幽必有验乎明，远必有验乎近，大必有验乎小，微必有验乎著。无验而言之谓妄。君子妄乎？不妄。言不能达其心，书不能达其言，难矣哉……故言，心声也；书，心画也；声画形，君子小人见矣"（扬雄《扬子法言》卷五）。验，根据真实，信而诚；反之即"妄"；言为心声，书为心画，言、书、情，一也。汉之王充，作《论衡》，有力批判了神权主义、反科学的虚妄之言，反对"华而不实，伪而不真"的文风，对"深覆典雅，指意难睹"的赋颂尤其是崇尚骈偶的语言倾向也予以毫不留情的斥责，他说"好谈论者，增益实事，为美盛之语；用笔墨者，造生空文，为虚妄之传"（《论衡·对作》），指邪一针见血，求真不言而喻。王充以孟子自比，直率坦诚地表达了之所以这样批评虚妄的用心，"孟子曰：予岂好辩哉？予不得已！今吾不得已也，虚妄显于真，实诚乱于伪，世人不悟，是非不定，紫朱杂厕，瓦玉集糅，以情言之，岂吾心所能忍哉！……故为《论衡》，文露而旨直，辞奸而情实"（刘盼遂《论衡集解》卷二十九）。至魏晋，玄学起，有"言不尽意"之论，恣肆横流，刘勰作《文心雕龙》，成为我国第一部系统阐述文学理论的专著，清人章学诚誉之为"体大而虑周"。关于"辞令"（语言），刘勰比之为"枢机"，在创作想象中，"志气统其关键""辞令管其枢机"。刘勰非常强调言达意，穷尽物色，曲写纤毫，从而达到"枢机方通则物无隐貌"的效果。刘勰告诉我们，写作一定要以言称物。称者，言事符合之谓也。语言的具体而准确，取决于"情""理"的贯通，所以刘勰又说"夫情动而言形，理发而文见，盖沿隐以至显，因内而符外者也"（《文心雕龙·体性》）。这个"显""符"，是语言准确表达的特征，正如刘勰所言："显附者，辞直义畅，切理厌心者也。"厌者，满足也。辞直—义畅—切理—厌心，"直"为前提，"畅""切""厌"都是"直"的效果，由此，语言之准确表达，能不直乎？刘勰不仅强调"直"，更强调"诚"，即语言表达的真伪问题。他赞同老子的"美言不信"的观点，为什么不信呢？他揭示原因："昔诗人什篇，为情而造文，辞人赋颂，为文而造情。何以明其然？盖风雅之兴，志思蓄愤，而吟咏情性，以讽其上，此为情而造文也。诸子之徒，心非郁陶，苟驰夸饰，鬻声钓世，此为文而造情也。故为情者要约而写真，为文者淫丽而烦滥……"（《文心雕龙·情采》）对于写作的真伪，梁时钟嵘也大声疾呼"诚"与"直"，他说，"观古今胜语，多非补假，皆由直寻"（《诗品序》），又说"颜延、谢庄，尤为繁密，于时化之。故大明、泰始中，文章殆同书抄"。所谓"直寻"，即直接描写和抒发自己内心感受，陈延杰《诗品注》："钟意盖谓诗重在兴趣，直由作者得之于内，而不贵用事。"相反的就是"书抄"，即大量辑录辞章典故，这样的作品无非是显示学问，用学问来掩饰虚假，哪里称得上是表达真实的思想感情呢？文要"直寻"，有什么办法呢？钟嵘从"诚"字上揭示"症结"，他认为，要有真实的内心可表达，作者的内心真的与客观事物相通，被现实生活所感召。他说："气之动物，物之感人，故摇荡性情，形诸舞咏。"气→物→人→情→咏，便是文章内容形成的真实过程。刘勰也说"人禀七情，应物斯感"（《文心雕龙·明诗》），《物色》讲得更具体："春秋代序，阴阳惨舒，物色之动，心亦摇焉……情以物迁，辞以情发"。这些都说明文章的内容不是凭空而来的，内容要"诚"也不是说诚就可以"诚"的，必然有一个由物而得实感，由感而得真情，由情而用诚言的过程，在我看来，这也许就是写作的"诚化"，而作文之育人根本，大概就在这里吧。

唐宋更是有突起之变，陈子昂"前不见古人，后不见来者，念天地之悠悠，独怆然而涕下"，提出"汉魏风骨"，批判"彩丽竞繁"之诗文，指责"兴寄都绝"之要害，期待的是"兴寄"者也。何谓"兴"？兴发也；何谓"寄"？寄托也。兴发由内心而来，寄托则直指人生。陈子昂之"诚"，在于他的"孤独感"。"陈子昂自视甚高，却壮志难酬，直言净谏，每忤权贵，先后两度遭诬陷入狱。这些身世遭际自然也投影在他的诗中，最明显的，是怀才不遇、不为世人所知的强烈孤独感。孤凤、孤英、孤鳞之类语汇，经常出现在他的笔下"（章培恒、骆玉明《中国文学史》，复旦大学出版社），塑造了一个"孤傲的自我"，这样的个性形象，其"诚"与"直"的特点是，既有离骚之底色，又有冲破宗经征圣的思想突破性，还有浪漫主义个性追求的解放性。关于"古文运动"的历史价值，章培恒、骆玉明别具只眼，在指出它的一般意义的同时，说"古文运动之所以有文学史的价值"，主要还是因为"他们也需要以此来更好地表达个人在实际生活中的思想感情"，从而突破"文"的格律化，摒弃不属于自己的"陈词滥调"。韩愈的"道"不同于外在的伦理规范，而是偏于内心的道德修养和人格精神，也就是作文的根本——诚，他在《三器论》中曾说，"不务修其诚于内，而务其盛饰于外，匹夫之不可"，在《答尉迟生书》中又说过"夫所谓文者，必有诸其中，故君子慎其实"，反复强调孟子的话"万物皆备于我，反身而诚"（《答侯生问论语书》）。韩愈这里讲的内在精神——诚，实际上也就是他反复强调的"气"（参见章培恒、骆玉明《中国文学史》第190页，复旦大学出版社版）。韩愈"惟陈言之务去""词必己出"，希望写作是"当其取于心而注于手也，汩汩然而来矣"（《答李翊书》），这已经是对宗经征圣之"道"的超越了，其文论之精华与创作之实践，在于"文以明道"的个人化——内在情感的直抒胸臆上！朱熹指责韩愈"裂道与文以为两物"（《读唐志》），恰恰证明韩愈的个人化是鲜明的。虽然韩愈不可能离开尧舜之道、六经之旨，但我们今人学习的重点要注重于他的"个人性"，抓住他的"诚""直"主调，直言喷涌，抒发不平之气，如他的《送李愿归盘谷序》，斥责"奔走于形势之途"的可怜虫，辛辣描摹"足将进而越趄，口将言而嗫嚅"的卑劣丑态，揭示社会压抑状态下文士的窘境，又何尝没有自我的深怨？总之，韩愈"文起八代之衰"，主要就表现为个人性的诚直写作。北宋欧阳修从朝廷文件入手"矫文章之弊"——"免为浮夸靡蔓之文"，他的文学主张是："君子之所学也，言以载事而文以饰言，事信言文，乃能表见于后世"（《代人上王枢密求先集序书》），事信，内容真诚也；言文，表达有文采也。词家柳永，在内容上涉及市民意识的写作题材，这是对士大夫诗词的思想超越。士大夫指斥其作品"格调卑下"，则恰恰说明了柳永词中所流淌的市民阶层的庸俗气息正是城市平民最真实的现实思想与感情，是柳永之词的时代之"诚"。柳永所选的题材特色也决定了他的语言表达的特点，不慕典丽，"大都写得比较直率明白，很少掩饰假借之处，与其他词人不一样"，表现了直白流畅的艺术风格。

明清格局又有大变化。先有李贽"童心说"，之后有袁宏道"性灵说"，怎一个"诚"字了得。何为"童心"？李贽说"绝假纯真，最初一念之本心"即是，也就是由人的自然本性所产生的未经假饰的真实情感，他说"天下之至文，未有不出于童心者也"（《童心说》），袁宏道"性灵说"实为"童心说"的强调与发挥。二说的出现"意味着文学的解放"。清代李渔，提出戏剧创作的要求是"贵显浅""重机趣""戒浮泛""忌填塞"，就是强调明言直说，不故作姿态；生动有趣，切合人物内心。至龚自珍，作为"第一个站在独立的学者立场上以个人的思考为依据纵横议论时政"，"把自我的主体性提升到前所未有的高度"，"散文恰与桐城派形成对立，不仅思想旨趣大异，文章风格也完成不同。龚氏文无定式，不屑斤斤于结构与辞藻，其风格或切直或诡奇，均是随笔直书，任意驱使语言，显示出大家才有的自信和力量"（章培恒、骆玉明《中国文学史》，第524页）。正如他的诗所言："少年哀乐过于人，歌泣于端字字真；既壮周旋杂痴黠，童心来复梦中身"。有童心之诚，才能字字纯真，才敢为挣脱枷锁而直言，这样的诚直品格，自然滋养着一代又一代新人。

俱往矣，数思想风流，不能不重温 20 世纪初由胡适、陈独秀所发动的文学革命以及他们所表达的思想。他们的思想精神无疑是批判的、革命的、面向未来的，而所倡导的，依然是现代版的"诚"与"直"。陈独秀 1917 年发表于《新青年》第 2 卷第 6 号上的《文学革命论》一文指出："余甘冒全国学究之敌，高张'文学革命军'大旗，以为吾友（指胡适——作者注）之声援。旗上大书特书吾革命军三大主义，曰，推倒雕琢的阿谀的贵族文学，建设平易的抒情的国民文学；曰，推倒陈腐的铺张的古典文学，建设新鲜的立诚的写实文学；曰，推倒迂晦的艰涩的山林文学，建设明了通俗的社会文学。"（陈思和《中国现代文论选》，上海教育出版社 2010 年 12 月第 1 版）陈所批判的雕琢、阿谀、陈腐、迂晦……全都是真诚、正直的对立面。其所呼应的，正是胡适《文学改良刍议》的基本思想，也即文学改良的"八事"："一曰，须言之有物。二曰，不摹仿古人。三曰，须讲求文法。四曰，不作无病之呻吟。五曰，务去烂调套语。六曰，不用典。七曰，不讲对仗。八曰，不避俗字俗语。"（原载 1917 年 1 月《新青年》第 2 卷第 5 号）胡的"八事主张"的核心就是强调文学的内容与形式都是为了表达当今的最真实坦诚、最直抵现实的思想与情感。尤其值得注意的是，朱光潜对于这一真实坦诚的思想情感表达的认识有一个极为深刻的洞见：对于"文以载道"，有两种解释，一是"道"为道德教训，尤其是古人的儒家的思想观念；一是"道"为人生世相的道理，"道"就是文学的真实性（参见《文学与人生》，《朱光潜全集》第 4 卷，安徽教育出版社 1998 年版）。朱的意思就是，文学代圣人立言，非由己心而出，也就是不真实的，应该用自己的眼睛去发现现实的人生而加以表达，因此，朱光潜强调"情感思想的真实本身就是道"（陈思和《中国现代文论选》，上海教育出版社 2010 年 12 月版）。朱光潜的美学思想不仅揭示了真实性的真实意义，而且也揭示了真实性的教育意义，无疑，这是"现代性"对文以载道传统的超越。

语文学科德育的哲学立意

陈军

语文育人价值深厚而多元，本有之德育似不必赘言，但当前的语文教育令人忧虑：一则应试应制，不辨言伪；二则穿靴戴帽，附贴标签。二弊害莫大焉！本文从哲学高度所论"诚""直"乃语文本有之德，人格必建之基，既有中国传统，又有国际视野，更砭当今时弊。人言，信也，无疑，本文在长期争论的语文德育问题上焕发洞见，直指语言本质，自成境界。

一、"诚"论

（一）基本含义

《说文》："诚，信也。""信，诚也，从人言也。人言则无不信者，故从人言。"段玉裁注：古文"信"写作"𠋡"，言必由衷之意。

先秦文献中，"诚"与"直"是十分重要的观念与语辞。在儒家思想范畴中，"诚"是关于人品的哲学概括，是内向的修炼；直是人格的外向态度，是对外界的直接情感表达。《论语》中未见"诚"，但有"信"，如《学而》："言忠信，行笃敬"；如《泰伯》："敬事而信"。这里的"信"已涉及"诚"的基本内容。

至《中庸》和《孟子》，"诚"上升为重要的哲学范畴。《中庸》："诚者，天之道也；诚之者，人之道也。诚者不勉而中，不思而得，从容中道，圣人也。诚之者，择善而固执之者也"。朱熹有很好的解释，说："诚者，真实无妄之谓，天理之本然也。诚之者，未能真实无妄，而欲其真实无妄之谓，人事之当然也。"《中庸》既提出"天之道"，又提出"人之道"；既指出其诚有同，也指出其诚有别，这既是极为重要的天人合一宇宙观，又是有着崇高追求的人为本体的人格境界论。当代哲学家贺麟对此这样评价："在儒家思想中，诚的主要意思是指真实无妄之理或道而言。所谓诚，即是指实现、实体、实在或本体而言"，比如孟子"万物皆备于我，反身而诚"，就"具有极深的哲学意蕴"，"诚不仅是说话不欺，复包含有真实无妄、行健不息之意。'逝者如斯夫，不舍昼夜'，就是孔子借川流不息以指出宇宙之行健不息之诚，也就是指出道体的流行"。"诚亦是儒家思想中最富于宗教意味的字眼。诚即是宗教上的信仰。所谓至诚可以动天地泣鬼神。精诚所至，金石为开。""就艺术方面而言，思无邪或无邪思的诗教即是诚。诚亦即是诚挚纯真的感情。"贺麟从艺术、宗教、哲学三方面对儒家之"诚"的体认，揭示了《中庸》"诚"的本义，也揭示了中国古代哲学家把"宇宙看成是活生生的有机体"的基本价值向度。[1]

（二）"诚"的教育学意义的建构

朱熹的"诚"教观十分切实，他说——

圣人之德，浑然天理，真实无妄，不待思勉而从容中道，则亦天之道也。未至于圣，则不能无人欲之私，而其为德不能皆实。故未能不思而得，则必择善，然后可以明善；未能不勉而中，则必固执，然后可以诚身，则此所为人之道也。

这讲的就是"人之道"的真实情形。1.人的榜样是"天"与"圣人"，此教育达成之最高目的；2.人要通过"择善"守"中"，才可以达到"诚身"目的。此教育达成之基本策略；3.怎样择善、守中呢？《中庸》所给的途径是"博学之，审问之，慎思之，明辨之，笃行之"。朱熹明确指出，这五方面就是"诚之之目也"。此教育达成之程序与环节；4."学，问、思、辨，所以择善而为知，学而知也。笃行，所以固执而为仁，利而行也"。[2]此教育达成之核心。

朱熹之教育观源自《大学》。《大学》"八目"确立了"诚"之特殊的教育基础地位以及"诚"之教育各环节的逻辑关系：

明明德于天下者，先治其国；欲治其国者，先齐其家；欲齐其家者，先修其身；欲修其身者，先正其心；欲正其心者，先诚其意；欲诚其意者，先致其知；致知在格物。

中国古代教育思想极具逻辑表达。它首先确立根本点，然后由根本点而延展发展点，最后将根本点与发展点加以耦合，形成有机统一。这种建构教育学的思想理路很值得我们学习。在这里，我们分明可以看到："诚"是一个发动、奠基、转化的枢纽。

一方面，对于正其心以上者，诚其意是"知"的发动与培育，有此，心才可正。一方面，"诚"又从格物致知中来，即择善与守中。还有一方面，"诚"又是格物致知——博学之，审问之，慎思之，明辨之，笃行之——正心、修身、齐家、治国、明德——的主线。诚，是与天地一致的本体属性；诚，又是"人之道"的渐进过程；诚，是对人的本体的哲学认识，又是引导人不断成长的道德取向。

自《中庸》提出"诚"的哲学概念以后，《孟子》也坚持说"诚者，天之道也，思诚者，人之道也"；荀子加以发挥，认为"诚"既是修身善心的根本原则，也是自然运行和变化之规律，说"君子养心莫善于诚"，"变化代兴……四时不言而百姓期焉，夫此有常，以至其诚者也"（《荀子·不苟》）；李翱说"诚者，圣人之性也，寂然不动，广大清明，照乎天地，感而遂通天下之故，行止语默，无不处于极也"（《复性书》）；周敦颐也以"诚"为圣人之本性："诚者，圣人之本。大哉乾元，万物资始，诚之源也"（《通书》）；明清王夫之认为，"诚"即是"天地有其理"，"天理之实然，无人为人伪也"（《张子正蒙注·诚明》）。"诚"自然也有其总括之功："约天下之理而无不尽，贯万事之中而无不通也"（《读四书大全说》卷三）。王夫之同时还提出"实有说"，即诚"前有所始后有所终也，实有者，天下之公有也"（《尚书引义》）。王夫之对于"诚"的阐释，更加显示了天人合一、以人为本的诚的基本精神。[3]这些思想都有力地支撑了"诚"的教育立意。

（三）当代"诚"的思想创新与国际参照

"诚"在《中庸》中被称为"天道"，这就是说，"诚"是实际的，又是有规律的。张岱年敏锐地抓住荀子"天行有常"，揭示了古代哲学家关于"诚"的一般认识中的"规律性"意义。张岱年指出，朱熹解释"诚"是"真实无妄之谓"，"这是正确的。真实即客观实在性，无妄即合乎规律。"又说，"宋代理学家，直至清初的王夫之，也都讲'诚'，其所谓'诚'都有两层意义，一客观实在性，二合乎规律性。'诚'就是实在而有常"。[4]张岱年认为，"诚是中国古代哲学中最难理解的概念"，而其"规律说"恰恰就是一把解"诚"的钥匙，不仅如此，这个解"诚"的"钥匙"同时又是教育学意义上"育诚"的"锁钥"。我们今天讲中小学语文学科德育的基础在于"育诚"，立足点就在这里。

21 世纪儒学研究中，新儒家杜维明指出，"诚"也是一种创造，得出这一认识是基于古贤对"天"的理解："诚者，天之道也"。天之"诚"，在创造天的自我；因此，与天相应，"人也有创造性，人是天的 co-creator；共同创造者，而人本身又是天生出来的，……对此，我的看法是'大化流行'不是完全的自然现象，在儒家的解读中，也有人文化成的意义"。[5]人是怎样创造自我的呢？"诚"是关键。"创造就是自我人格的充分体现，不只是社会政治的价值而已，也不只是人类学的价值，就是从哲学的角度看人，人创造自我、发展自我，有一种不可化约的自我"，最显著的特征就是"你想做什么和你就做什么不可分割"，意思就是"只要你真要"，你"要的本身"就是你"要的"，也就是"心"之"诚"也。如《论语》所言"我欲仁，斯仁至矣"，你这样决定，你就得到了。"所以自我作为一个参与者、创造者、观察者、欣赏者，自我的创造是绝对的"。[6] "自天子以至于庶人"，从求知到作文，从阅读到表达，凡是人生常事，"一是皆以修身为本"（《大学》），这其中的人生主线就是"诚"，而"诚"的内在实功就在于催动人的自我创造。这个实功的具体表现也就是《中庸》所说的名言："唯天下至诚，为能尽其性；能尽其性，则能尽人之性；能尽人之性，则能尽物之性；能尽物之性，则可以赞天地之化育；可以赞天地之化育，则可以与天地参矣"（朱熹《四书集注》）。这里所讲的"尽"就是当代所言"创造"的极致；这里所讲的"化育"，就是指"创造"不断"创造着"的过程与特征。

在国际参照上，中国"诚"论与日本"诚"论的比较很值得我们深思。日本学者武内义雄的《日本儒教》和相良享的《近代儒教思想》认为，在中国形成了以"敬"为中心的儒学和以"致良知"为中心的儒学，但未曾形成以"诚"为中心的儒学。[7] 中国哲学家似乎不大认同，但又没有充分的理由加以驳斥。事实上，伴随着专制主义的盛行，"敬"的中心确实在扩大夯实，所谓"致良知"也是一时之盛，因玄空而遭诟病。至于"诚"不知为何渐渐被我们丢失了。

我们是如何丢失的呢？对中日儒学有精深研究的王家骅先生有卓然洞见。他说《中庸》的儒学就是以"诚"为中心，到周敦颐、王夫之等，更是发扬光大。但中日比较而言，在"诚"的内涵确认上有较大区别，形成了两条不同理路。就日本而言，山鹿素行开始提出"圣人所以立道皆以人无息之诚而致"（《谪居童问》），认为道德修养的根本是"诚"而不是"敬"。何谓"诚"？他说"所谓诚乃天下古今人情不得已之谓也"（《谪居童问》），即认为人们从内心中涌出的不可抑止的情感就是"诚"。王家骅认为，他与中国宋明理学和日本以"敬"为中心的禁欲主义伦理思想不同，对情欲表现了较为宽容的态度。父子亲情、男女情欲都是"不得已"的情，也就是"诚"。"好好色，欲美食，情之诚"，至于"贪之淫之，皆情之过溢流荡，不可圣于天下古今，故不可谓之诚"（《谪居童问》）。到了江户时代后期，以"诚"为中心的伦理说成为中心，如细井平洲说"内心与表面一致，里外不二"即"诚"；而吉田松明认为，"诚"应兼备"实""一""久"三个因素。"实"就是以实心去实行；"一"就是专一，一贯；"久"就是稳定而持续。王家骅说，"在这里，'诚'已不仅是使心内与外表一致，而且要使外部社会与自己的愿望相一致，具有了能动地改造社会的能力。"所以王家骅指出："中国'诚'中心的儒学特别是宋明理学较之日本'诚'中心的儒学，具有更为精致的形而上学体系，'诚'被高度抽象化，并具有多层面的意义。但也正因为如此，容易导致儒者们致力于'诚'的理论辨析，使'诚'远离人生实践，成为僵化的教条，即所谓坐而论道，从而削弱了它应有的道德感召力和社会影响力，被讥为言行不一或口是心非的'假道学'。日本'诚'中心的儒学侧重讲'诚'是'情'之'诚'，贴近人生，正视人的正当感情欲求，容易成为人们道德实践的指导力量。"[8] 这个结论，对我们实施语文学科的"诚""直"教育具有十分重要的指导意义。

二、"直"论

《说文》提出："直，正见也。《左传》曰：正直为正，正曲为直。见之审则必能矫其枉，故曰正曲为直。"从"十目Ｌ"，谓以十目视"Ｌ"（匿者）"Ｌ"者无所逃也。

"直"是理想的人格特征和优良的道德品质，但是更值得关注的是，它是人格与品质的真实而又直接的外向表达，是"品行"的行动具体化，通常有正直、直爽、真诚等意义。

（一）"直"是儒家教育伦理的规范与追求

在孔子看来，"直"是人内心所具有的先天道德，相当于后来出现的词汇"诚"，他说"人之生也直"（《论语·雍也》）。当然，这个先天的"直"必须通过后天的"学"来正确实现，他说"好直不好学，其蔽也绞"（《论语·雍也》）。孔子提出的"三友"观，第一个突出的就是"直"，他说"友直，友谅，友多闻，益矣"（《论语·季氏》），这里的"直"是正直；"谅"是信实；"多闻"是知识广博，这三点其实也是互为表里、相互转化与促进的，内涵十分丰富。

教育学意义上的"直"，在教育家孔子的教育实践上出神入化，具体而微，对于当今教育极富借鉴作用：

关于正直，《论语·卫灵公》中有史鱼的形象——

子曰："直哉史鱼！邦有道，如矢；邦无道，如矢。君子哉蘧伯玉！邦有道，则仕；邦无道，则可卷而怀之。"

孔子用"箭一样直"来赞喻史鱼的人格表现，同时用"君子"给予蘧伯玉极高评价。有趣的是，这两个赞誉的背后还隐藏着一个故事：作为卫国大夫的史鱼，临死时嘱咐他的儿子不要"治丧正室"，以此来劝告卫灵公任用蘧伯玉，斥退弥子瑕，这就是古人所称的"尸谏"（《韩诗外传》）。史鱼与蘧伯玉的"直"，是对于大是大非的抉择，是正直的举动。

关于直爽，《论语·公冶长》中有微生高的性格剖析——

子曰："孰谓微生高直？或乞醯焉，乞诸其邻而与之。"

微生高或许是出于好意，但自己家里没有醋而不坦白说清楚就不能算是直爽。[9]

"直"是高大的形象；"乞醯"，鸡毛蒜皮的小事。两者打通，生活教育也。"直"是泛生活化的，这与当代的教育理念是相通的。

关于真诚、真实，《论语·子路》也记了一个"特别的"故事——

叶公语孔子曰："吾党有直躬者，其父攘羊，而子证之。"孔子曰："吾党之直者异于是：父为子隐，子为父隐——直在其中矣。"

直躬，直身而行，表现出自矜夸显示于人的样子。证，告也。杨伯峻说，这相当于今日的"检举""揭发""举报"（《论语译注》）。这种告发，是"直"吗？孔子没有正面否定，而是说"吾党之直异于是"，也就是"隐"。隐瞒怎么是"直"呢？这里，孔子给"直"设置了一个前提，即合乎大道，出于真诚，体现真实情感。孔子这里所言的"隐"，就是出于"孝""慈"的伦理，就是真实情感所致。这里的"直"，其实就是真诚。这不仅是生活化了，而且人性化了。孔子未必赞赏"隐"，但他指出了人性化的重要性。"隐"，纵也为错，但与"告发"的小人之行相比，还是有霄壤之别。

"直"的行为规范也是"政治化"的，所谓"政者，正也"的具体表现——

哀公问曰："何为则民服？"孔子对曰："举直错诸枉，则民服；举枉错诸直，则民不服"。

提拔正直者"置之于枉"（王应麟《困学纪闻》），这就是公正。正直者出来管理，实施公正，公正压服了邪曲，这就是公义所盼，是正义的效果。

孔子之后，历代儒家都承袭孔子对"直"的看法，如南宋陆九渊门人袁燮在《絜斋粹言》中说："直者天德，人之所以生也，本心之良，未尝不直，回曲缭绕，不胜其多端，非本然也。"

（二）"直"是中国传统知识分子直面现实的风骨与冷眼

中国古代知识分子的独立生存地位在先秦之后几乎丧失殆尽，因此，直面现实的风骨与冷眼就越发显得可贵。楚之屈原，汉之司马迁，晋之陶渊明，唐之韩愈，宋之朱熹，明之"东林"诸君，清之王夫之与谭嗣同……始终是中华文化中的人格火种。这里试从教育学上看"诚"与"直"的知行，但以朱熹为代表。

朱熹，在特定的情境中，把"直"上升到最高的人格状态和最重要的应事态度。

庆元六年（1200 年）三月五日，朱熹死前四日夜讲张横渠《西铭》，勉励学生说："为学之要，惟在事事审求其是，决去其非。积累日久，心与理一（合而为一），自然所发皆无私曲。圣人应万事，天地生万物，直而已矣。"

朱熹临终前所讲的这一个"直"，徐复观对之体认尤有洞见，他说，程朱们平日谈到天地、圣人时，几乎都是以"仁"来加以统贯。"天地生万物"是天地之仁，圣人应万事也是出于圣人仁心的发用。但朱元晦在死前四天向学生讲话，谈到圣人天地时，不说"仁而已矣"，却说"直而已矣"，这到底有没有什么特别意义？徐复观指出，这不是因为仁的观念不容易把握，而直的观念比较容易把握的缘故。朱子在这里所说的"直"，不是就个人的品德说的，而是以"圣人应万事"来表明"直"在他的道德体系中，实有其普遍性、"大用"性（"全体大用"的"大用"）的意义；不是就学问的端绪说的，而是以"天地生万物"来肯定"直"在他的道德体系中实有其根源性、必然性的意义；我以为，徐复观的这一评价，直接点明了存在于朱子内心的"诚"的价值所焕发的精神格局。朱子是极为看重"诚"的人生意义的，正如前文论"诚"时所言，他是以真实无妄为人生最高境界的。因此，徐复观的分析就不是为了赞赏的概括，而是为了"事实"的提醒。他说，"在他五十多年学术生活的许多语言文字中，不曾以这种分量来称道'直'；却在死前四天，以这种分量来加以称道，我想，这是他积累毕生格物穷理（即是认真研究问题）之力，看透了政治、社会的问题，再印证他在政治上的遭遇，才从他仅余的生命底力中，以无限的慨叹，以无限的救世之心，所说出来的。"借分析朱子而观照中国知识分子的良知和阴险，徐的现实目光是十分"毒辣"的：

朱元晦此处所说的"直"，是与他上面所说的"私曲"相反的。"无私曲"即是"直"。私是指自私自利；曲是邪曲，主要是指说歪理、讲谎言、做邪事。竭尽自己的聪明才智来说歪理、讲谎言，以达到自私自利的邪事，这便是"私曲"。因此，直的首要内容是说正理、讲真话。

徐复观饱含义愤地叙述了朱熹晚年所遭到的贬抑和践踏。59 岁时，朱熹上万言书疤论朝政得失，要皇帝不使左右侍从之臣而将政治委之于宰相。65 岁时，朱熹得罪当时得幸的韩侂胄，遭到变相撤职。当时，嗜利无耻的士大夫为了逢迎韩侂胄，劝韩尽逐如同朱熹等名望之人，改"道学"为"伪学"，再进一步称为"逆党"，集矢于朱元晦及其学生。台谏汹汹，争以朱元晦为奇货，以攻击他为升进之阶。67 岁时，科举文章稍涉义理悉见黜落。六经、《论》《孟》《大学》《中庸》之书，为世大禁，这些都是当时的读书人抢着干的。许多人劝朱元晦遣散学生以避祸，他没有接受。到了庆元五年他 70 岁的时候，他写成了《楚辞集注、后语、辨证》，这可说是他最后的一部著作。由这本书分明可窥见他孤愤的情怀，实与屈原共其呼吸。徐复观先生指出，老先生由此体验到，与最高权力结合在一起的谎言、歪理，压倒了整个政治社会，使整个政治社会都要跟着说谎话歪理，这是人类最大的黑暗。要从最大的黑暗中转出一线生机，便只有人能不顾私人利害，肯讲些真话，这即是他所说的

"直"。[10]

讨论中国知识分子风骨看起来与中小学语文教学相去甚远，其实则紧密相关。中国知识分子"诚"与"直"全在他们的文字作品中，对于当代中国青少年而言，这些精神养料实在是无与伦比的重要。屈赋之"忧"，司马迁之"奇"，韩愈之"气"全是"诚直"的精华。

对此，笔者另有专文讨论。

（三）"直"德的教育要基于现代心理学而作出策略选择

用人生哲学的理论看现代心理学内容，我们自然会认识到，"直"，不是一个静止的品行概念，而是一个关乎人在任何历史条件下都应促成的成长概念。

现代心理学告诉我们，德育的说教与外铄应转化为引导与内化。而引导与内化的重点是性格的自我教育。"性格决定命运"也许有些夸大其词，但性格的人生意义是不容忽视的。尤其在中小学生成长时期，性格的引导与内化是不可回避的德育内容。

性格是一个十分复杂的心理构成物，它有多种不同的性格特征。其中，性格的态度特征就是"直"的直接表现。人对客观现实的影响，总是以一定的态度予以反应。客观现实的对象和现象多种多样，人对客观现实态度的性格特征也是多种多样的。但是"多种多样"之中又有恒定的东西，这就是在处理各种社会关系中的内心价值的一致性。价值的"一致性"在生活情境中又必然要演化为行为的一致性。崇尚正直，向往公正，无疑是每个人性格态度特征的追求目标。[11]

美国心理学家卡特尔把所有的性格特质划分为表面特质和根源特质。他认为，"表面特质是直接与环境接触，常常随环境的变化而变化，是从外部可以观察到的行为。根源特质隐藏在表面特质的后面，深藏于性格结构的内层，它是制约表现特质的潜在基础和性格的基本因素，是建造性格大厦的砖石。根源特质必须通过表面特质的中介，通过因素分析才能发现，例如"自作主张""自以为是""高傲""指责别人"等表面特质就是"支配性"这个根源特质的表现。[12] 在现代心理学思想光照下，中国古代所崇尚的"诚"与"直"的哲学关系就显得格外鲜明了。如图所示：

"诚"为"性"之内核，"直"为"性"之表现；"诚"是人的根源特质，"直"是人的行为特征，是表面特质的"一致化"。"直"的稳定性与"诚"的坚定性相辅相成，"诚""直"并进，各有侧重。我之所以倡导语文学科德育"诚""直"并举，思想的立意就在这里。

有关心理学家对我国中小学生性格特征的年龄发展趋势做过深入研究，如下图：

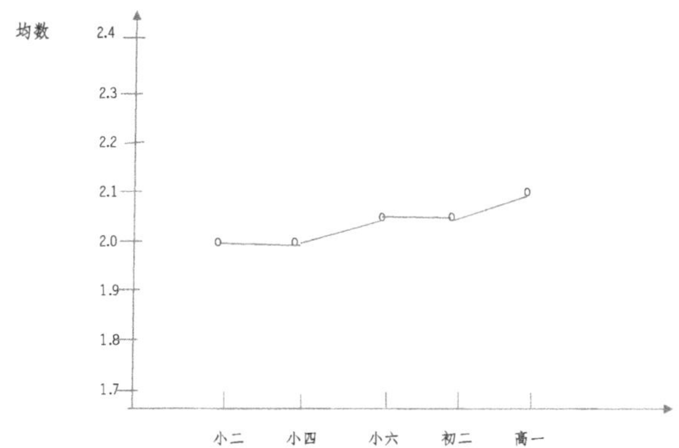

研究表明，我国儿童、青少年的性格发展的水平随着年龄增长而逐渐升高，表现出由低到高的发展趋势，但不平衡、不等速。小学二年级至四年级发展较慢，四年级至六年级发展较快；小学六年级至初中二年级发展尤其缓慢，甚至出现相对停滞状态；初中二年级至高中一年级，又出现快速发展趋势。[13]

由此可见，"诚"与"直"教育的时间、时段与时机是相当重要的。有时机的变化，往往就是跨越。四年级到六年级的身心转变，初二到高一的思想突变，都是因材施教的重要关注阶段，不失时机地引导与内化往往能够实现性格养成和人格发展的理想化自我超越。

心理学的指导能够帮助我们依照儿童身心发展规律来施加德育影响，所有的影响都聚力于人生发展的进程中。而人生的发展理路显然又必须在哲学立意的前提下构建。我们当然不是依凭孩子来培养哲学，而是依凭哲学来培养孩子。

作者简介：陈军，上海市语文特级教师，华东师范大学特聘教授，上海市重点中学市北中学特级校长。研究方向：中国语文教学传统的现代化。著有《语文教学时习论》《〈论语〉教育思想今绎》等。

语文学科德育的课堂实践

语文，是一门工具性和文化性相互交融的学科，正是因为这种特殊的学科属性，语文学科的德育功能显得更加突出。因此，我们在课堂实践中就特别注重语文学科的德育功能，注重培育"诚直"之人。在新的时代要求下，我们不断强化这种实践。首先，注重课堂教学的语言习得，让学生掌握理解运用语言文字的能力；其次，注重在课堂教学中培养学生个性化的思维，关注人的发展；再次，引导学生关注母语文化，提升文化自信和自省；最后，通过文学作品的熏染，培养学生审美能力。

一、语言与习得

现代学习心理学的理论研究中，一般将知识的学习过程划分为三个过程：习得、保持、应用。而语言习得指的是在自然的语言环境中，通过有意义的交际活动，潜意识地获得一种语言。那么从我们的语文课堂教学来看，语言学习正是在语文课堂的情境下，教师通过相关的文本讲解训练等活动，让学生有意识地掌握语言规则。从语言与习得的角度来看，在课堂实践上我们特别注重在相关的教学情境中引导学生去掌握相关的语言规则和意义。比如在讲述《宰我问》这篇文章时，学生对于宰我和孔子对话情境中的语气理解得不是很深刻，于是我们建议学生通过表演来体会二人对话时的那种语调语气。

陈军：我们带着这个问题邀请同学扮演孔子和宰我，再来做一次理解，然后再来回答你提出的问题。我的要求就是要把孔子的语气语调、宰我的语气语调表现出来。一个人扮演孔子，一个人扮演宰我，两个人进行对话，要把那个语气表达出来，你们仔细揣摩一下是什么样的语气呢？有没有同学愿意试一试。

（学生表演……）

陈军：很好！这就是关键啊！师和生，孔子和宰我的形象跃然纸上，神气活现。孔子的气，宰我的怒，两个人的争辩及不和，大家可以想象一下，就好像在我们的眼前一样。他们两位同学把师生的状态都表现出来了。很好！谢谢你们。（学生鼓掌）

在这个教学片段中，我们向学生提供了一个具体的"表演式"的教学情境，通过这个教学情境的设置，让学生去体会文本中人物的对话，并琢磨人物对话的口吻、语气、语调。认知心理学家加涅认为，学习是一个动机产生、了解、获得、保持、回忆、概括、作业、反馈的连续过程，而我们这里的"表演情境"恰好就是一个设置动机的环节，这个学习情境成为学生进一步学习行为的诱因，它激发学生后续的学习活动。在这个教学情境中，随着学生的刺激性参与、合作、思考，学生对于文本当中的语气语调乃至意义就有了深刻的理解和语言认知。通常，在课堂讨论时间不充分的情况下，我们又会布置课后作业，要求学生将课堂讨论的内容以作业的方式进行补充、完善。不言而喻，这个练习的过程，就是一个"回忆、概括、作业、反馈"的过程。很显然，学生在这个过程中，对孔子和宰我的讨论情境、态度、语言、语调、思想有了一个质的认识和提高，而相关的语言认知也就水到渠成了。

二、个性与思维

一位教育家曾经说过："教育的全部功能在于提升人的精神，提升人格，充分发展人的个性。"可见、把发展人的个性作为教育的培养目标是现代语文教育的应有之义。《语文课程标准》中也强调，语文教育应"关注学生的个体差异和不同的学习需求"，"同时也应尊重学生在学习过程中的独特体验"。由此可见，注重培养学生的个性和思维是新时代下语文教学的一个重要任务。因此，在语文教学过程中，作为教学活动主导的教师应该鼓励和提倡学生们畅所欲言，让课堂呈现出"百花齐放，百家争鸣"的状态，使学生自然地展现自己的特色与风采，也能欣赏并尊重他人的独特之处。因为只有这样，语文学习的过程才有可能成为学生展现个性、表现个性、培养个性和塑造个性的过程。

个性化教学的实现离不开教学的个性化。从学生发展的角度来看，教学个性化是手段，是为个性化教学服务的。在培养学生个性化的表达和实践中，我们特别注重通过写作的方式让学生畅所欲言，使作品成为促进学生课堂交流的燃料，以此来保证课堂生成的动力，从而构建以培养学生个性思维为基础的中学语文课堂。如在《你如何看待三年之丧》的作业中，学生们这样写道：

学生1：其实二人的主张都没有错。只不过是站在不同的时代，或是从思维方式来看，才有了对错之分。站在孔子所处的时代，那么宰我的思想就是大错特错的、有悖于纲常的，是"不肖"的。但是站在现代人的立场上，宰我的思想便更容易被接受、被赞同。

学生2：面对强制性规范的"三年之丧"，他便大胆地向孔子提出了"将三年改为一年"的请求，做到了心口如一。他认为：孝的质量比数量更为重要。只要我在亲人仍在世时便为他们尽孝，在他们过世后将这份心意永葆心间，就是实现孝的最初价值。

在这里，我们通过提供一个充满"疑思问"的文本阅读和讨论空间，让学生在课堂讨论的余绪中将自己的种种"疑思"以文本的方式，通过写作表达出来，呈现了自己对于这一问题的独特认识。需要注意的是，我们提供给学生的文本，一般是带有思辨色彩的文本。现代教育心理学研究证明，"激疑"不仅能使学生的思维迅速地由抑制转向兴奋，而且还会促使学生把知识的学习当成一种"自我需要"。从上面学生的写作来看，学生1是站在"礼乐大于生死"的特定时代情境下理解孔子和宰我的矛盾的，从而否定宰我而赞成孔子，但他并未一味地否定，而是转换视角，将自己的眼光从特定的时代拉到现代，以一个现代人的视角去看待宰我的认识，从而赞赏和肯定宰我的勇气和精神。学生2则是站在"孝的质量比数量更为重要"的角度质疑"三年之丧"的合理性，这种强制性的丧制会衍生出"形式大于内容""伪孝""心口不一"等不良行为。更为重要的是，他对宰我这种"有问则提，心口如一"的行为特别赞赏。不难看出，通过写作来延伸课堂问题的这种教学实践，让学生将自己独特的见解和想法通过文本进行交流和呈现，是保持学生个性、展现个性、表现个性、培养个性和塑造个性的一个不错的尝试和实践。

三、文化与批判

语文的本质是"以文化人"，语文教育是一种以语言文字为载体，以文化的传承与发展为目标，以促进年轻一代的完整人格与心智智慧的形成和发展为目的的文化教育活动。高中语文核心素养在"文化传承与理解"方面明确提出文化自觉的重要性。在这一点上，我们在课堂实践上就特别注重这种文化自觉和文化批判，具体体现在两个方面，一是《国文经典选读——中国式质疑》的选文上，全部都是传统文学中积淀深厚、意蕴深广的散文作品，但是这种"择选"具有一定的标准，不是直接复制粘贴，这种"择选"本身就带有批判的意味，正如陈军老师在课堂上对学生所说，"我为什么老是强调要读经典著作呢，因为这些经典是充满批判思想的，揭示中国历史命运特征的，具有深刻思想内涵的作品"。二是在具体的语文教学实践中，我们注意把握语文与文化的同源性，注意把语文教学作为让学生体认民族文化的过程，使学生在语文学习的过程中得到文化的陶冶和精神的洗礼。我们的目标是将语文课变成既是学生获得知识技能的场所，也是学生积淀文化、体会民族文化精神、情感的过程。如在学习庄子的《马蹄》篇时，一位学生在其随笔中写他对道家文化的认识：

道家的观点认为要顺应万物的天性，让万物在一个完全自然的环境下发展。这听上去似乎是一个极其符合现代思想、与自然和平相处的方法，但这里表现的道家的思想更为极端，庄子似乎更希望人退回到原始时代，但他同时又想让人进化到极端。我们知道，这样的社会在现实中是无法实现的。理想国有个非常理想化的前提，就是每个人都生来完美，没有缺陷。当然，我们也不能完全否定庄子的思想，他追求人与自然平衡的想法，直到现在都是通用的。

这位学生通过对庄子《马蹄》篇的学习，了解了庄子和道家文化，但他没有陷入盲目遵从和一味否定道家思想的泥潭里，而是肯定了道家思想在追求人与自然和谐的思想上对现代社会的启示、借鉴作用，这种对民族文化的认同正是我们所强调的语文德育功能的育人体现。更难能可贵的是，这位学生能够跳出对文化自觉的单一追求，而是上升到一种文化自省和批判的境界上。在肯定道家文化的现代价值后，他也对道家文化的不足做出了自己的批判，并且在这种自省中反观自己的思维，获得了文化和思维的双重收获和体验。

"民贵君轻"的思想是我国传统文化中超越时代的精神遗产。在学习贾谊《大政》时，有学生突然对此提出质疑和批判：

学生1：假设当时的百姓是一些愚民，按照文中所说的"以民为本"，那这个国家会不会因为百姓的头脑不灵光而走向衰败。民本，在我看来，就是指国家的命运掌握在民众手中。因此，贾谊的意思应该是所谓的"以民为本"，并不是把民众的意见放在第一位，而是重视民众，重视他们的生命，重视他们的利益。君王和官吏都是人民的上层建筑。

学生2：我不太赞成你的看法，我个人推测贾谊的目的是规劝君王以民为本，这个以民为本，我个人觉得是要规劝君王把这个社会风气引领好，"戒之戒之"，你一定要把社会风气引领好，这样的话才能把民也引领好，这样才不是愚民，而成为好的民，然后再以好的民为本，才能为国家做出巨大的功，才能一直延续下去。

在这个教学片段中，学生1通过我们提供的教学文本，以一种质疑的眼光，努力寻找文本表意上的不足，通过讨论、探究找寻贾谊思维上的不合理性。而学生2则认为贾谊的价值判断与其时代性、具体立场和视角有关，他认为贾谊的目的是规劝君王以民为本，引领社会风气。在这个教学过程中，学生在部分接受的同时，了解了作者观点的局限性，进而追求那个再进一步的完美。学生的追求也不能达到完美，但是至少可以比文本和作者更接近一步，这就是批判的色彩和实践。这种批判的色彩在现代教学实践和语文课堂实践中越来越被标准思维同化、异化，充满个性化思考与探究活力的时候，则显得光芒万丈，它闪现着学生思维的批判光芒。于漪老师曾说过，语文教育也是一种母语教育，其首要的任务就是要使学生尊重本民族的文化体系，形成文化认同感与民族自豪感。因此，我们觉得语文教育就应该坚持一种批判的理念，勇于向权威提出挑战，同时也要能够适应多元文化的冲突，并坚持自己的价值信念。

四、文学与审美

童庆炳将文学文本分为：语言层、结构层、艺术形象层、历史人文层和哲学意味层。他指出"文学作品的每一层面都有美，这四个层面各自提供自己的不同声音，从而使文学作品成为具有美学价值的复调多音的和谐。"因此，在学习文学作品时，教师应该注意引导学生挖掘作品中蕴含的思想情感，逐步深入作品的主题，使学生在掌握基本的文学意味的同时，也能收获人生哲理，净化心灵，陶冶情操，获得审美素养。我们希望通过我们的课堂实践，充分调动学生作为审美主体的作用，让学生发现美，鉴赏美，获得不同的审美感知和理解。如在上《论屈原的人格》这一课时，我们让学生用所学过的《天问》《对楚王问》《吊屈原文》等选文里的一句、一个词来概括自己对屈原的人格的认识：

学生1：我觉得屈原可以被比作鸟中的凤、鱼中的鲲，他的精神境界和当时的百姓或者说当时的朝廷不一样，他的层次比较高，所以他才受到了迫害。

学生2：我选的是"遭世罔极兮，乃殒厥身"，就是说周遭世界没有准则，才导致屈原这种人才的陨落，从这句话就可以看出在当时的社会屈原壮志难酬，他以一种特别清净的境界来看世俗，就是我觉得屈原他可以用一个字来解释就是清。

学生3：我选的是"遂古之初，谁传道之？上下未形，何由考之？"我觉得这两问最能描写出屈原内心的一种悲伤、一种矛盾、一种不解，一种空有自己的想法、抱负，空有能力、才华，却与世道相违背，无法实现自己志向的无奈。

学生4：我选的是"般纷纷其离此尤兮，亦夫子之辜也"，这句话表面上翻译就是说贾谊对屈原的徘徊不离开楚国去避祸而产生悲剧的不理解，但实际上就是想表现屈原作为当时的政治家对自己职业的坚守。我觉得贾谊不是真的批评屈原，而是反过来赞赏屈原的这种坚守的品质。

学生5：我也选的这句话，但我想换一个角度来解释，用佛教的说法来说是说明他不执着于"我相"而重"万象"，可以说他是"空"的，是无我的，他为了众生着想，他为了国家去着想，他放弃了自我，这是他伟大的地方，所以说他是"空"。我觉得他是在为屈原感到不值，他觉得屈原这个伟人折在这一块好像有点太可惜了。我觉得他可能变相地在说屈原不懂得"贵生"的这样一种道理。

陈军："贵生"？老庄思想。

需要强调的是，我们在对学生进行审美教育时，时刻遵循审美感知的规律，并不是在毫无积累的前提下让学生空谈对屈原的认识，而是在上了众多的文学作品后让学生根据大量的"文本感知"去谈自己的"审美感知"，注重这种审美感知的强度和差异。在大量的感性体验的基础上，我们充分调动学生对文本的理解，让学生根据自己的"审美感知"去体验屈原的人格与精神。学生1认为屈原可以被比作鸟中的凤、鱼中的鲲，因为他的精神境界和当时的百姓或者说当时的朝廷不一样，他的层次比较高，所以他才受到了迫害。学生2认为的周遭世界没有准则，导致屈原这种人才的陨落。学生3认为的屈原的个性与世道相违背，无法实现自己的志向。学生们的这些理解不再仅仅是停留在人物、事件、场面、景物、环境等一般性的感受和理解的阶段，而是通过这些具象的文本去探索、玩味、领悟、理解文本更深层次的意味。学生们对屈原的理解已经上升到屈原作为"不得志"的士人的典范代表，具有典型性，而这种典型性的主体特征是能力、才华、价值取向的超时代性，正因如此，人物的命运往往带有悲剧性的色彩。而学生5则在陈军老师的引导下，将屈原的"择死"与"道家的贵生"联系在一起，表面看起来是以道家的价值取向来评判屈原的儒家价值取向，倒不如说是该学生对屈原的择死而痛心，对人物的遭遇深深同情，包含着他对屈原命运的深层次的审美体验。而他所说的"我从屈原身上学习到的一点就是要坚定自己的内心，不能因为世界上的一些污浊的东西就与世脱离"正是其审美体验后的心灵感悟，在这个过程中，学生的情操得到陶冶，思想得到净化。

（本文由陈军、杨等华合作构思，杨等华执笔）

参考文献

[1] 张汝伦 . 海德格尔与现代哲学 [M]. 上海：复旦大学出版社，1995.

[2] 朱熹 . 四书集注 [M]. 北京：中华书局，1983.

[3] 张岱年，夏乃儒 . 孔子大辞典 [M]. 上海：上海辞书出版社，1993.

[4] 张岱年 . 中国哲学史方法论发凡 [M]. 北京：中华书局，2003.

[5] 杜维明 . 二十一世纪的儒学 [M]. 北京：中华书局，2014.

[6][7] 宇野精一，等编 .《讲座——东洋思想（10）》[M]. 东京：东京大学出版会，1967.

[8] 王家骅 . 中日儒学：传统与现代 [M]. 北京：人民出版社，2014.

[9] 傅佩荣 . 孔子辞典 [M]. 上海：东方出版社，2013.

[10] 徐复观 . 中国知识分子精神 [M]. 上海：华东师大出版社 , 2004.

[11][12][13] 叶奕乾，祝蓓里 . 心理学 [M]. 上海：华东师范大学出版社 ,1996.

　　语言是沟通交流的主要方式，习得则指向学习和掌握。学生需要在丰富的语言实践中，通过主动的积累、梳理和整合，逐步掌握祖国语言文字的特点及其运用规律，形成个体言语经验，发展在具体语言情境中正确有效地运用祖国语言文字进行交流沟通的能力。这包含两方面内容，一方面是指出于表达思想的目的，按照语言内部系统来建构话语——用词汇组构句子，用句子组构段落和篇章；另一方面，是指在个人言语经验的基础上，逐步建构起自己的言语体系，包括属于个人的言语心理词典、句典和表达风格。教师要通过语言文字的成品和丰富、鲜活的语言文字现象，引导学生在自主学习的过程中积累、习得，提升他们对汉语特点感受的敏锐性，在他们心里注入爱国的情怀，养成一个中国人对自己民族文化的自信。

（申龙）

上海交通大学附属中学　沈文婕

作者介绍

　　沈文婕，语文高级教师，毕业于复旦大学文科基地班，文学学士、哲学硕士。2017 年荣获"上海市教学能手"称号，2018 年被评为杨浦区骨干教师。沈老师充分关注高中语文课堂的人文属性，构建了一个以时代与社会为轴、以东西方文化为基座、以知识分子情怀为原点的读写教学视域。她结合自己的教学实践，主持了《母题探究——高中语文教材在写作教学中的运用》《文化视角下的高中语文现当代小说教学策略研究》等课题。沈老师立足讲台，在教科研领域获得了不俗的成绩，她曾荣获第二届上海基础教育青年教师爱岗敬业教学技能竞赛中学文史学科类一等奖、2014 年度上海市青年教师教育教学研究课题成果鉴定三等奖、第六届上海市语文大讲堂入围奖、杨浦区第十二届"百花杯"教师教学评优活动二等奖。沈老师勤于笔耕，参与过《中华传统文化优秀基因现代传译课程》(小学卷、初中卷)、《杨浦区语文学科创智课堂实践指南》等书籍、资料的编写工作。

例谈基于"语言建构与运用"的阅读教学策略

自教育部颁布 2017 版《普通高中语文课程标准》后，语文学科的核心素养日益受到一线教师和研究者的关注。其中，"语言建构与运用"是其他核心素养的基础。

《易》曰："修辞立其诚"。语言表达需要立诚，至于"立诚"作何解，有"思想纯正""内容真实""态度敬慎""方法守正"等不同说法。在笔者看来，这句话可以理解为：写作者凭着发乎赤诚的写作态度与恰如其分的语言来表达自己的内心；阅读者凭着自己的人文底蕴与一定的阅读策略，如其所是地体会字里行间的思想感情。可见，古人所说的"修辞立其诚"与"语言的建构与运用"的核心素养是大道相通的。在写作时，语言是作者思想、情感、逻辑的直接体现，那么在阅读时，关注作者的语言运用就成了构建作品阅读空间的原点。

上海市教委教研室语文教研员步根海老师常说，文字、文章、文学、文化是品读一篇作品的四个维度。这一观点为我们立足"语言的建构与运用"来探寻阅读教学策略指出了可行的方向。首先，语境是语句获得生命力的源泉，因此，着眼于语境，但又不拘泥于具体文本，是建构语言的基础。其次，作者依托语言来表达思想感情，因此，立足语言的个性化表达来赏析作品的文学性，是还原作者之"诚"的可靠途径。最后，语言是社会的产物，具有历史性，其表意空间是动态而立体的，因此，应当将作品放到一定的文化与时代背景中去透视其丰富的内涵。

笔者拟结合上述思路，运用案例法，梳理出若干基于"语言建构与运用"核心素养的阅读教学策略。

一、把握关键词的确切含义，厘清作品的层次内容。

梳理层次、归纳内容是理解作品的基础。在阅读的这一环节，读者要立足文本来把握文意，但又不能拘泥于文本而忽视了整体理解。如何才能在纷繁的语句中寻觅到文本的核心要点呢？推敲关键词的含义可能是解决这一问题的办法之一。

2004 年的上海春考第 10 题考查《想北平》第④—⑦段中北平的多方面特点，试卷的参考答案中列出了如下四个要点：(1)既复杂而又有个边际；(2)动中有静，使人快乐安适；(3)在人为之中显出自然（或：处处有空儿，可自由喘气）；(4)紧连园林、菜圃与农村（或：花多菜多果子多）；或将后两点合起来答为"接近自然"。笔者认为，这样的表述只是对原文语句的简单摘选，并不能体现段落的真正脉络。以这种方式来归纳文意，无助于学生在此基础上进一步探究文章的思想感情。

在上述要点中，"人为之中显出自然"与"接近自然"中都有"自然"一词，但两者的含义显然是不同的：前者指的是"非人为的（特点）"，后者指的是"自然界"。因此，这两个要点不能简单合并。此外，"自然"在辞典中还有"不经人力干预而自由发展"等意思。

把握了"自然"的多重含义之后，这几个段落的内容就能顺利归纳出来了。第⑥⑦两段讲的是北平"接近自然"的特点：第⑥段从内部环境着笔，写便宜、省事而又可爱的庭院草花，还有新鲜的蔬菜水果；第⑦段是从外部环境着笔，写北平城"紧连着园林、菜圃与农村"，并且能望见北山与西山。无论是地理位置上，还是生活环境上，北平城都能让人感受到大自然的气息。

第⑤段是说北平城的布局"自然匀调"，恰到好处。这种"匀调"在空间排布上"既不挤得慌，又不太僻静"，在城市功能排布上体现为"最空旷的地方也离买卖街与住宅区不远"，并且建筑错落，多有景观。

第④段看似要点散乱，实则仍然围绕"自然"展开。作者用其他世界名城来衬托北平，说如果家住巴黎"会和没有家一样地感到寂苦"，而北平让人感觉"安适"，"像小儿安睡在摇篮里"。"那长着红酸枣的老城墙"是北平的"边际"，这边际随时可以"摸着"，让人觉得亲切、有安全感。所以，这段讲的是北平城能给人安适悠闲的感觉，合乎"自然"这个词"不经人力干预而自由发展"的义项。

从这样的角度来理解第④—⑦段的景物描写，文章的写作意图也就呼之欲出了——老舍先生眷恋、怀念的是北平城"在自然中栖居"的诗意生活。教师在教学过程中提示学生对"自然"的不同含义进行辨析，本质上是引导学生对文字背后的语义进行聚焦。

二、关注作品的个性化表达，建构语言中的意义世界。

在日常教学中，教师往往较为关注能体现一定艺术手法的语句。如鲁迅的《白莽作〈孩儿塔〉序》，包括笔者在内的许多教师都会带领学生赏析第④段中整散结合的句式，以感受此段慷慨激昂、充满信心的感情色彩。但对作者个性化语言的品读并不局限于此。教师可以在教学设计中呈现更多耐人咀嚼的语料，从而构建一个立体、丰盈的意义世界。

在《白莽作〈孩儿塔〉序》的手稿中可以看到，第②段末句原先表述为："他的哥哥才是徐培根，航空署长，他们俩是殊途同归的兄弟；他叫徐白……"而鲁迅先生将这句话修改为："这哥哥才是徐培根，航空署长，终于和他成了殊途同归的兄弟；他却叫徐白……"在实际教学过程中，学生对于这组语料很感兴趣，大家在一番讨论后也能体会出两个版本的细微差异。"他的哥哥""他们俩"所表述的兄弟关系明确、紧密，而"这哥哥"则带有疏离感和鄙夷的色彩；"他却叫徐白"的"却"字与前文并不构成语义的转折，但却能强化一种对立的、分道扬镳的意味。

第③段中"我简直不懂诗，也没有诗人的朋友""也许是他死得太快了罢"等语同样值得细品。结合文本语境和知人论世的历史语境可知，鲁迅并非不懂诗，他以反语来表达对那些"所谓"的诗的不屑，并且强调自己没有那些"所谓"的诗人朋友；对于白莽年轻遇害，看似平淡的语气里包含的是无限的惋惜和愤怒。深沉、冷峻的情感故意用克制、冲淡的语气出之，使语言更具张力，也侧面表现出作者对"我一句也不说——因为我不能"的社会环境的无声抗议。

通往作者内心的钥匙往往潜藏在不经意的语句中。鲁迅先生晦涩的文风常令学生望而生畏，若能在语言的层面找到突破口，鲁迅作品的教学也就化难为易了。

三、赏析作品的语言风格，领会作者的文化身份。

赏析作品的语言风格是感受作品文学性的常见角度，但很多学生在分析语言风格时，容易流于程式化，对于语言风格及其所表现的思想感情之间的内在关联缺乏必要的观照和领会。作品的语言风格诚然与作者此刻想要表达的思想内容有关，但也与作者的文化背景、性格气质、审美趣味密切相关。

以贾谊《过秦论》为例，这篇文章虽题名为"论"，但实际上通篇以赋笔蓄势。笔者在教学时，先带领学生充分感受本文的磅礴气势。学生不难指出本文语言的如下特点：一、多用整句（排比、对偶的修辞手法），使文意连贯、酣畅，朗读时节奏感强。二、铺陈了大量人名，强调九国人才济济；用夸张手法写九国之师"流血漂橹""伏尸百万"的战败场面，突出秦的实力之强。三、词的层面，用了"天下、宇内、四海、八荒"等极具空间感的名词，气势宏阔；又用了"吞、亡、履、却"等强势有力的动词，极写秦的势不可挡。

那么，此文到底是"词肥意瘠"还是"气盛言宜"呢？如果仅从论辩的有效性来看，《过秦论》显然不是"合格"的论说文，但这篇文章之所以能成为经典，主要还是在于其文化价值。

　　写作本文时的贾谊与那个人们更熟悉的郁郁不得志的贾谊并不相同，当时的他是一位有着用世之心和社会责任感的才学之士，也是第一批以士大夫身份登上历史舞台的儒生，他主张在大一统的王朝建立之初实行仁义安民之政。贾谊关注的不仅是如何帮助君王巩固政权的权术，更关注政治伦理。他不是一般的策士，也不是一般的文士，而是一个大儒。《过秦论》奔放恣纵的气势正是来源于贾谊的大儒气概和少年精神。

　　推而广之，杨绛《老王》中平实冲淡的语言，与作者理性、自省的精神世界有关；老舍《想北平》中京味十足、俚俗幽默而又不乏诗意的语言，与作者平民知识分子的文化身份有关；朱自清《荷塘月色》纯美、圆融的语言，与作者的古典审美意趣有关……有了这样的阅读眼光，学生对作品的理解又能更深一层。

　　总之，阅读过程本质上是一种共鸣，也是一种唤醒。所谓的阅读教学策略无非就是运用一定的方法引导学生以己之诚来感受作者之诚。

参考文献

[1] 中华人民共和国教育部 . 普通高中语文课程标准（2017 年版）[M]. 人民教育出版社，2017.

[2] 李琳 .《白莽作〈孩儿塔〉序》课例赏鉴 [J]. 语文教学通讯（高中），2014.7-8.

[3] 范飚 . "却"字引起的思考——关于课文《白莽作〈孩儿塔〉序》[J]. 语文学习，2015.1.

[4] 林碧莲 .《过秦论·上》"气盛"之源 [J]. 福建教育学院学报，2008 年第 2 期 .

[5] 吴承学 .《过秦论》：一个文学经典的形成 [J]. 文学评论，2005 年第 3 期 .

《想北平》教学实录

一、导入：展示老舍自拟小传中的一段话，了解老舍的出身。

[展示资料]……生于北平，三岁失怙，可谓无父。志学之年，帝王不存，可谓无君。无父无君，特别孝爱老母，……及壮，糊口四方，教书为业，甚难发财；每购奖券，以得末彩为荣，示甘于寒贱也。……（老舍《著者略历》）

[师提问] 前两天请同学们预习了《想北平》，并阅读了这篇自拟小传。投影中这段摘选的文字展现了老舍早年的生活状况，以及他对此的心态。哪位同学能说说你对这段话的理解？

[生发言] 从这段文字中可以看出这样三点：第一，老舍早年生活贫苦；第二，他特别爱母亲；第三，他对于自己早年生活有一种达观、知足的心态。

[师点拨] 三岁时，老舍那位做守城清兵的父亲死在八国联军攻打北京城的炮火下，全家靠母亲替人洗衣服做活维生，一家人生活清苦，所以他特别敬爱自己的母亲。对于这样的生活，老舍以轻松、自嘲的口吻表达了自己安之若素的生活情趣。

[师转接] 这样的老舍，是如何来写故乡北平的呢？

二、赏析作品语言，把握作品内容与思想情感。

1. 结合"自然"一词的多重含义，梳理作品的层次内容。

[师提问] 阅读第4~7段，说说作者选取了哪些具体对象，作者心目中的北平有哪些特点。

[生发言] 第4段主要写了老城墙、嫩蜻蜓、香片茶这些景物，其特点是"有个边际"，闹中有静，温和，像家一样安适的氛围。第5段主要写了建筑，其中有胡同房子、城楼、牌楼，景物特点是布局匀调，在人为中显出自然。第6段写了北平的各种植物，有花、菜、果，其特点是果蔬花草便宜、省事、可爱，环境有诗意。第7段写了北平的外在环境：园林、菜圃、农村、西山北山，特点是"接近自然"。

[师提问] 第5段"人为之中显出自然"中的"自然"与第7段"接近了自然"的"自然"意思一样吗？

[展示资料] 词典中"自然"的多重含义：

(1) 宇宙万物；宇宙生物界和非生物界的总和，即整个物质世界，自然界；

(2) 属于或关于自然界的、存在于或产生于自然界的、非人为的；

(3) 不勉强，不拘束，不呆板；

(4) 不经人力干预而自由发展。

[生发言] 两处"自然"的意思不一样，"人为之中显出自然"的"自然"意思是"非人为的"，说的是城市的布局很匀调。"接近了自然"的"自然"指的是"大自然、自然界"，从上下文看，北平"花多菜多果子多"，充满了自然的气息，郊外又有田园和山麓，接近大自然。

[师点拨] 在中国传统文化的视野中，"自然"这个词的含义是非常丰富的。老子所说的"道法自然"，指的是一种本性自由生长的理想状态。正因为北平城的内外环境贴近大自然，城市的布局天然匀调，所以人们才能获得一种安适悠闲的生活状态。可以说，老舍笔下的北平正是一个能让人在自然中栖居的都城。

我们之前拓展阅读了周作人的《北平的春天》和林语堂《说北平》。如果说周作人笔下的北平是文人墨客的北平，林语堂笔下的北平是珠玉之城，是国王的梦境，那么老舍心目中的北平是普通老百姓宜居的地方。文中有没有一句话表达了这样的意思？

[生发言]"像我这样一个贫寒的人，或者只有在北平能享受一点清福了。"

2.品味本文的语言风格，理解作者对北平的赤诚。

[师提问] 作者用什么样的语言来表现这样的北平？请同学们以小组形式充分交流。

[生发言] 首先，本文语言通俗质朴、口语化，如"从老远就看见""到底可爱呀"；其次，本文语言京味浓郁，多用俚语方言和儿化音，如"差点事儿""挤得慌""处处有空儿""白霜儿"；第三，本文语言还有幽默俏皮的一面，如"天下第一""愧杀"；最后，本文语言还富有诗意，如"嫩蜻蜓""悠然见南山"。

[展示资料]

（原版）哼，美国的橘子包着纸；遇到北平的带霜儿的玉李，还不愧杀！

（苏教版）美国包着纸的橘子遇到北平带霜儿的玉李，还不愧杀！

[师提问] 请大家比较老舍的原版和苏教版教材在这一处的改动，说说作者用这样的语言来写北平，有怎样的效果？

[生发言][师点拨] 分析内容、品味语言最终是要感受作者渗透在字里行间的感情，刚才我们提到"自然"一词的解释中有"不呆板，不拘束"之意，老舍正是用这种贴近平民百姓生活的语言展现出对故乡北平的眷恋，这种情感是真挚的、亲切的。

可以说，语言是存在之家，情感是散文之魂。

三、探究作者对北平的独特情感，领会作者的文化身份。

1. 探究作者对北平的独特情感。

[师配乐朗读第 1 ~ 3、8 段][师提问] 哪些语句能看出老舍对北平的情感？

[生发言] 首先，作者在文中多次直抒胸臆，比如"我真爱北平""真想念北平啊"；其次，作者极言自己对北平的深切情感，强调"说不出"，比如"这个爱几乎是要说而说不出的""这只有说不出而已""我将永远道不出我的爱"；第三，作者写"我欲落泪""只有独自微笑或落泪""要落泪了"，用"落泪"来将自己对北平的深情具象化；再次，作者写"整个儿与我的心灵相黏合的一段历史""每一小的事件中有个我"，强调自己的深情与在北平的种种经历有关；最后，作者将自己对北平的爱与对母亲的爱进行类比。

[展示资料]

我之能成为一个不十分坏的人，是母亲感化的。我的性格，习惯，是母亲传给的。（老舍《我的母亲》）

我的最初的知识与印象都得自北平，它是在我的血里，我的性格与脾气里有许多地方是这古城所赐给的。（老舍《想北平》）

[师追问] 请结合投影展示的材料，说说作者为什么要将自己对北平的爱与对母亲的爱进行类比。

[生发言] 北平和母亲一样，都养育了作者，塑造了他的性格与脾气。老舍是他母亲的儿子，也可以说是北平的儿子。

[师点拨] 本文写于 1936 年，大家还记得我们前不久学过的一篇 1936 年写的文章吗？（生答 :"《白莽作〈孩儿塔〉序》"。）那一年，华北形势岌岌可危，《何梅协定》的签署相当于放弃了华北主权，于是北平也将成为前线。《宇宙风》杂志邀请一批作家写下一辑关于北平的文章，而身处青岛的老舍先生，作为一个地地道道的北京人，写下了这篇《想北平》。

[生发言][师小结] 北平与作者的个体生命相融，与人伦亲情相关，与国家命运相系，所以作者对北平才有如此独特而隽永的深情。当作者在战乱的年代远离北平时，这种眷恋之情又表现为思念与忧虑。

2. 领会老舍作为一位平民知识分子的赤子情怀。

[师点拨] 大家还记得课的开头展示的那段自拟小传中的文字吗？"无父无君，

所以特别孝爱老母"。因为幼年丧父，特别爱母亲好理解，为何"无君"也成为特别孝爱母亲的原因呢？这里的"无君"与其说是感慨清王朝的覆灭，不如说是传统人伦关系的消解。老舍的创作中始终怀抱着热烈的乡思，回忆着熟悉的家园。无论是成熟期的作品《骆驼祥子》，还是晚期的《四世同堂》《正红旗下》《茶馆》，都充满他对北京城的赞美和怀念。

[展示资料]

失了慈母便像花插在瓶子里，虽然还有色有香，却失去了根。有母亲的人，心里是安定的。（老舍《我的母亲》）

[师总结]

京味浓郁、质朴通俗的语言风格，文中那能让贫寒的人在自然中栖居的北平城，终其一生眷恋传统人伦温情的作者，都能让我们感受到作品中的赤子情怀。

四、布置作业。

结合"现代文学大家"的课前演讲主题，进一步了解其他现代作家的知识分子情怀。

板书设计：

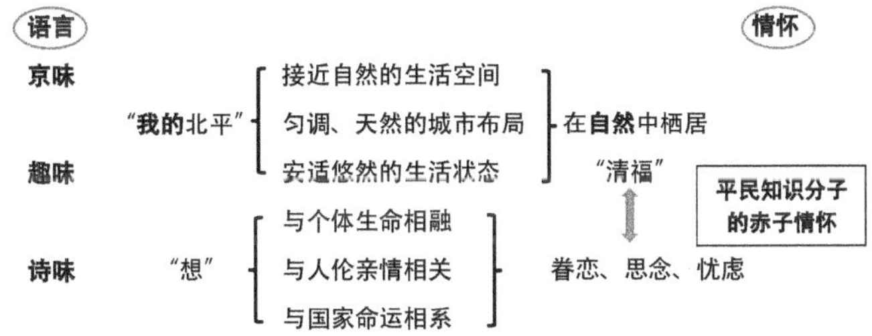

上海市黄浦区曹光彪小学　平丽娜

作者介绍

　　平丽娜，女，高级教师，现就职于上海市黄浦区曹光彪小学，黄浦区教育系统骨干教师，第四期"上海市普教系统名校长名师培养工程""种子计划"领衔人，"上海市中小学骨干教师德育实训基地"学员。教学中，注重课内外延伸与语文学科间的整合与融合，注重培养学生学习兴趣和习惯，注重对学生语文学习过程的评价。上海市副市长翁铁慧、上海市教委副主任贾炜等领导听课后，对其语文教学给予了充分的肯定。她曾两次荣获"黄浦区优秀园丁奖"，先后获得上海市中青年教师教学评选活动一等奖、一师一优课部优课、上海市第二届基础教育青年教师爱岗敬业教学技能大赛二等奖等。她所主持的学校跨学科课程获得上海市中小学乡土课程评选一等奖。她还多次主持或参与市、区级课题研究，先后获得上海市级教学成果奖、黄浦区教学科研成果奖。

深度学习视域下的统编教材习作单元教学策略研究

上海市黄浦区曹光彪小学　平丽娜

作文，能够反映学生的语言能力、思想认识、情感审美等多方面的水平。然而，当前，小学作文教学效果不是十分理想。这一方面由于长期以来语文教材大都以阅读教学为主，以人文为主线编写，缺少结构化的作文教学。另一方面由于教师尽管对作文教学有研究意识，但较多地停留在教学形式与技术层面，停留在追求学习成果层面，对学生学习的过程缺乏深刻地探寻。本文拟针对问题，从教师的角度探讨深度学习视域下的统编教材习作单元教学的策略，以探索培养学生核心素养的路径。

一、深度学习的理论

早在我国古代，《论语》中提及"学而不思则罔，思而不学则殆"[1]，《学记》中指出"学然后知不足，教然后知困。知不足，然后能自反也；知困，然后能自强也。故曰：教学相长也"[2]，朱熹提出"读书始读，未知有疑。其次则渐渐有疑。中则节节是疑。过了一番后，疑渐渐解，以至融会贯通，都无所疑，方始是学"[3]，背后都蕴含着深度学习的教育思想。

1976 年，美国学者 Ference Marton 和 Roger Saljo 基于学生阅读的实验，针对孤立记忆和非批判性接受知识的浅层学习，首次提出关于深层学习的概念。[4]深度学习理论认为学习既是个体感知、记忆、思维等认知过程，也是根植于社会文化、历史背景、现实生活的社会建构过程。[5]2013 年 4 月，《麻省理工学院技术评论》（MIT Technology Review）杂志将深度学习列为 2013 年十大突破性技术之首。[6]基础教育课程教材发展中心"深度学习"教学改进项目组，将"深度学习"定义为："在教师引领下，学生围绕具有挑战性的学习主题，全身心积极参与、体验成功、获得发展的有意义的学习过程。在这个过程中，学生掌握学科的核心知识，理解学习过程，把握学科核心思想与方法，形成积极的内在学习动机、形成健康向上的情感、态度与价值观，成为既具独立性、批判性、创造性又有合作精神、基础扎实的优秀学习者。"

因此，可以将深度学习认为是一种理解性的学习，强调学习内容的整合和关联，强调学生以积极主动的状态投入学习，强调在建构知识、迁移技能的过程中发展高阶思维。深度学习关注的不仅是学习结果，更重视学习的状态和学习过程。

二、深度学习视域下的统编教材习作单元教学策略

单元习作教学中，教师可以通过整合单元内容，精准习作目标；强化情感驱动，增强学习动机；建构言语经验，迁移习作方法这些教学策略，引导学生着眼于深度学习，实现习作能力的提高和思维品质的发展。

（一）整合单元内容，精准习作目标

统编教材的习作单元，与普通的单元习作、小练笔等相互补充，构建了小学语文习作的序列。从三年级开始，每册统编教材中精心编排了一个习作单元。习作单元中的精读课文、交流板块、习作例文相互配合，形成了训练提升学生习作能力的网络。教师要充分理解统编教材的编写意图，并且合理利用统编教材，引导学生达到课程标准要求达到的学习水平。

比如，以三年级上册的习作单元为例，本单元涵盖了两篇精读课文《搭船的鸟》《金色的草地》，"交流平台"和"初试身手"板块，两篇习作例文《我家的小狗》《我爱故乡的杨梅》以及单元习作《我们眼中的缤纷世界》。语文课程标准中第二学段要求学生："乐于书面表达，增强习作的自信心。愿意与他人分享习作的快乐。观察周围世界，能不拘形式地写下自己的见闻、感受和想象，注意把自己觉得新奇有趣或印象最深、最受感动的内容写清楚。""实施建议"部分，强调"写作教学中，应注重培养学生观察、思考、表达和创造的能力。要求学生说真话、实话、心里话，不说假话、空话、套话。"

依据语文课程标准，教师充分挖掘和利用好教材的文本资源，紧扣"观察"，制定了第一条单元目标：借助插图，结合生活经验，说清观察到的内容；交流观察记录单，分享生活中的观察所得，归纳观察方法。观察是表达的基础，但对于三年级学生而言，要把观察中的发现写清楚，是一件比较困难的事。在制定习作目标时，教师要基于学情，实事求是，不随意拔高要求，也不随意降低要求。因此，将第二条单元教学目标定为：联系阅读课文，借鉴习作例文的写法，梳理观察记录上的素材，把自己观察到的事物或场景写清楚。

需要注意的是，本单元的学习目标应该贯穿学生学习的始终，不仅是本单元的

学习，还包括整个小学阶段，在今后的学习中，要一直重视学生观察能力的训练，以促进学生习作能力和习作水平的提高。

（二）强化情感驱动，增强习作动机

深度学习是激发深层动机的学习。而深层动机来自于学生的内部动机，来自于学生的原始本性和成长需要。[7]写作兴趣是建立在一定的写作需要的基础上的，学生的习作动机是直接推动写作的内部动力，直接影响着学生作文的成败。教师要尽可能舒缓学生习作的紧张情绪，并使用各种方法创设良好的氛围，激发学生的好奇心、求知欲和探究欲，触发学生的习作动机，获得积极的习作体验。

统编教材三年级下册的习作单元，主题为"想象"，着力培养学生放飞思绪、大胆想象的意识和习惯，为学生今后的习作能力发展奠定基础。在学习精读课文《我变成了一棵树》时，教师先借助插图、文本营造故事情境，激发学生阅读兴趣，然后边读边想象画面，感受作者想象的天马行空。再结合课后思考题，说说文中哪些情节有意思，抓住"小树枝正从我身上冒出来"等，结合故事情境展开想象进行表达，从而体会想象的乐趣。接着，教师再引导学生打开思维之门，想象"如果你也会变，你想变成什么？会发生什么奇妙的事情？"学生表达时，教师给予其充分的独立思考、表达交流的时间，让学生对自己的思考有一种满足感和成就感。多关注过程，而不是结果，通过鼓励学生想象，唤醒学生内心的语言本能，激活学生的表达需求。

单元习作时，教师引导学生选择一个题目或自己拟定一个题目，编故事，并且在写作前告诉学生写完后要把故事讲给好朋友听。这样一来，学生作文不是为了完成作业而作文，而是有了明确目的、具体对象。教师创造了真实情境，让学生学以致用。学生明确了写作是为了把故事讲给别人听，产生了读者意识。这个任务激发了学生的表达欲望，增强了学生的写作动机。

值得注意的是，学生只有在安全的言语环境中，才会说真话，才会有强烈的表达愿望，因此，教学中营造安全的言语环境至关重要。这就需要在课堂中，创建平等、民主的师生关系，让学生真正地表达，自由地表达。当习作教学抵达学生心灵需要时，会产生深远的影响。

（三）建构言语经验，迁移习作方法

深度学习倡导："通过深度加工知识信息、深度理解复杂概念、深度掌握内在含义，主动建构个人知识体系并迁移应用到真实情境中解决复杂问题，最终促进全面学习目标的达成和高阶思维能力的发展。"[8]小学生处于语言积累与发展的关键期，写作

就是建构、运用语言。教师要发现学生真实的需求，引导学生建构语言经验，及时反思与评价，促进深度学习，实现高阶思维的发展。

例如，三年级上册习作单元教学中，教师先指导学生精读两篇课文，了解作者是如何观察的。借助"交流平台"，引导学生及时对两位作者的观察方法进行小结，归纳出要留心观察和细致观察。然后"初试身手"，让学生把平时观察到的事物写一写，片段即可，帮助学生在提炼的基础上再次进行实践。随后引导学生从两篇习作例文《我家的小狗》《我爱故乡的杨梅》中对作者观察的角度和方法再次进行梳理提炼，并引导学生借助旁边的批注，进一步体会如何把观察到的事物写下来。最后进行单元习作练习，可以写一个事物，也可以写一个场景，可以说是对整个单元学习成果的应用和检验。整个单元教学紧扣课程标准，围绕训练学生的观察能力开展，步步深入，帮助学生提高观察能力，养成观察习惯，把自己观察到的事物和感受写清楚。学生经历了从学习文本的表达方法，到归纳梳理、提炼方法，初步尝试运用，再到进一步感知习作例文的表达方法，最后形成学习成果的一个学习和反思的过程。教师重视的不再仅仅是习作知识是否落实或习作结果是否有成效，更重视的是学生有否通过整个学习历程实现迁移运用以及思维的发展。

修改与评价，也是习作单元教学的重要组成部分。深度学习能力的养成是一个渐进的过程，教师应该敏锐地察觉学生的进步，给予积极的评价，鼓励学生持续地深度学习，并能针对学生习作中的问题提出建设性的建议。要强调的是，习作应该要有真情实感，要让学生写出自己真实的所见所感，而不是光会运用华丽的辞藻。因此，在评价的时候，教师应让学生明白好的习作在于写出真经历、真感情，语言的好坏在于是否得当、有没有准确表达出自己想表达的意思。学生对习作的自我评价和相互评价，能够促进其反思能力的提高，思维品质的提升。课堂教学中，可以让学生分成小组讨论同学的当堂作文，比如，除了习作例文中提出的观察角度和方法，还有哪些角度和方法能够用到这篇作文中，怎样把"我"的感受写清楚。鼓励每个学生都动脑筋，充分讨论，然后全班交流，看看哪个小组修改得最好。通过这样的交流碰撞，学生能对学习主题进行更深刻地反思，积累更多的习作经验。

总而言之，学习并掌握习作知识和技巧是习作教学的基本表层目的，但不是习作教学的终极目的。促进学生的成长和个性的发展，才是习作教学的根本目的。深度学习视域下的统编教材习作单元教学策略研究应着眼于发展学生核心素养，也就是在积极的语言实践活动中，在真实的语言运用情境中所表现出来的语言能力及品质，以及在语文学习中获得的语言知识与语言能力。

参考文献

[1][2][3] 孙培青 . 中国教育史 [M]. 上海：华东师范大学出版社，2000：37，95，224.

[4]Marton F,Saljo R.On Qualitative Difference in Learning: Outcome and Process[J]. British Journal of Educational Psychology，1976（46）：4–11.

[5] 冯锐,任友群 . 学习研究的转向与学习科学的形成 [J]. 电化教育研究,2009（2）：23–26.

[6] 余凯，等 . 深度学习的昨天、今天和明天 [J]. 计算机研究与发展，2013（9）：1799–1804.

[7] 李松林 . 基于深度学习的课堂变革 [J]. 四川教育，2018（1）：21.

[8] 张浩，吴秀娟 . 深度学习的内涵及认知理论基础探析 [J]. 中国电化教育，2012（10）：7–11.

《养花》课堂教学实录

第二课时

师：我们先一起来回顾一下上节课学习的内容。老舍先生以"养花"为题写了一篇文章，写出了养花的乐趣。文章的开头和结尾都点明了文章的中心。你还知道了什么？

生："我"爱花，把养花当作乐趣，只种好种易活的花草。

生："我"摸到了养花的门道。

生：养花有益身心。

生：和朋友分享劳动成果是快乐的，但也有伤心的时候。

生：既须劳动又长见识，这就是养花的乐趣。

师：上节课，我们初步了解了每个小节的主要内容，知道作者就是按一定的顺序来写这些内容的。我们还重点学习了第1、2自然段，知道了老舍只养好种易活的花草的原因是——

生：爱花。

师：下面我们继续学习后面的内容，看看作者为什么要选择这些材料来写养花。

师：第3、4自然段中有一组近义词概括地写出了作者是怎样养花的，读这两个自然段，找一找。

生：照管、照顾。

师：先看第3自然段，作者是怎样照管花草的。他是怎么写的？

生："我"得天天照管它们，像好朋友似的关切它们。

师：一来二去，我摸着一些门道。"门道"什么意思？

生：方法、窍门。

师：文中的"门道"指什么？

生：有的喜阴，就别放在太阳地里；有的喜干，就别多浇水。

师：同样是摸门道，为什么作者用了"摸着"和"摸住"这两个不同的词？

生：开始时，"我"只是初步找到了一些养花的方法，所以是"摸着"。时间长了，

"我"就完全懂了，掌握了养花的方法，所以是"摸住"。

师：从"摸着"到"摸住"，写出了作者摸门道的过程，渐渐地从不知道到知道，从不会到会。摸住了门道，花草养活了，得到了知识。这是养花的乐趣啊！

生朗读。

师：初读课文时，第3自然段的节意概括得还不完整。学习了这个自然段后能把节意说完整了吗？

生："我"天天照管花草，摸住了门道，得到了知识。

师：概括得很完整。摸门道，得知识，都是乐趣。这份乐趣都是源自——

生：对花的热爱。

生朗读。

师：默读第4自然段，想想作者写了照顾花草的哪两件事？

生：第一件事写的是"我"工作时，边写作边养花。

生：第二件事写的是狂风暴雨或天气突变时，全家抢救花草。

师：谁来读读第一件事？

生朗读。

师：朗读时，你能抓住这些叠词，把养花时劳动的乐趣传递了出来。

生朗读。

师：你看，作者在工作中还惦记着这些花草，可见他——

生：爱花。

师：老师和你们合作读读这件事。

师生合作朗读。

师：像这样，写几十个字，就到院中去看看，然后回到屋中再写一点，然后再出去，这就是文中的一个词——

生：循环。

师：这样循环的好处是什么？

生：有益身心，胜于吃药。

师：要是赶上狂风暴雨或天气突变哪，就得——

生：全家动员，抢救花草，十分紧张。

师：自己读读句子，看作者的写法，想想你有没有什么发现？

生：我发现"腰酸腿疼、热汗直流"在文中重复出现。

师：说明什么？

生：可见抢救花草十分辛苦。

生：我发现这件事出现的都是短句子。

师：为什么用短句子？

生：抢救花草得争分夺秒，所以用短句子。

生朗读。

师：作者写这件事和文章中心有什么关系？

生：作者写这件事，说明付出劳动才能养活花草。

生：劳动就会有收获，这就是"我"养花的乐趣。

师：养花，让老舍对人生有了深刻的感悟，得到了真理。因此，尽管养花很累，但作者却觉得有意思。

生朗读。

师：第4自然段中，作者用上了富有节奏感和重复的短语写两个事例。那么，作者为什么要选择这两个事例来写怎么养花呢？

生：第一件事写的是平日里对花草的照顾，第二件事写的是特殊天气对花草的特别照顾。

师：这两个事例很有代表性，可见作者选材独具匠心。真正的爱是付出，就像作者在开头写的——

生："我"爱花，所以也爱养花。

师：学到这里，我们来看看，这两个自然段都是写怎样养花的，那么顺序可以调换吗？

生：这两件事是递进的关系，所以不能换。

师：我们在写作的时候，也要考虑写作顺序。

师：初读课文时，我们已经知道第5自然段写了"我"与人分享养花的成果。究竟是哪几件事呢？

生：别人夸花，全家骄傲；昙花开放，约友共赏；花分根了，赠给友人。

师：体会到乐趣了吗？

生：全家都感到骄傲。

师：还记得吗？上文中提到天气不好时老舍和夫人一起抢救花草。辛勤劳动换来了芬芳扑鼻的花香。难怪全家都感到骄傲。请男生读。

生：有秉烛夜游的神气。

师："秉烛夜游"什么意思？

生：夜间持着蜡烛游玩。这里指在夜间赏花。

师：为什么要夜间赏花呢？

生：昙花总在夜间放蕊。

师：昙花，洁白素雅，气味芬芳。开花四小时内就会枯萎，所以有"昙花一现"之说。因此，和朋友一起欣赏，那真是再得意不过了。请女生读。

生：心里自然特别喜欢。

师：花养得好，根就会长得好，到一定的时候，就得分根。而花根越好，分的根长出的花就会越美。把好东西与朋友分享，心里自然特别喜欢。这就是乐趣啊！一起读。

师：作者还写了伤心事。读第 6 自然段，想想从哪里体会到了伤心？

生：被砸死的花的数量都记得清清楚楚，可见当时作者伤心至极了。

师：学到这里，你有什么疑问吗？

生：文章的中心是写养花的乐趣，为什么要写伤心的事？

师：谁来谈谈自己的看法？

生：正因为作者全家平日里悉心照顾花草，因此，看到花草遭殃，心痛不已。写伤心事，恰恰证明了作者爱花，心疼花啊！

师：养花的过程五味杂陈，也让作者体验到更丰富、更完整的人生滋味。

生朗读。

师：《养花》一文，作者先写了为什么养花，养什么花，然后写了怎么养花，接着写了养花所得，最后总结了养花的种种体会。我们从老舍的精心选材中，从朴实的语言中，体会到了他对花的——

生：热爱。

上海市市北中学 程夕琦

作者介绍

在多年的工作中，我的语文教学观逐步成型。首先重反思，反思是对现状的不断要求，逼迫自我走出舒适区，避免复读。对内打磨课程，每一轮新教程，即使教材课文不变，但我会要求自我改进或重新设计一半比例左右的课程内容。让真正有心得的课程沉淀下来。对外参与各类活动，听各级各类公开课，撰写论文，参加教学比赛等，借助实践打磨自己，积累思考与经验。其次找核心，我以陈军老师的"学友"思想为核心，阐发形成"以学为友，以友为学"的教学实践内容，把握学生的学情，因材施教，创建"班级论语群学"课程，引领学生深入研学，自学自研自教自育，形成了启发引领学生自我发展的教学风格。最后拓视野，我认为想要教好语文，很多功夫在课外，不仅在别人的课堂里、书里、言行里、思想里，甚至还在语文科学之外。我力求对历史、哲学等文史哲范畴领域有所学习，还对政治、宗教、经济、科技、信息技术等学科知识有所关注。我认为，只有较全面的知识视野，了解当下时代的发展状态，才能更好地走进课堂。

《〈新序〉二则》的理解与解读

课文《〈新序〉二则》选录《延陵季子将西聘晋》与《子罕不受玉》二则经典历史故事，与课文《廉颇蔺相如列传》《谏太宗十思疏》和《训俭示康》构成单元，以"中华传统美德"为主题，四篇课文分别侧重一项或几项美德内容教导学生。《〈新序〉二则》第一则《延陵季子将西聘晋》即"子罕挂剑"之典故，教参及所见参考书目都以"诚信"为主题，《子罕不受玉》则以"廉洁"为主题。这些分析都言之有理，我在前几轮授课过程中照本宣科，学生也毫无疑问。但是这一次授课，分别读出了新的理解与解读。

《延陵季子将西聘晋》

读《延陵季子将西聘晋》，总觉得短短一则小故事，疑点甚多，用流行的话说，季子的行为很让人"纠结"。他既然愿意把剑送给徐君，为何不早早送上？季子最后竟把剑挂在树上，就算完成了送剑的行为吗？徐君已死，季子固守只有他一个人知道的诺言，这种诚信与一般意义上的诚信有什么差别？

我们首先要搞清"诚信"观点从何而来，此说依据为何？通读全文，"诚"与"信"两字没有直接出现，"诚信说"的依据是从"心许之"和"伪心"两处来，前者是季子对徐君"欲之"的回应，后者是对季子行为的分析，两字都与"心"有关，故有"信守对自己的承诺"的解释（《新标准语文文言文课课练阅读指要》），进而引出"诚信说"。

"诚，信也。""信，诚也。"《说文解字》中"诚""信"两字互释，幸有段玉裁在"信"字后有补注曰："在人言则无不信者。故从人言。"揭示了"诚信"与"人""言"的根本关系。"人"有自我、他人两分，而只有加上"言"的外露才有"信"的评定。季子的诚信理应是对"徐君"的，但因为季子并未对徐君这个"他人"有过"言"，使得季子诚信中"言"与"人"的一环似乎显得黯淡，但恰恰是这一特殊情况，季子的诚信转化成了对己言，"人"与"言"的两端都转移到了自己身上，季子的无言之信——"对自己守诺言"比起"有言之信"更周全可贵。

若是季子与徐君有过约定，那"诚信说"无疑会更加有说服力，可惜的是季子恰恰没有对徐君做过任何口头承诺。"口头承诺"对人的品质要求低于"实际行动"，约定可以因为一些特殊原因解除，只要合情合理，人们也不会产生非议。季子既然能够做到更高层面的"实际行动"——"不伪心"，为何不在当时就承诺徐君"赠剑"一事呢？解读的关键在于"为有上国之使，未献也"一句，此处课本有注释，上国：春秋时对中原各诸侯国的称呼。是相对于吴、楚等僻居东南之国而言的。或以为'上国'指宋、卫、陈、郑等，不包括晋在内。"这个注释的两说区别点在于：晋国是否属于"上国"之列。这一解释结合之后"使"的解释才是关键。"使"若释为"使者"，"上国"则按第二说，此处即解释为"（因为）在场的有其他中原诸侯国的使者（不包括晋），（季子不方便进献宝剑）没有进献。"假如把"使"看作其外交出访工作的意思，那么"上国"则只能采取第一说，实际就是对"晋"作为中原之国的敬称，翻译为"季子因为有出使上国（晋国）的使命，（所以）没有进献。"此说与前说有本质的不同，它把宝剑与出使这一行为紧密联系起来了。

季子所处的春秋时期，剑实际都是青铜剑，我们今天概念中的作为武器的铁剑是战国后期随着铁器的兴起才逐步出现的。而直到西汉以后，铁制兵器才完全取代青铜兵器，青铜剑从此退出了历史舞台。故青铜剑主要不是用来杀敌，而是用来表示身份。《周礼·考工记》中就记载着不同士阶层所配的剑制式各有不同，有"上制上士""中制中士"之说。季札携带的宝剑，当是其地位身份的象征，也是辨识其为吴国使臣的标志，古代通讯交流不发达，用一些普通人无法企及的事物来区分身份，是一种很有效的方式。直到民国时期，蒋介石还对黄埔毕业生赠送"中正剑"笼络人心，可见剑在中国文化体系中有重要的象征意义。故季子的宝剑是其"西聘晋"这一使命的关键，当时自然不能献。等季子出使完毕，宝剑辨识身份的作用变得次要了，无论是徐国还是吴国，季子都无须借宝剑来自证，故可献剑。

上述的分析实际上只解释了"未献"，而未解释"不诺"。季子拜访徐君时，完全有各种机会来告诉徐君"许之"的心意，可他为何不言呢？

从"言必信"的角度看，无言必无信，季子不诺，故取消了"言信"的基础。宝剑是季子"西聘晋"的信物，不能不持，但出使是否顺利，是否会有变数，皆是未知，故不许诺是从当时实际情况出发作出的最恰当选择。倘若许下诺言而实现不了，反而使德行有损，徐君有忧，不许没有把握的诺言，恰恰是出于诚信的考虑，是一个实事求是、正直诚恳的素养体现。

当季子归来后发现徐君已逝，这又是一处考验其君子德行之处。按常理看，当事人双方一方不在，约定及其他关系也自然消逝了。季子依旧坚持本心，即"不违心"，把宝剑挂在徐君之墓旁树上。

季子的承诺，超越了一般诚信要求，是古人对于自我内心建构的一个过程。他把普通意义上的人与人关系上的诚信，转化为"过去之我"与"当下之我"的关系上的诚信，这是君子的内省，是德行的彰显。而这两个自我，都是受季子道德内心修养指导的行动，才有了我们今天"季子挂剑"的美谈。

《子罕不受玉》

《子罕不受玉》的故事在《左传》中亦有记载，情节基本相同，不同的是《左传》还补充了故事后续环节：（子罕）"……不若人有其宝。"（宋人）稽首而告曰："小人怀璧，不可以越乡。纳此以请死也。"子罕置诸其里，使玉人为之攻之，富而后使复其所。"

我们一般都关注子罕不受玉这个行为过程，而忽视了《左传》的完整叙事及《新序》叙事之后议论部分。从"故宋国之长者曰"的赞叹与议论开始，观"宋人"的言论，似乎不是一个行贿者，他没有提出什么回报和要求，其献玉的原因在于自己的身份低微，担心怀璧其罪。而子罕也竟"收"下了玉，最后为"宋人"找到了一个很好的处理方式。此二人言行固然可以体现子罕之廉洁，但不免让人赞叹宋人与子罕各自对于事物的认知与行为方式的高低。《新序》中亦有"其知弥精，其取弥精。其知弥粗，其取弥粗。"的句子，在赞叹子罕不贪之余，分明也点到了"知"（认知）的问题。

以认知作为本则语段的思考新角度，应当可行。《新序》之后的议论很有意味："今以百金与抟黍以示儿子，儿子必取抟黍矣；以和氏之璧与百金以示鄙人，鄙人必取百金矣；以和氏之璧与道德之至言，以示贤者，贤者必取至言矣。"这里提出了四项可取之物：抟黍（黄鹂鸟）、百金（百两黄金）、和氏璧、道德至言。但是只提到了三类选取之人：儿子（婴儿）、鄙人（鄙俗之人）、贤者，并没有构成一一对应的关系。刘向没有提及和氏璧的选择者，但《廉颇蔺相如列传》课文中，恰好围绕"和氏璧"展开，秦赵之君是否就是和氏璧的选择者呢？

我以此提问学生：倘若不涉及道德、法律等问题，这四项任你选择，你会选哪个？为了更为直观，我做了一个粗略的比较。百金折算成人民币大概有百万之巨，而和氏璧的价值从秦王许诺的"十五城"来看，折算成一亿元只少不多，两者起码有百倍的差异。其余两项十分明显，黄鹂鸟也可以看成是自己心爱的事物，道德至言便是极富启发性、感召性的言语。学生选择百金和和氏璧的人数占了多数，有部分同学选择道德至言，没有人选黄鹂鸟。

选择百金的认为有了钱财，自然买的下"黄鹂鸟"，而选择"和氏璧"的更是认为可以买得前两者。可事实真是如此么？它们的关系是能够一个个包含递推的吗？

关键在于对"和氏璧"的理解上，《廉蔺列传》中缪贤曾说自己有罪，他的罪名其实就是"私藏和氏璧"，被赵王发现并收缴。缪贤持不了和氏璧，赵王也不过是暂时拥有，和氏璧最终归入秦国。从经济学角度看，和氏璧无法与任何物品进行交易，因为没有对等物，而且和氏璧象征君权，具有无形价值。文中的"和氏璧"其实是指无价之宝。

《百万英镑》是马克·吐温的经典讽刺小说，那张"百万英镑"支票从出现到最终小说结束也没有花出去，看似美满的结局实则饱含了马克·吐温对资本时代人性对于金钱的崇拜。小说中主角违背交易规则不花钱，因为人们都对"百万英镑"有极高认可，它背后是英国国家信誉作担保，也是最高的信用物。这里的"百万英镑"就类似于"和氏璧"，故"和氏璧"必然只是诸侯依靠手段争夺而易主，结局也必然归入最后胜利者的手中，而能够选择"和氏璧"之类的珍宝，只能是权贵豪强、帝王将相。

道德至言看似无用，不能让你丰衣足食，更不能让你获得他人的仰慕，但他可以让你获得内心极大的宁静，它是一箪食一瓢饮的颜回之乐，也是以道处富贵的仁德。进而我们可以理解《左传》中季子所做的选择，这不仅仅是廉洁，更是一种认知。宋人无法拿着贵重的宝玉越乡里，唯有子罕出面，方能帮把宝玉卖了换钱，宋人拿着钱财高高兴兴地回去了，二人各自选择了自己认知层面的事物，皆大欢喜。

这里的知，不是智力也不是知识，而是大智慧。从婴儿到普通人到成人中的贤者，是一个不断向上，由人的动物性到人的价值性最后上升到人的道德性的过程，是人发展欲望、满足欲望、控制欲望到最后从心所欲而不逾矩的升华。大多数人一生都只能在第一、第二项中上选择，第三项属于一部分特定的人群，唯有真正的贤者，才能看清功名利禄，放弃不恰当的选择，发现并选择具有最高价值的智慧道德至言。

《〈新序〉二则》课堂教学实录

师：初读两个小故事，觉得很简单，仔细一想，好像还是有点问题。为什么要解读为诚信？这个解读我总觉得不够尽善尽美，我们今天从这个问题入手来探讨一下。我们先来看一下《说文解字》两个字条的解释。

【PPT：诚，信也。从言，成声。信，诚也。从人从言。】

师："诚"和"信"两个字的解释是互证的，我想问问大家，"从言，从人从言。"这个"从"怎么理解？

生：我觉得"从"有跟随的意思，引申义为依照。诚信就是要依照说出来的话，说出来的声音，以及依照人之前做的那种承诺，然后去施行才可以叫诚信。

师：好的。"从……"是《说文解字》的特点，"从"后的内容一种叫声符，一种叫形符。那么，诚信既然要从言的话，延陵季子挂剑，他从头至尾没有对徐君许过诺言，这种无言的过程，可以算一种诚信吗？

生：我觉得诺言是向别人许下的诺言，如果你许下了诺言，对别人和自己都做到诚信，不辜负别人也就不辜负自己，所以我觉得这种无言也是一种诚信。

师：季子他能够做到无言之诚信，季子为什么当时不许诺一下："徐君，我答应你，等我回来之后再把宝剑给你。"

生：因为他在没有做到这件事之前，在未来有很多未知性。如果他许诺了，但后来并没有做到，就辜负了自己的内心，也辜负了徐君的期望，所以他不说，之后实现了这个诺言，反而有更好的效果。

师：这篇文章从头至尾并没有出现诚或信这两个字，反而季子在文中明确地表述了自己的行为是另外一种品质，"爱剑伪心廉者不为也"，说自己是"廉者"。我们先看这个廉。

【PPT：廉，仄也。力兼切。（段玉裁注）廉之言敛也。堂之边曰廉。堂边皆如其高。堂边有隅有棱。故曰廉。廉，隅也。又曰。廉，棱也。】

师："廉"最早就是墙角一条棱线。所以廉的本意是正和直。我们再来看第二个补充信息。廉和信有区别，《管子·牧民》讲，礼义廉耻，国之四维，四维不张，国乃灭亡。五常：仁义礼智信。孔子最早只提出仁义礼，孟子增加了智，至董仲舒把"信"提升到了五常之一。

师：我把"廉"称为廉直。那怎么用这两个概念去解读这篇文章？

生：他评价自己叫廉者，证明他认为自己的行为是刚正和正直的，他当时在自己心里许诺过以后，就告诉自己一定要去实现自己的诺言，这其实是一种直的表现，我认为这也是一种信表现。

师：你再说说诚信跟廉有什么关联？

生：我觉得廉直是一个人内在心理的体现，他自己要做到廉直，然后表现出来的是人性的一种行为。

生：我觉得廉直主要是从国家的层面来看，延陵季子作为一个使者出使，展现的是吴国的国风。

师：我想不管是诚信说，还是廉直说，评价一篇课文，它必然是很丰富的，一开始我觉得诚信不够完善，现在加上廉直。做一个结合，叫"诚直"。我是读了我们陈校长的《诚直论》后有所体会，他是这样说的："诚是性的一种内核，而直是性的一种表现，诚是人的根源特质，而直是人的一种行为特征。"【PPT 同】

师：因为"廉"在我们的语言文本中发生了一种转移，所以今天"诚信"说得多，"廉直"可能被忽略了。我们来看第二篇，提炼出"知和取"的一个问题。我增加一个要求，把"不贪"放在一起讨论，我们能得出什么样的解读？

生：不贪和取有关联，不贪并不是一种不取，而是一种有度的取，其知弥精，其取弥精，体现了一个人眼界的高低，取是一种境界的深浅，眼界比较低的人境界也比较浅，取的那些东西就是比较物质的，像宝玉之类的。但境界高的人眼界就高，所以活得比较简单，不贪，在实现自己最基本的生活需求后，在物质上他就取得少，但在精神上就很富裕。

生：我觉得在智、取和不贪三者里面，它们都是可以互相联系的。首先智是决定取或不取的一个关键要素。不取大于不贪，不取不是说我完全不要。不贪的话可以解释有两个含义，一个是一种你不正当的行为，不属于你的东西你去拿它。第二种就是像同学刚刚讲的，就是拿够了，你觉得这个可以了，然后就克制住自己不要再拿，但是不取的话，我觉得从是非观上面就很清楚地去摒弃那个东西，觉得不属于自己的，他根本就不会生出这个欲望，不会想要取，所以我觉得这个智是更高的一个层次，比不贪要更加难做好。

师：我们来看一下 89 页注释有一句话，说此事在《左传》中也有记载，再看 88 页注释一中讲的一句话：《新序》这个内容所记史实与其他历史资料部分内容是有不同的，我们来看看什么叫有不同。

【PPT：《史记·吴太伯世家》季札之初使，北过徐君。徐君好季札剑，口弗敢言。

季札心知之，为使上国，未献。还至徐，徐君已死，于是乃解其宝剑，系之徐君冢树而去。从者曰："徐君已死，尚谁予乎？"季子曰："不然。始吾心已许之，岂以死倍吾心哉！"

《左传》宋人或得玉，献诸子罕。子罕弗受。献玉者曰："以示玉人，玉人以为宝也，故敢献之。"子罕曰："我以不贪为宝，尔以玉为宝。若以与我，皆丧宝也，不若人有其宝。"稽首而告曰："小人怀璧，不可以越乡，纳此以请死也。"子罕置诸其里，使玉人为之攻之，富而后使其所。

师：左边这是宋人有得玉者在《左传》中的记载，内容和原文之间有差别。右边季子送剑在《史记》中的记载，我们讨论一下，在另外文本中，这两个故事与《新序》中的相比较，看一看刘向在写作过程中有没有什么意图想展示出来？

生：我觉得刘向在这两则中都有一定的自己的加工。《新序》二则"徐人佳而歌之"，写到别人对他的赞颂。然后在宋人献玉中，他又把子罕作为一个贤者来看待，所以我觉得他在文本的加工里面是更加突出地夸赞子罕的品质。

师：你的意思就是说刘向更侧重于把品质给提炼出来，好的。他看到了一个方面，还有吗？

生：我看到《左传》中就写了他后续的一个处理，就是让宋人卖玉得钱之后再返回乡里，这就体现了一个事情的两面性。如果子罕选择不受玉，他可能会给别人带来麻烦，所以我觉得《左传》比《新序》要更加全面地解决问题。

师：知道为什么他不受玉那个人会有麻烦，这就是所谓怀璧其罪。《左传》从叙事上更加全面，对于子罕这个人物的形象描写更加全面。但是《左传》中子罕还是拒绝了受卞，主旨上有没有发生偏移。

生：我觉得《史记》更加注重记事，而《新序》更加注重运用事件来表现作者想要表达一些道理。

师：《新序》意图非常明确，这点我们都发现了。在高似孙的《子略》这本书中就总结过，刘向写《新序》是正纪纲、迪教化、辨邪正、黜异端，以为汉规鉴。

师：既然一个故事在不同的时代有不同的作用和解读，那我想，我们做一个小小的尝试，用我们今天的视角，重述这两个故事，再添加一个评论。你觉得应该是什么样子的？

生：《宋人有得玉者》那篇，我觉得可以加上后续，我希望不光是子罕自身使别人觉得子罕这个人有好的品质，而是子罕将来会把自己的好的思想传播开来。把这个事情流传出去，让大家都去效仿他，像孔子一样，自身达到了一种圣人很高的境界，这样才是真正做到对社会有益。

师：我理解你的意思，子罕要走出去把自己的影响扩大一点，而不是被动地去接受。

生：对宋人有得玉者的评价，我会觉得每个人可能在每个阶段会按照自己的需求去取，比如说你是学生，你就会以知识为重，你在这些东西里面你会选择去选书。如果你现在温饱都没有解决，去追求像这种思想品德上的东西有点太高了。

师：他物质基础的已经足够了，所以再去取品德这一块。每个人会按照自己的需求去取，因为自己知道缺什么，这就是需求理论了。满足温饱之后再来解决道德问题。

师：好，这个问题我就谈一下，大家到时可以自己再谈论一下。好，我们今天关于《新序》二则的解读就到这里，课后这个作业大家今天完成。

上海市彭浦初级中学　王凯

作者介绍

　　王凯，中共党员，现任教于上海市彭浦初级中学，任语文教研组长。于漪老师说：教学必须在"得"字上下功夫，学生学有所得，才能对语文学习产生情感和趣味。语文教学中，我以"得"字为着眼点，深入研读文本，力求每节课让学生都有所得：或从文章的思想性入手，带领学生体验感悟人物的悲欢离合；或从文章的关键词句入手，引导学生敲打词句感悟文字的魅力；或创设情境，引领学生进入文本情境，赏析主人翁和作者的至真情感……语文教学关键是一个"活"字，对"活"的理解是多种多样的，有教学模式上的改变，有教学手法上的更新，因人因文而异罢了。但万变不离其宗——让学生有所"得"。于漪老师说：教育的本质是"育人"，但如何在语文教学中潜移默化地达到育人的目的，是值得深入研究的课题。陈军校长提出"修辞立其诚"这一研究命题，给了我很好的切入点。期望通过对"诚""直"的深入研讨，让课堂充满人性的光辉。

作文立其诚

针对初中学生作文语言表达贫乏的现状，分析导致这一现状的深层原因。结合《上海市初中语文学科教学基本要求》探索初中作文教学的基本路径及方法。提出作文立其诚的观点，进一步解读真实写作是作文立其诚的前提，言为心声是作文立其诚的本质。

初中学生作文存在的突出问题是语言表达。作文语言往往词不达意，生搬硬套，表达缺少表现力，缺少真情实感等。

《上海市初中语文学科教学基本要求》针对写作部分明确要求：初中阶段要掌握三类文体的基本写作特点和写作要求，能根据作文题目、有关情景或材料，确定写作要点和中心；能调动已有的生活经验、知识积累，选取符合题意的材料；能运用叙述、描写、抒情、说明、议论等表达方式，写出感情真实、内容充实、中心明确的文章；能记叙自己熟悉的人、事、物，表达自己的感受和认识，并能以自己的生活为基础，展开想象和联想，表达对未来的向往和憧憬。

研究"基本要求"我们要特别关注"调动已有的生活经验""表达自己的感受和认识""以自己的生活为基础"这些语句。其核心是强调自己的生活经验，表达自己的感受和认识，以自己的生活为基础。因此，我认为"作文立其诚"可以很好地解决语言表达存在的问题。

一、作文立其诚的提出

"作文立其诚"是对"修辞立其诚"的化用。首先我们了解一下什么是"修辞立其诚"。"修辞立其诚"语出《周易·文言传》，是用来解释《周易》的《乾》卦"九三"爻辞的。历代名家对"修辞立其诚"的解读各有千秋。孔颖达说："修辞立其诚，所以居业者，辞谓文教，诚谓诚实也。"宋人的理解则有不同。程颢说："能修省言辞，便是要立诚；若只是修饰言辞，为心只是为伪也。"朱熹说："修省言辞，诚所以立也；修饰言辞，伪所以增也。"王应麟也说："修辞立其诚，修其内则为诚，修其外则为巧言。"清人傅以渐、曹本荣则认为："修辞立其诚，以实言为实行，精神更无走作，不至业而始修，直图所以居业者。

  抛开历代名家所处的立场和解读的角度产生的分歧，可以看出他们都强调了"诚"的重要性。从写作的角度，我认为"修辞立其诚"就是强调语言美和心灵美的和谐统一。而初中学生作文存在的很大问题就是缺少"诚"而导致表达匮乏、胡编乱造、假话连篇；选材没能反映现实生活而导致立意空洞。因此，我提出"作文立其诚"。

二、真实写作，作文立其诚的前提

  真实写作是与虚假写作对立的。叶圣陶曾经说过："我所谓实际作文（即真实写作），皆有所为而发，如作书信，草报告，写总结，乃至因事陈其所见，对敌斥其谬妄，言各有的，辞不徒发。而学生作文系练习，势不能不由教师命题。学生见题而知的，审题而立意，此其程序与实际作文异。"（《叶圣陶答致教师的 100 封信·答宋育瞳》）反观我们的作文教学，许多老师不都是直接命题，简单解题后让学生匆匆作文吗？课堂写作很容易变成与真实写作对立的虚假写作。

  什么是真实写作呢？我们可以借鉴先进的作文教学的做法。先进的作文教学从两方面来展开思考：一是生活的真实，二是写作过程的真实。

  从第一层面的生活的真实而言，我们在作文教学中要抛弃急功近利思想，就是要有真实的生活需要，有自己想写的真实的写作内容，而不是为老师而写作，为分数而写作。特别是在预备、初一年级不要"喋喋言教法"，怎样开头，怎样结尾，怎样过渡照应等等。而是要创设真实的生活场景，让学生去体验去感悟。然后引导学生写自己真实的感受和体验，反映真实的社会生活。如带领学生走进博物馆，让学生写触动灵魂的展品。在作品赏析时抛却章法构建，大家一起品鉴作品内容是不是来自博物馆这一特定环境，对这一展品的描述或感受是否触及读者的灵魂。再比如写一次春游，评价作品时把描述"真实的生活"作为第一评价要素。在"真实的生活"这一纲领的引导下，逐步唤醒沉睡于学生心中的"诚"，逼走常存学生笔端的"假大空"。

  初二年级，就可以带领学生进入认识真实写作的第二阶段。比如，学生常以为作家一提笔就能写出完美的文章。这就不真实，因为完美之作是作家经过反复推敲修改甚至推倒重来才写出来的。又如，学生以为作家动笔之前就把文章写作内容和形式想得清清楚楚，写作不过是把心里的想法写到纸上的过程而已。这也不真实，因为作家写作的过程是一个不断修改、不断发现、不断深化、不断完善的过程。正如郑板桥《题书斋联》所写"删繁就简三秋树，领异标新二月花"。真实的写作就是从粗糙的初稿开始，让他们体验写作中选材构思的挣扎、纠结；让他们感受文思枯竭的痛苦、绝望。以此让学生了解写作的真实过程，从而生成自己的写作策略和技能。

这些真实的写作过程我们从来没有告诉过学生。写作中应该让学生体会到如何把原来粗糙的变得完善，把原来模糊的变得清晰，把原来肤浅的变得深刻，这才是写作的真实性，而且是对真实写作更深刻的理解。这一过程也是去伪存真的过程，更是从"诚"向"修辞"过渡的过程。带领同学们反复雕琢，让作品表达真情实感，让文章展现清晰思路，让作文呈现深刻立意。

三、言为心声，作文立其诚的本质

钱梦龙老师说："一个人在常态下写文章，不外乎两个目的：生活中有所思有所感，需要倾吐；需要把所思所感写出来与别人交流。"钱梦龙老师认为写文章的目的是"倾诉""交流"。这就是"言为心声"。言为心声即为"诚"。如何激发学生写作时隐藏在心中的"诚"？如何由浅入深地让学生"言为心声"？我觉得要从以下两方面入手。

首先，多阅读，常写练，培养学生写真实自我。"少成若天性，习惯如自然。"培养学生良好的阅读和写作习惯对中学生来说尤为重要。我们往往会发现，同学们作文程度差异明显，在一大部分稚嫩之作中，总有一些同学的作文让老师都拍案叫绝。稍作了解便会发现，这些同学之所以"会写"，完全缘于他们已养成了良好的阅读习惯和写作习惯，平时注意多看、多思。多看了，心有所思；多思了，心有所感。这时写作下笔如有神，洋洋洒洒，一挥而就。作文程度差的同学，总是非常羡慕那些作文屡屡被拿来当范文的同学，但却苦于不知如何提高，其实关键就在于多阅读常写练。同时，长期的阅读习惯将会成为写作素材之源泉。因此，阅读和写作相辅相成。

如何培养学生写真实的自我呢？我认为，日记是一个很好的载体。日记除了写日常的所思所感，更要承担检验同学们阅读的工具。我要求同学们每周写一篇读后感，每周写一篇诗词简析，同时结合教材"学习建议"部分安排他们在日记中进行人物赏析、改写、续写等写作活动。比如教完《变色龙》，我安排他们从奥楚蔑洛夫、叶尔德林、赫留金及周围的人中选择一位进行评论，写出自己的真实看法；教完《我的叔叔于勒》后，安排学生通过想象，描述一下于勒在美洲的生活，等等。

阅读习惯和写作习惯是基石。缺少扎实的基石，作文立其诚就会成为水中浮萍、风中飘絮。

其次，赏析名作，感悟名家"诚""直"美。作文教学中，常常有老师要求学生写作文要使用描写，使用修辞等方法来提高作文的表现力。甚至有老师在作文中要求学生必须有几处修辞、几处描写。这种"枷锁"式的方法，常常出现生搬硬套的弊端。我觉得这种教学方法失在缺少对"作文立其诚"的思考。这种忽略学生情感体验的生硬"枷锁"只会增加学生对写作的恐惧。

在教授《言之无文 行而不远》（锤炼语言篇）这节作文课时，我设置了如下环节。

请同学们看手中的材料，以小组为单位赏析这几组文字，共同探究其妙处。

月光如流水一般，静静地（倒、照、泻）在这一片叶子和花上。薄薄的青雾（浮、飘、贴）起在荷塘里。叶子和花仿佛在牛乳中洗过一样；又像（罩、盖、笼）着轻纱的梦。

朱自清《荷塘月色》

闲居少邻并，草径入荒园。鸟宿池边树，僧（推、摇、敲）月下门。过桥分野色，移石动云根。暂去还来此，幽期不负言。

贾岛《题李凝幽居》

绿杨烟外晓寒轻，红杏枝头春意（浓、闹、来）。

宋祁《玉楼春·春景》

同学们在讨论中体验人物之情感，感受诗文之妙境。回答问题时，他们从人物情感的角度，从社会环境、人物背景的角度相互辩论各抒己见。如赏析贾岛的"鸟宿池边树，僧敲月下门"时，他们从生活的真实入手，从人情世故的角度分析"推"、"摇"之无生活、无礼节。我明确名家的选择后，他们或欣然点头，或赞叹不已。在争论中，在体验中，在感悟中，他们感受到了语言之美，美在真实，更美在真诚。

综上所述，在初中作文教学中，"作文立其诚"的要旨就是让学生在起始阶段写真实的生活，同时认识真实写作的过程。这一阶段是"诚"的基础。在这一认识层面基础上逐步引导学生认识"修辞"的本质——言为心声。

参考文献

[1] 王齐洲 . "修辞立其诚"本义探微［J］. 文史哲，2009（06）:72-81.

[2] 曹勇军 . 美国写作教学的 8 个关键词［EB/OL］.http://www.sohu.com/a/305247-716_100015735?sec=wd.

[3] 钱梦龙 . 教师的价值［M］. 上海：华东师范大学出版社，2015.

《提高作文语言的表现力》课堂教学实录

教学目标：

1. 掌握从"制造对话"到"设计对话"的写作手法。

2. 掌握从"经历"到"经验"的写作手法。

教学准备：

学生提前研读两篇 2018 年中考满分作文《真的不容易》（两文选材：文 1 写中考前妈妈为"我"洗脚；文 2 写采莲人的生活）。

课堂实录：

一、导入，构建互动话题

师：前两天发给大家两份去年的中考满分作文——《真的不容易》，我相信这两天大家都有深入研读。大家畅所欲言，你们觉得这两篇中考满分作文，好在哪里？

生：第一篇使用了语言描写，写出了妈妈对我的关爱。

师：语言描写有什么特点吗？

生：开篇就直接写妈妈的语言，语言非常朴实，有真情，有生活气息。

师：说得很好。你从情感的角度分析语言，这个角度是对的。特别是"有生活气息"，可见你关注生活，有生活体验。还有其他视角的解读吗？

生：我觉得开篇就直接写妈妈的话，这叫未见其人，先闻其声。

师：嗯，说得很棒。你从写作手法的角度赏析作品，视角很独特。

生：老师，我觉得文 1 写中考前妈妈为我洗脚，洗脚过程中，我发现了妈妈的不容易。选材很生活化，也很感人；文 2 选材写采莲人的生活，关注这一看似富有美感却又很辛苦的劳作生活，作者的选材很好。

师：很好！你关注写作素材，从选材的角度品析作文，并且说道"选材生活化，也很感人"，可见"生活化"的素材更能感动读者。同学们，还有高见吗？

生：文 2 中间部分作者用大量笔墨描写老人、青年人及孩子们等采莲人家的生活，而文章最后作者展开议论表达自己的感受。这也很好！

师：好的实质是什么呢？

生：是多种表达方式综合运用。

师：棒极了！面对满分作文我们都有自己的标准，我们从语言表达的角度，从选材的角度，从表达方式的角度去深入思考两篇作文满分的原因。那是我们的视角，也是我们心中的标准，那么我们来看一下中考作文评卷的标准是什么？

PPT 展示"上海市中考作文评分标准"。

师："上海市中考作文评分标准"总共分为 ABCDE 五档。同学们研究一下，根据我们平时作文练习得分的情况看，我们的作品多集中在哪些档次？

生（异口同声）：B 档的较多。

师：如果我们要把我们的作文升格到 A 档，我们就要比较一下我们作文评分的 A 档和 B 档有什么区别。今天我们只关注"语言表达"这一项。同学们比较一下，从语言表达的角度有什么主要区别？

生（齐答）：B 档的作文只要求"语言通顺、简洁，用于规范"，而 A 档的作文要求语言表达在此基础上还要"有一定的表现力"！

师：同学们都有火眼金睛！今天我们就共同来探讨一下，看怎样才能让自己的作文升格，让自己的语言表达富有表现力。

二、作文升格——从"制造对话"到"设计对话"

师：作文中离不开人物的语言描写，我们看一段某同学的语言描写，大家讨论一下，看这段语言描写有没有表现力？

（PPT 展示某同学作文片段）

生 1：老师一直说写作素材要来自生活，要有生活真实。我觉得这段语言描写非常生活化。有表现力。

生 2：我觉得这段语言描写非常单调乏味。虽然语言生活化，但这些语言描写总是"妈妈说""我说""小云说"，形式上非常单调。所以我认为没有表现力。

生 3：我也认为没有表现力。这段文字都是单调的对话，并没有表现出人物的个性特征和所要表达的人物形象。

师：同学们的发言太精彩了。你们关注了语言要有生活真实、语言的组合形式，更关注了语言要体现人物形象个性。真是太棒了！我来说说我的看法：从语言的内容上看，他的语言描写来自生活，体现了"作文立其诚"。但从形式上看，确实太单调了。单调的形式就会让读者审美疲劳，甚至感受不到画面感，体验不到人物的性格及情感。我把这种单调的"你说、我说"，像流水线上生产的语言形式称为"制造对话"。那么怎么升格呢？我们来研究一下鲁迅在《故乡》中是怎么"说"的。

（PPT 展示）：

"哈！这模样了！胡子这么长了！"一种尖利的怪声突然大叫起来。

我吃了一惊，赶忙抬起头，却见一个突颧骨，薄嘴唇，五十岁上下的女人站在我面前，两手搭在髀间，没有系裙，张着两脚，正像一个画图仪器里细脚伶仃的圆规。

我愕然了。

"不认识了吗？我还抱过你咧！"

我愈加愕然了。幸好母亲也进来，从旁说：

"他多年出门，通忘却了。你该记得罢，"便向着我说，"这是斜对门的杨二嫂……开豆腐店的。"

"忘了？真是贵人眼高……"

"哪有这事……我……"我惶恐着，站起来说。

生1：我发现鲁迅在描写人物语言时很精彩！

师：怎么精彩？

生1：我老家也是浙江绍兴的，我和鲁迅是老乡。我过年回老家时有时也能听到这种语气的话。不是生编硬造的语言。

师：说得很好！作文立其诚嘛！

生2：杨二嫂的第一句话，提示语放后面，这就起了"未见其人，先闻其声"的表达效果。提示语也有变化，不是"你说，我说"之类，甚至有些语句直接就不用提示语了。

师：提示语的变化有什么好处？你举例来解释一下。

生2：如第一句"一种尖利的怪声突然大叫起来"，提示语强调了"尖利的怪声"，这就让我们感受到杨二嫂说话声音很高很尖，那这个大妈就会是很泼辣的。后面她的语言直接就不用提示语，可以看出她说话直截了当，更能体现她的尖酸刻薄。

师：分析得很透彻！我把这种提示语富有变化的语言称之为"设计对话"。很显然这种语言描写更具有表现力。同学们总结一下，语言描写的升格有哪些路径。

生1：语言表达要生活化，要有地方特色。

生2：提示语要富有变化，体现人物的情感。

生3：语言描写要从"创造对话"转变为"设计对话"。

三、作文升格————从"经历"到"经验"

师：刚才我们从语言描写的角度探索作文升格的路径。下面我们从表达方式的角度寻找提高语言表现力的方法。同学们回顾一下我在表达方式方面给你们作文的评语，经常提出的不足是什么？

生：好像是叙述过多，表达方式单一，流水账。

师：是的。我们作文普遍存在这样的问题，更有同学一叙到底。我们常说"文似看山不喜平"，"平"不仅仅体现在构思上，也体现在语言表达上。我们的作文往往是平铺直叙的"经历"多，而表达自己观点和感受的"经验"少。那么什么是"经历”和“经验”呢？

生：从你说的“平铺直叙”以及“观点和感受”来看，我的理解是：“经历”只写过程；“经验”应该是观点和感受。

师：聪明！从你的发言可知：你听课很专注！你的观点也非常正确！我们知道中国古诗词很美，许多诗词就美在既有“经历”也有“经验”。我们来鉴赏一下如下诗句，同学们来感受一下，哪些是“经历”和“经验”？

（PPT 展示）：

会当凌绝顶，一览众山小。

——杜甫《望岳》

飞流直下三千尺，疑是银河落九天。

——李白《望庐山瀑布》

老骥伏枥，志在千里。

——曹操《龟虽寿》

生 1：“会当凌绝顶”就是要登上泰山的顶峰，这应该是经历，而“一览众山小”应该是作者杜甫的感受，应该就是他的经验了。

师：“一览众山小”是写诗圣登上泰山纵目远眺看到的景象呀？怎么成“经验”了呢？

生 1：“会当”不是“将要，一定要”的意思吗？那表明杜甫还没有登上泰山。所以说“一览众山小”只是他凭经验的感受。

师：太棒了！你不但语言表达很好，对诗文的理解更是细致深刻！

生 2：“飞流直下三千尺”是运用夸张修辞手法的写景，是作者李白的经历所见。“疑是银河落九天”是作者的想象，想象可能靠的也是经验。

师：（竖起大拇指，同学鼓掌）

生 3：“老骥伏枥”是叙述，可以理解为经历。“志在千里”应该是想象。作者是通过想象来表达自己的志向吧。

师：你的解读也非常正确！其实，我所说的“经历”就是作者的所见所闻，这时所用的表达方式是叙述。而“经验”就是作者的所思所想，这时用的表达方式是抒情或议论。这样就使得语言富有表现力。大家来总结一下，作文升格的又一路径是什么？

生 1：写作文时，不能只叙事，还要有自己观点和感受。

生 2：我补充一下。写作时表达方式不能单一，要有叙述还要有议论、抒情。

生 3：最好记的总结应是老师说的，写作要从“经历”到“经验”。

上海市宝山区乐之中学　顾毓敏

作者介绍

　　顾毓敏，中共党员，教育学硕士。现任上海市宝山区乐之中学教导主任、语文教师。工作以来，长期从事八、九年级语文教学。他曾先后荣获长三角语文教育论坛征文大赛一等奖、区中小学"学科德育精品课程"之"学科育人"特色奖、第六届鲁迅青少年文学奖优秀指导教师奖、第四期上海市普教系统名校长名师培养工程"种子计划"人选、上海市宝山区教育系统第七届"教学能手"、宝山区高境镇"优秀共产党员"等奖项和荣誉称号。在文言文教学和"问题化阅读"学习上做了很多大胆的尝试，多次在市级、区级平台上开设各类公开课，并先后在省（市）级核心刊物上发表了《浅谈校本课程对基础性课程的积极作用》《"撮词带面"在初中文言文教学中的实践与探索》《基于提升语文素养的课堂追问》等文章。教育格言是"切磋琢磨，治学之道；愤悱启发，从教之理"。

基于提升语言素养的课堂追问

语文的核心就是语言的运用与建构，思维体现在语言的外在形式之中，因此语文课应该加强对学生的语言的训练。在文言文阅读中，我们还要兼顾"文"与"言"的关系，那么在文言文教学中我们要以怎样的策略来帮助学生进行语言训练呢？今天我就以自己执教的《与朱元思书》一文的教学为例，谈谈课堂追问对于提升学生语言素养的作用。

一、通过追问，明确学习方法

课堂追问的过程往往能使学科知识的生成更加细致深入，从而使学生对知识的理解和掌握更加深刻。

《与朱元思书》是一篇骈文，句式相对工整。为了让学生直观感受这一特点，在教学之初，教师发给学生一篇没有句读的原文。

当学生为句子"水皆缥碧，千丈见底。游鱼细石，直视无碍。急湍甚箭，猛浪若奔"断句并添加标点后，教师追问：为什么两处分句间添加的是句号，而不"一逗到底"呢？

这个问题旨在让学生通过标点的选择和使用，理解句意以及句与句之间的内在关联。教师的及时追问能为学生梳理思路，促进教学任务的有效达成。

教师的追问 1：第一句写了什么？（水皆缥碧……）

教师的追问 2：第二句写了什么？（游鱼细石……）

教师的追问 3：第三句写了什么？（急湍甚箭……）

教师的追问 4：这三句话的主语完全相同吗？（有变化，第 2 句与第 1、3 句不同）

学法：当两句话主语发生变化时，我们一般用句号隔开。

再如，翻译"急湍甚箭，猛浪若奔"，学生误译成"……凶猛的波浪好像在奔跑似的"。

教师的追问 1：上下句在语言形式上构成了什么关系？（对偶）

教师的追问 2："急湍""甚""箭"分别与什么词相对？

教师的追问 3："箭"是什么词性？"奔"呢？

教师的追问 4 ："奔"让我们想到奔跑的什么动物？

<u>学法 ：翻译对偶句时可以利用词性对仗来明确落实词意。</u>

这一追问的用意在于让学生思考语句之间的关联。学生凭借最直接的语感，完全能够在语句之间寻找显性或是隐性的关联。

添加标点和翻译句子是文言文教学不可回避的难点，也是培养学生文言语感的重点。当学生顺利完成后，我们既不能因为回答正确而放弃提问其原因，当问题一时难以回答时，我们可以通过追问来分解上位问题；同时，当学生回答错误后，我们更不能强硬灌输其正确答案，应该通过系统的追问帮助其理解正确的学习方法。

二、通过追问，唤醒联系意识

语文教学的文本间往往存在内在的逻辑关联。而学生有时思考回答某个问题时，往往会就事论事，抑或凭借阅读时的碎片记忆进行组合作答，缺少联系全文（整体）或上下文（局部）思考的意识。教师可以通过追问来提示学生上下文之间有联系，有层进，有因果，有铺垫。

如学习完《与朱元思书》第 1 段文字后，教师提问"结合第 1 段我们读到的信息，我们猜测一下，下文作者会写哪些内容？"，两个学生的回答如下 ：

生 1 ：我觉得可能会写山和水。

生 2 ：我觉得会写自己的感受。

通过这两个学生的回答，我们可以看到他们只关注了"下文作者会写哪些内容？"，而自然屏蔽了"结合第 1 段我们读到的信息"这一部分的提问信息，这其实就是课堂提问的常态，学生只捕捉了教师提问的主体，而忽略了一些重要的细节提示，导致回答问题的碎片化，这就需要教师及时追问来弥补。在两个学生回答后教师又追问了"为什么？"，学生的回答就令人欣慰 ：

生 1 ：因为在第 1 段的最后一句话中，它说到奇山异水，但是在这段中并没有写山和水，所以我推测下文会写山和水。

生 2 ：第 1 段结尾是"天下独绝"，光写这个山和水，怎么会体现"天下独绝"，还要有自己的感受。

从中不难发现，我们的学生完全有联系上下文进行思考的能力，只是有时缺少联系的意识，这就需要我们教师在课堂上利用追问来潜移默化地唤醒学生这种意识。

我们再来看一下，学习完 1—3 段写景部分，教师提出"根据上文所学内容，我们猜测一下，后面作者会抒发怎样的情感呢？"这一问题后的一段实录 ：

生：作者会对他的朋友抒发一段共勉的情感。

师：哦！想到他的朋友。为什么要写与这个朋友共勉的内容呢？

生：因为文章的那个题目是《与朱元思书》。

学生不仅学会了联系上下文（局部）思考，更有了进一步联系全文标题（整体）的意识；但如果没有教师的这一追问，恐怕这个意识也只能是独自"意会"，达不到"言传"普及的效果了。

由此可见，语文教师有时在课堂上看似不经意的追问一个"为什么"，对于学生思考问题的联系性和全面性、回答问题的逻辑性和完整性的作用不可小觑。

三、通过追问，关注语言形式

《与朱元思书》一文以写景为主，文意相对浅显。结合详尽的注释，学生能基本理解文章的意思。因此，本课的教学重点是引导学生关注语言形式，进而理解语言形式的背后作者想要表达的情感。那么，教师追问的指向也自然地落在了语言形式上。

在落实为文章第 2 段分层这一环节时，教师的主问题是："请大家把第 2 段的六个分句分为两层，怎么分？"这一主问题的下位追问是：

教师追问 1：第 2 段各写出了水的哪两个特点？

教师追问 2：为什么前一个特点用了四个分句，而后一个特点只用两个分句？

教师追问 3：朗读这两部分内容的语速应该如何变化？

教师追问 4：作者的心情随之发生变化了吗？

这一教学环节就是通过教师的五个追问来实现：理解分句内容—划分句子层次—关注语言节奏—体会作者情感的学习路径，这也是让学生理解：这样的语言形式背后要表达什么情感？这样的情感为什么要用这样的语言形式来表达？这就是语文特级教师张大文老师所说的"语言—思想—语言"的学习规律。

四、通过追问，形成思维路径

课堂追问的过程能形成一个有序的符合逻辑的问题链，进而生成问题系统，从而使思维更加缜密。

在分析第 3 段"泉水激石，泠泠作响；好鸟相鸣，嘤嘤成韵。蝉则千转不穷，猿则百叫无绝"一句时，围绕"这句话还是在写'山'吗？"这一主问题进行如下追问：

　　教师追问 1：这一句写了什么？（声音）

　　教师追问 2：声音有什么特点？（喧闹—充满生机）

　　教师追问 3：声音与山有什么关系？（反衬出山谷的清幽）

　　教师追问 4：写景的角度有什么变化？（由视觉到听觉）

　　教师追问 5：由此看出作者怎样的心情？（作者欣赏完美好的景色后陶醉地闭上眼，听到了美妙的声音，作者被美景所陶醉）

　　这一组追问将这句话与上一句从视觉角度写动态的山相衔接，同时通过写景的感官角度的微妙变化，自然引出下文作者直接抒情的语句，建构起了上下文之间的关联。

　　此外，这组追问形成的问题链也是我们对于写景类语句的思考路径：写了什么景？—景物有什么特点？—景物与景物之间有什么关系？—作者是怎样写景的？—景物背后表达作者什么情感？因此，追问不仅能帮助学生疏通文路，也对于学生的思维路径的形成起到了一定的积极作用。

　　当然，以上课例主要是以教师追问为主，教师在追问的过程中有意识地将这篇课文的文体特点、学习方法以及语文学科"关注语言形式、提升思维品质"的核心素养渗透其中，希望通过今后课堂追问方式的转化，逐步培养学生敢于质疑、追根问底的思维方式，在潜移默化中提升语文素养。

《与朱元思书》教学实录

师：今天我们一起来学习一篇课文，叫《与朱元思书》。我们齐声把这个标题一起来读一下。《与朱元思书》，开始。

生（全体）：《与朱元思书》。

师：非常好。这篇文章是作者吴均写给友人朱元思的一封书信。所以这个书，就是信的意思。在这封信中，作者交代了自己的一次出游经历。接下来，请大家默读一下第一节，思考三个问题：第一，作者出游时的天气是怎么样的？第二，作者出游时候的心情如何？第三，作者在出游时所见到景色对它的总体评价是什么？好，赶紧默读一下第一节。

（学生默读第一节）

师：好了就举手示意我一下。好，后面这个男生。

生1：从"风烟俱净，天山共色"，可以看出，当时的天气的情况是无比晴朗的，晴空万里。

师：非常好！

生1：然后从"从流飘荡，任意东西"可以看出，作者当时的心情是一种非常……呃……散淡的、一种悠闲恬然自得的心情。

师：好的。

生1：然后作者对它的评价体现在"奇山异水，天下独绝"上。

师：非常好，请坐！这位同学回答问题非常完整。有文本依据，最后得出一个结论来。大家同意吗？

生（全体）：同意。

师：同意是不是？好，那么这三个问题对于我们理解整篇文章的主要内容起到了很关键的一个作用。那么，老师接下来问一下，结合第一节我们读到的信息，我们不看下文，猜猜看，它下面作者会写哪些内容？下面会写哪些内容？来这位男生。

生2：我觉得可能会写山和水。

师：好，可能会写山和水。为什么？

生2：因为在第一段的最后一句话中，它说到奇山异水，但是在这段中并没有写山和水，所以我推测下文会写山和水。

师：好，就是会写山和水之类的一个景色，对不对？（板书：景？）好，请坐。还有没有？非常好。后面这个男生。

生3：我觉得会写自己的感受。

师：好，为什么觉得会写自己的感受？

生3：它后面有一个"天下独绝"，然后……就光写……光写这个山和水，怎么会描写……才能体现天下独绝，还要有自己的感受。

师：好，也就是说，自己对这个景物的一个什么？

生3：呃……

师：感受或者说情……情感吧，对不对？非常好，请坐。（板书：情？）好，还有没有？还有没有？好，这位男生。

生4：我觉得还有可能会写到景中的物。

师：景中的一个物，那么景物是一体的吗？

生4：嗯……是的。

师：是不是？那还是从景物的角度。还有没有？老师提醒一下，我们回忆一下文章的标题。作者是不是还得写一下为什么给友人的一封信里要写这些景，要写这些情吧？是不是啊？那作者究竟想要表达什么？（板书：表达什么？）好，我们就带着这三个疑问，一起往下读，看看作者究竟写了什么？接下来，文章的第二节、第三节中，就像刚才同学说的，作者很明显写的就是山和水，对不对？但是这篇文本跟其他的文本有什么区别呀？少了什么？

生（全体）：标点符号。

师：标点符号！那么今天我们这节课就一起为这篇文章添加标点符号。好，添加标点符号之前，我们先做一件事情。我们先用斜杠为这篇文章划分一下节奏，进行断句。用斜杠进行断句。（板书：/）之后我们再添加标点符号。请同桌两个人边读边添加。用斜杠，把第二、第三节读完。

（学生两两一组读文章第二、三节并用斜杠进行断句）

师：好了吗？好了就坐正示意我。

（生讨论继续）

师：好了，安静下来了。好，来。谁来试试？谁来？同桌讨论之后，应该达成共识了对不对？来个女生试试看。课代表，女生课代表，来，代表一下。

生5：水皆缥碧后面一个停顿。千丈见底。游鱼细石。直视无碍。急湍甚箭。猛浪若奔。

师：好，完全正确，没有问题。继续！

生 5：夹岸高山。皆生寒树。负势竞上。相互轩邈。

师：相互吗？

生 5：互相。互相轩邈。

师：对，互相轩邈。

生 5：然后到成峰。

师：然后完全到成峰？来看看。前面句式好像都是以几句为主的啊？

生（全体）：（小声）四句。

师：那你看看这八个字能不能分？

生（全体）：（小声）能。

师：那应该怎么办？

生 5：争高直指。

师：好，争高直指。

生 5：千百成峰。

师：千百成峰。

生 5：泉水激石。

师：泉水激石。

生 5：泠泠作响。

师：泠泠作响。

生 5：好鸟相鸣。

师：好鸟相鸣。

生 5：嘤嘤成韵。

师：好。好像一点问题都没有对不对？好，开始，继续。

生 5：蝉则千转不穷。

师：嗯？为什么你这儿选了六个字断一断啊？

生 5：哦，因为这上面我觉得是一个对偶。

师：噢！它和哪句话是对偶？

生 5：它和"猿则百叫无绝"是一个对偶。

师：噢！所以……应该断在千转？

生 5：不穷。

师：不穷的……后面。然后最后一层断到哪里？

生 5：呃……百叫无绝。

师：好，断到百叫无绝，对不对？非常好。我们课代表到底能够代表全班的一个女生。这个……断句能力非常强。基本上断的没有什么问题。哎，我想问一下。大家也进行了断句，是不是基本上都是这样的结果？

生（全体）：（小声）嗯。

师：那我问一下，你们有没有发现这句话在句式上有什么特点？怎么啦？这位男生？

生6：这篇文章都是短句。

师：都是短句。基本上是以几个字为主的？

生6：四个。

师：四个和什么？

生6：六个。

师：和六个。它句式非常怎么样？

生6：简洁。

师：非常简洁。而且一句一句放在一起，它比较怎么样？

生6：对称。

师：对仗比较整齐，对不对？好，请坐。像这样的文章，我们称之为骈文（板书：骈文）。我们来记一下这个字，这个字读 pián。这个字左边是马，右边是并。它的本意就是几匹马并驾齐驱。那也就是说，这几匹马的队列是非常怎么样的啊？

生（全体）：整齐。

师：整齐。就相当于我们这里的文章吧？句式是比较怎么样的啊？整齐的！对不对？这就是骈文的一个特点。同时，我们看一下，骈文都是以四字和六字为主，就像我们七年级曾经学过的一篇刘禹锡的《陋室铭》。是不是也都是以四字和六字为主的啊？以四字为主对不对？好，对这样句式相对整齐的文章，我们可以利用断句来大致感受一下整篇文章句子的一个大致的意思。但要真正读懂一篇文章，这还是不够。我们在断句的基础上，我们还要思考三个问题。第一个问题：每句话说了什么？第二个问题：句子与句子之间的关系是什么？第三：这样的文字背后作者想要表达怎样的情感？对不对？好，为了便于大家解决这个问题，那么我们第一步在断句的基础上，请同学添加标点。好，呃……可能第一次让大家添加标点有难度，老师带着大家一起走一下第二节，好不好？好，跟着老师一起来加标点。好，水皆缥碧后面？

生（全体）：逗号。

师：逗号没有问题。好，千丈见底？

生（全体）：（小声）句号。

师：什么？句号还是逗号？

生（全体）：句号。

师：句号。好，继续，游鱼细石？

生（全体）：逗号。

师：直视无碍？

生（全体）：句号。

师：句号。急湍甚箭？

生（全体）：逗号。

师：逗号。猛浪若奔？

生（全体）：句号。

师：句号。好像最后一个句号是不可能有问题的。这是这一节的结尾，是不是啊？那么老师的问题来了，为什么中间这两处我们要用句号，不一逗到底呢？如果一逗到底是不是也能读得通？我们尝试着读读看，好不好？来，把文本拿起来，我们一起来读读看。水皆缥碧，千丈见底。游鱼细石，直视无碍。急湍甚箭，猛浪若奔。开始！

（生齐读）

师：读起来是不是也顺啊，对不对？但，为什么这两处加句号，不是逗号呢？为什么呢？来，这个男生。

生7：我觉得应该是和他讲的内容有关。

师：和他讲的内容有关？比如说，第一句在写什么？

生7：第一句它就讲水。

师：好，它的主语是水，是不是啊？好，第二句呢？

生7：第二句它讲的是游鱼细石。

师：好，讲的是游鱼细石是不是啊？那么主语就是？

生7：主语就是……鱼和石。

师：好，鱼和石，是不是？好，尝试翻翻看这一句？结合注释，翻翻看？

生7：水都……

师：噢，从游鱼细石开始翻。

生7：游着的鱼和细碎的石头，看起来一点都没有障碍。

师：好，谁看起来没有障碍？

生7：我。

师：我或者说人们看起来没有障碍，对不对？好，那你看一看，主语还是游鱼细石吗？应该是人直接看什么没有障碍？

生 7 ：游鱼细石。

师 ：所以，调换一下语序，这句应该是直视游鱼细石无碍吧？好，你尝试着翻翻看。

生 7 ：呃……人们……人们直视游着的鱼和细碎的石头没有障碍。

师 ：非常好。所以这两句的主语应该是……是什么？是不是人啊？和前面的主语发生变化了，是不是啊？所以，这里我们用的是句号。那么同样地，"急湍甚箭，猛浪若奔"它的主语又变成什么了？变成什么了？

生 （部分）：（小声）水。

师 ：变成水了。不再急湍甚箭，猛浪若奔至少不再是人了吧？所以我们是不是也用句号把它逗开。当主语发生变化了，我们是不是用句号把它逗开？好吗？我们修改一下我们的标点符号。非常好，请坐！那么，我找同学起来翻翻看最后这八个字"急湍甚箭，猛浪若奔"。来，旁边这个女生。刚刚那个男……不用顾左右啦，就是你。

生 8 ：嗯……就是……呃……水急流超过了……箭……比箭还要快，凶猛的波浪好像在奔跑似的。

师 ：好，好像在奔跑似的。所以这个"奔"，你翻译成？

生 8 ：呃……奔腾，奔跑。

师 ：奔腾，奔跑，对不对？好，我们来观察一下。这两句句子是不是在语言形式上也存在一定的对偶关系？是不是？那么"急湍"对的就是什么啊？

生 （全体）："猛浪"。

师 ："甚"对的就是？

生 （全体）："若"。

师 ："若"，对不对？那么这个"箭"，你刚刚翻译成箭，它应该是一个……什么词性？

生 （全体）：名词。

师 ：那么同样地，这个"奔"我们是不是也应该把他翻译成？

生 （全体）：名词。

师 ：名词啊？那么这个"奔"我们想到奔跑的什么动物？

生 （部分）：（小声）骏马。

师 ：奔腾的什么动物？

生 8 ：马。

师 ：马对不对？那么所以这个"奔"就应该翻译成奔腾的？

生 8：马。

师：马。好，你尝试着翻翻看？

生 8：水急流超过了箭，然后……汹涌的波浪像奔腾的骏马。

师：非常好。这样翻是不是就把对仗也翻出来了啊？好，刚才我是找个别同学起来翻译的，现在请同桌两两把这六句话简单地翻译一下。每个同学都动下嘴巴。好，开始。

（生两两合作翻译六句话）

师：好，声音安静下来了。好啦，我们接着看第二节。那么，刚才我们把六个分句断成了三句吧？那老师现在想请你们把这三个分句再分为两层。怎么分？再分为两层，怎么分？把这六个分句再分为两层，把三个句子再分为两层。来。

生 9：我觉得是前两句分为一层，然后最后一句分为一层。

师：好，前两句分为一层，最后一句分为一层，是不是？好，你这样分的依据是什么？

生 9：因为前两句的它们……它们就是看水或者看水中的物。

师：好，看水或者是看水中的物，那写出了水的一个什么？

生 9：清澈、干净。

师：好，写出了水的一个清的特点。（板书：异水—清）好，后两句呢？

生 9：后两句它虽然也是写水，但它写的特点是水的湍急。

师：好，仅仅是一个急吗？还有一个字。（板书：急）

生 9：还有一个……快。

师：快？文中用了哪个字？

生 9：呃……猛。

师：是不是猛啊？（板书：猛）凶猛啊？凶猛也是快。对不对？好，非常好，请坐。我们通过前四句都在写水流的缓慢，所以导致水流的清。后两句都在写水流的急和猛。我们把这一节分了两层。那么接下来，我们再观察一下，写水清这一个特点，作者运用了几个分句？

生（部分）：两个。

师：几个分句？

生（全体）：四个。

师：四个。而写水急和猛却只用了几个分句啊？

生（全体）：两个。

师：两个。这样的句式是不是感觉是前面多了后面少了呀？那作者为什么要这么安排呢？问题有点懵是不是啊？好，我们找一个同学起来读读看好不好？通过读读看，看看能不能找到感觉？来，男生课代表 1。两个课代表，派一个课代表。好！

生 10：水皆缥碧，千丈见底。游鱼细石，直视无碍。急湍甚箭，猛浪若奔。

师：读的时候给我感觉好像节奏没有发生变化嘛？你试试……试试看，是不是有些语句是不是该读得快一点？你试试？

生 10：水皆缥碧，千丈见底。游鱼细石，直视无碍。急湍甚箭，猛浪若奔。

师：好，有感觉了。在哪里你把速度放快啦，课代表？

生 10：最后两句。

师：好，最后两句为什么语速快？

生 10：因为写出了水的急和猛。

师：水的急和猛。那换句话说，前面两句除了写水的清之外，水为什么会清，是不是水流怎么样？

生 10：缓慢。

师：缓慢是不是啊？请坐。我们试想一下，水流缓慢的时候，作者要表现的时候是不是要把句子给拉拉长啊？所以，总共写了几个分句啊？

生（部分）：四个。

师：四个分句。而写水流快的时候，语速应该怎么样？

生（部分）：加快。

师：是不是要加快一些？是不是啊？好，我们一起来，把这一节一起来朗读一下。来体会它之间的快慢的一个节奏。水皆缥碧，千丈见底，开始。

（生齐读）

师：好，有感觉了。那老师还想再追问一下，前后水已经发生变化了，百许里内水已经发生变化了，那作者情感有没有变化？

生（部分）：有。

师：有没有变化？有的话告诉我前面怎么样，后面怎么样？前面怎么样，后面怎么样？来第一排，第二个女生。来，你说说看。作者在前面水流缓慢的时候，心情是怎么样的？

生 11：呃……很悠闲。

师：很悠闲，就像第一节里说的哪……哪八个字？

生（部分）：从流飘荡，任意东西。

师：从流飘荡，任意东西。那写到后面八个字的时候，作者心情怎么样？

生 11：激动。

师：情绪很激动，很紧张吧？这就和我们坐漂流时的感觉是不是一样的啊？是不是啊？忽快忽慢，对不对？好，请坐，非常好。这就是百许里内异水的一个特点：忽快忽慢。作者的情感也随之发生了一个跌宕变化。那么，我们回过头来理一理第二节我们上课的一个思路。我们首先是不是通过添加标点符号？是不是啊？我们来理解每一句话的意思吧。然后我们再把这一节的文字分为两层，通过分层理清了句与句之间的关系。最后我们再通过语言节奏的变化来体会作者什么的变化啊？

生（全体）：情感的变化。

……

师：这样的山夹着这样的水，这样的水照着这样的山。怎么能让作者不沉醉其中呢？好，景物我们基本上都写完了。我们讲古人经常要做一件事情，叫卒章显志吧？（板书：卒章显志）那么我们猜测一下，后面作者会抒发什么样的一个情感呢？景写完了，作者要表达怎么样的情感呢？两个人讨论一下。（生讨论）

生 17：赞美了这个景色十分美丽。

师：好，赞美了这个景色，什么景色十分美丽？

生 17：就是这个异水奇山。

师：好，这个异水奇山，非常的美丽。好，赞美之情，请坐。还有没有？来，这位男生。

生 18：就是想要……呃……我觉得应该……因为是一般写景的话，就是想要自己过隐逸生活，想要远离官场。

师：想要远离官场，向往这种隐逸生活是不是？来，这位男生。

生 19：我觉得呢，可能还有对这种美丽环境的留恋之情。

师：对这些美丽环境的一个留恋之情。好，请坐，还有没有？来，你说说看。

生 20：想到有这个朋友。

师：噢！想到有这个朋友。怎么要想到有这个朋友啦？

生 20：因为他那个题目是《与朱元思书》。

师：非常好。作者到底写了什么，想知道吗？台板里有答案，台板里的纸条，拿出来，看看作者最后写了什么？来，谁能大声来念一念？揭开谜底。来，课代表 3。千呼万唤始出来。

生 21：鸢飞戾天者，望峰息心；经纶世务者，窥谷忘反。

师：好，下面是不是有注释的啊？大致给大家翻翻看，在写什么呀？

生 21：极度……极度追名逐利的那些人……呃……看到山峰了以后就……

师：息心？

生21：平静内心。

师：平静，平息了内心。非常好。

生21：治理国家大事的人，然后看到山谷了以后就忘记了返回。

师：看到山谷了以后就忘记了返回。最后一个通假字，通"返"，返回吧？对不对？你说说看，哪个同学答案比较接近？

生21：留恋。

师：留恋对不对？好，请坐。那么这个同学说与……与朋友共勉？在哪里体现了？刚才我们说，谁留恋其中？

生（全体）：作者。

师：作者是不是啊？但这两句话的主语是谁？

生（全体）：追名逐利的人。

师：追名逐利的人和？

生（全体）：治理国家大事的人。

师：作者就是在给友人的一封信中，为友人描绘了这样一幅山……奇山异水的景色。通过自己"从流飘荡，任意东西"的这样的一个心态，和之后看到描写景物的一个变化，百许里内夹岸流水的一个变化，要告诉友人自己沉醉其中，同时也希望谁？

生（全体）：（小声）友人。

师：我们总结一下。我们通过标点符号来理清句与句之间的关系，和每句话的含义与句与句之间的关系。最后，我们通过分层来体会语言节奏的一个变化。以后这类写景的文章，我们也可以这样来，通过断句，通过标点，通过分层来解决。

上海市嘉定第二中学 许正芳

作者介绍

　　许正芳，上海市嘉定区第二中学语文教研组长，第五期上海市德育实训基地学员。曾获上海市中青年教师教学评比一等奖、上海市见习教师培训优秀指导老师、嘉定区优秀班主任、嘉定区骨干教师等称号。秉持"以学生主动学习为本"的教学理念，注重学生语言能力、思维能力等的综合发展；同时，以"立德树人"为其教育宗旨，积极培育时代发展背景下学生的综合素养。主持并参与多项区级课题，参编著作数部。《高中语文学生学习活动有效设计的实践研究》获 2015 年度嘉定区教育科学研究课题"重点课题"，并顺利结题，获优秀奖。曾获 2014 学年"一师一优课"活动教育部部级优课，获 2017 年度嘉定区优秀作业、试卷案例评选活动二等奖，曾在《学习报》《上海中学生报（高招周刊）》《新读写》《进修与研究》等报纸杂志发表论文 5 篇，区级以上论文获奖十数篇。

向语言更深处探究

  随着新一轮高中语文课改的推进，《普通高中语文课程标准（2017 年版）》（以下简称"课标"）从遵循语文学习规律、落实学科育人功能的角度提出了语文学科的核心素养。课标的基本理念要求以核心素养为本，引导学生丰富语言积累。语言文字的运用与思维密切相关，语文教育必须同时促进学生思维能力的发展与思维品质的提升。

  反观现实的语文课堂，我们常常为学生语言积累的薄弱、语言表达的浅表、思维的碎片化等感到忧心。有了课标的清晰而富有前瞻性的引领，我们不禁要思考：如何开展语言实践活动从而形成学生语言的积累与运用乃至建构的能力呢？如何在提升语言能力的同时更好地促进思维能力的发展呢？

  课标要求，语文课程应引导学生在真实语言运用情境中，通过自主的语言实践活动，积累语言经验，把握祖国语言文字的特点和运用规律，特别强调在真实的语言运用情境中学习语文。在真实的语文运用情境中学习语文，不但能激发学生的学习兴趣，增强学习的目的性、问题意识、任务意识，而且还能学以致用，便于知识的建构与能力的提高。因而，我们的语言实践活动需要有真实的情境，这种情境不是表面上的环境布置，而是基于学生具体的生活环境和现实状况。此时的语言运用不再是单纯的语言使用问题，而是运用语言的能力分析现象并探究本质、寻求问题解决的复杂的思维过程。如果仅从普遍的概念、原理、方法出发去对学生进行训练，那么这样的学习是无法发展语言能力和思维能力的，更别谈核心素养的培育了。关于以上问题的思考，现以本人在阅读教学的过程中的两次课堂实践为例，来谈谈看法。

  《荷花淀》是上海华东师范大学出版社语文教材（试用本）高三第一学期第一单元中的一篇课文。本单元的单元主题是"文学作品中的意境"，从教材编写者的意图不难发现，之所以如此编排是为了让学生结合不同类型的作品来理解什么是文学作品的意境。但是，对于诗歌（包括现代诗歌）、散文的意境学生或可有自己现存的审美经验，对于小说，特别是一篇现代小说，从意境的角度做审美观察，这还是很特别的。

  那么如何让学生在语言的理解与运用中提升思维能力的发展呢？我试图让学生去品读文本的语言，感受语言表达的特点。在具体的教学设计中，我是这样表述的：

"请学生深入品读、赏析小说的诗意是如何呈现出来的？（教师提供赏析文本诗意如何呈现的四个视角：场景、对话、细节、形象）。"学生在具体的赏析过程当中，有了老师提供的视角，由最初对场景中"诗意"的直观感受，慢慢地深入到更多的层次当中。比如，这篇小说没有通常小说所展现的鲜明的开端、发展、高潮、结局之类的故事情节特征，它的情节是淡化的，怎么能更好地解读它？很多学生预习后提出自己的疑惑，如小说为什么是战争题材，却又写得那么美好；女人们为什么没有名字；文章为何要从月夜编席写起等等。慢慢地，学生渐渐从小说表层的语言特征慢慢深入地去品读这篇小说的诗意表达。这篇小说没有鲜明的故事情节，作者是按照"场景转换"的方式来结构全篇，这是其鲜明而独特的叙事特征，即除了通过"叙述"来推动情节外，还使用了"呈现"的方式；其景物特征有着鲜明的荷花淀地域的风土人情，充满诗情画意；作者从枪林弹雨的战争中提取荷花淀日常生活作为中心内容，又从敌后游击队们的战斗场景中提取以水生嫂为首的农村妇女为描写对象，但是又只到妇女群像为止，进而又从战争中敌后村妇的生活中提取乐观、幽默的精神风貌，多次提取也可见多次聚焦，使小说形成独特风貌；通过日常生活中的个性化语言、动作描写形象地勾画了人物细腻微妙的内心活动，而这种活动又呈现出一种难得的"情趣"。"呈现""提取""情趣"，这几个方面构成了小说中的诗意表达。所以，诗意并不仅仅是场景的描绘，甚至不仅仅来源于那些清新优美而又自然鲜活的语言，更多的是其他几个独特视角带给读者的感受。

这个探究的过程，就是语言理解与建构的过程，也是思维深入性发展的过程。而思维能力的提升反过来又促进了学生语言运用能力的提高。

高中文言文的学习任务十分艰巨，由于文言文作品的写作年代久远，脱离当前的语言环境，与学生的现实生活也缺少直接联系，因而当学生面对一篇新的作品或经典的古代文学作品时，有限的知识积累和对文言文薄弱的语感也让他们难以进行有意义的知识建构，当前的学习情境与已有的知识积累之间缺乏联系，难以让学生与文言文作品所呈现的审美情趣产生共鸣。

从思维发展的角度而言，高中生在思维深刻性方面呈现出既有发展诉求又无法在课堂学习中获得满足的矛盾。问题的形成和解决恰恰是实现学生思维发展的重要手段。但"问题"如何提出，如何解决"问题"，语言的理解运用与思维的发展如何相互促进？接下来我结合学生对《诸子喻山水》的学习，来加以阐明。学生自己在预习过程中完成了对 11 则内容的不同标准的分类，对古人言语表达习惯已有一定的了解，这些语言的理解过程为接下来的学习打下了基础。为了让学生透过先贤语言表达的习惯去探究言语思维的内涵，紧接着，我又设计了这样一个问题：以山水喻道理，山水特点与人生道理之间的相似点在哪里？在此过程中，通过表格整理，学生又发现山水的特点与所说的道理存在不契合的地方，进而形成了疑问：明明是以"山水"为喻，为何没有必然的相似性和关联？

篇目	山（水）特点	人生哲理 （或生命体验）	相似性	关联
《论语·子罕》	用土堆山的成败是由于做事不同的态度	事情的成败在于人的作为，关键不在力量大小，在于意志是否坚定和持之以恒	成败与态度的关联	不契合，更多的是对生活的观察和体验
《论语·雍也》	水：流动 山：沉稳厚重	智者反应敏捷，思维活跃，性格活泼好动；仁者仁慈宽厚，不易冲动，性情稳重好静	山水物性与人的性情的关联	不是十分契合，性情会有双重特点
《孟子·尽心上》	登山后视野开阔，观海后见识到大境界	为人、治学立志要高远，胸襟要开阔	登山、观海的人生体验与为人治学的境界的关联	不契合山水特性，更多的是对生活的观察和体验
	流水盈科前行	君子治学要循序渐进而逐步通达	流水的特性与君子治学过程的关联	契合水的特性，有作者主观的思想
《老子》第八章	水善利万物而不争，处众人之所恶	"上善"之人的七种美德	将水的特点与美德相关联	不太契合，"水"作为"道"的化身属于主观想法
《老子》第七十八章	水性两重性：最柔弱，可以以柔胜刚	为政"贵柔"	将水的特点与为政的方法关联	不是十分契合，带有主观目的

通过上表的梳理，学生已经通过语言的积累与理解，对文本中的语言进行补充和转换。在这个过程中，学生的思维也处于不断激活的状态，由最初的直觉思维转换为形象思维，最终转变为辩证思维。

至此，我又将比较法运用于之后的学习过程中，将儒家和道家对于"水"的不同理解进行比较分析。

思想内涵	诸子派别			
	儒家		道家	
借「水」喻理	水昼夜不停地奔腾，是生无所息的代表		水德，用"道"来探究自然、社会、人生的关系	
	孔子	孟子	老子	庄子
	时间如流水消逝，要珍惜光阴，不断进取	人不可声闻过情，应该名副其实，强调务本求实	人与自然的内在统一	超功利、超道德的个体精神自由

通过分析、归纳和总结，学生既能丰富自己的语言学习经验，又能深入探究"诗性思维"表达的特点。通过课堂学习实践，能清楚地得出结论：语言使用中的比喻只是一种表层的现象，真正起作用的是深藏在头脑中的隐喻思维方式。所谓隐喻思维，就是用具体的对象去感知抽象的对象，用熟悉的概念去同化陌生的概念，用直观体验去理解间接经验。这就是一种因相似而求同一的思维方式。

语言是重要的交际工具，也是重要的思维工具；语言的发展与思维的发展相互依存，相辅相成。以上的课堂实践探索尚有很多不足之处，本人企图让学生在语言信息之间建立逻辑关系，将这些信息点有机结合，并在散点信息与最终结论之间形成证据链，使学生养成综合比较、系统思考的思维习惯。向语言更深处探究，终能见到思维之泉喷涌而出的美丽时刻！我期待着。

参考文献

[1] 中华人民共和国教育部制定 . 普通高中语文课程标准（2017 年版）[M]. 北京：人民教育出版社 .2018.

[2] 余党绪，张广录 . 中学语文批判性思维教学案例 [C]. 上海：学林出版社，2017.

[3] 郑桂华 . 理解并开展积极的语言实践活动 [J]. 语文学习，2018（1）.

[4] 王宁 . 语文核心素养与语文课程的特质 [J]. 中学语文教学，2016（11）.

[5] 许艳 . 学生思维"碎片化"问题与改进 [J]. 语文学习，2018（7）.

[6] 徐默凡，刘大为 . 汉语语用趣说 [M]. 广州：暨南大学出版社，2011.

《饮酒》（其五）教学实录

师：今天，我们一起学习陶渊明的一首诗——《饮酒》其五。首先，我想请大家回顾一下《归园田居》其三还有《桃花源记》，简单地交流阅读感受。

叶涵韵：《桃花源记》中描绘了一个乌托邦式的理想世界。

张思远：《归园田居》其三表现了他对那种自由自在的生活、美好的田园生活的热爱与追求。

师：他有对自己理想的追求，热爱田园，厌恶当时的官场。那么，我想进一步地问一问大家，你们知道陶渊明的理想是什么吗？他为什么要归隐田园呢？当时的东晋是怎样的？他的归隐和别人是一样的还是另有不同呢？那么，带着这些思考，我们必须深入地走进诗歌，走进诗人的内心，才能够读懂它们。

师："结庐在人境，而无车马喧"，这两句话写了什么？

严张帆："庐"的话意思是"草庐"，因《三国演义》中"三顾茅庐"，诸葛亮住的房子也是"草庐"。车和马应该是象征着有地位、有权力的一类人。

师：在这里，老师注意到了一个很奇怪的现象。"结庐在人境"，谁不是在人间建造房子呢？

沈嘉乐：他想强调自己在人世间而又并没有远离人世间的这种情感。他跟那种归隐山林的隐士是有区别的。

（板书："在人境""无车马喧"）

师：他强调"在人境"就是要告诉我们：我陶渊明是在人间真实的自我。因为很多时候，东晋这一时代的名士们，他们都有自己的一些选择，当他们看不惯世俗社会的时候，他们或者厌弃世俗而避世，或者崇尚虚无，但陶渊明不同，他没有避世，而是在人境中居住着，按照自己的方式，过着自己想要过的生活。

师："结庐在人境"肯定会听到世俗车马喧嚣，但为什么听不到呢？

姜嘉文：因为"人境"它是一个客观的环境，陶渊明通过自己的主观行为来排除了客观环境带来的干扰。比如说，刘禹锡在《陋室铭》中所写的"斯是陋室，惟吾德馨"；再比如说，毛泽东能在闹市中读上一整天的书。我觉得，他们拥有相同的心境。

师：这里是他的心境。"问君何能尔"里面的"君"是谁？

罗圣杰：“问者”和“君”都是作者自己，是自问自答。

师：为什么要自问自答呢？

罗圣杰：自我反省。

吴智沣：我认为这个"心远地自偏"实际上就是对作者自问自答的一个答复。这里注重在"心远"二字上，那么，"远"按字面意思理解是"远"的意思，它注释里说的是"只要心志高远，自然觉得住的地方僻静了"。我冒昧地认为它这里的注释说得有些含糊了，这里的"心远"应该指的是"心灵隔得很遥远"，联系上一诗句，应该是"心灵与尘世隔得很遥远"，即使他住在人世间里，就是在那种车水马龙来往的、被世俗喧闹所充斥的世界里，那么，他的"心远"就是远离的。这种近和远的对比，我认为突显了他那种"心志"，与他人的远离，就像前面的同学说的那样，他主观对这些入仕是不理会的。所以，能导致他"心远地自偏"。那么如果他不是在凡尘俗世，那么他应该在"远"的另一个地方，联系下一句诗，他应该是在自然里，心在自然中。

（板书："心远""心与尘世远离"）

师：陶渊明在写下这首诗的时候正处在他人生的哪个阶段？

金顾亦：大约是在晚年。他是对自己前半生的一些反思。

师：美学家宗白华先生曾经说过："汉末魏晋六朝是中国政治上最动乱、社会上最苦痛的时代。"那么，陶渊明所处的时代是怎样的一个时代呢？是王朝动荡、倾覆、崩溃，门阀制度黑暗腐朽，官场尔虞我诈。（演示 PPT：陶渊明的五次出仕及归田情况）陶渊明曾经五次入仕，担任江州祭酒，还有参军、彭泽县令这些官职。他为什么出仕？因为他想一展自己的抱负，大济天下苍生，但是面对现实，他又忍受不了现实的艰险，由仕而隐。在归田十二年之后，他写下了这一首诗歌，似乎是对他人生的一种回顾和总结，又更进一步地坚定了自己的选择。古典文学专家袁行霈先生写过这样一段话："陶渊明虽然是一个本性恬静的人，但毕竟也像封建时代许多士大夫一样，怀有建功立业大济苍生的壮志。在晋末政治最动荡的时期，他自愿地投身于政治斗争的漩涡之中，做了几番尝试，知道了已不可为，才毅然归隐。"（PPT 演示）陶渊明的归隐，它不只是一种生活方式的选择，更是他人生价值观的选择。他多次出仕，又多次归隐，跌宕起伏的人生总是在"仕"和"隐"的矛盾中徘徊。陶渊明的归隐，不能只简单地认为他厌恶官场、与世俗格格不入；他的"心远"，不能仅仅说陶渊明心志高远，而要理解他是在经历了现实的几进几出的矛盾挣扎中所作出的艰难的选择，他要通过内心的这种平静来实现心灵的自由。

"采菊东篱下，悠然见南山"，这给我们描绘了怎样的一幅景象呢？

钱欣怡：陶渊明在东篱下采摘菊花后，抬头悠然地看到了南山的景象。

师：他在劳作怎么能如此悠闲呢？

钱欣怡：是与自然归于一起的感觉。

师：自然景象让他觉得很安闲惬意，仅仅是这样吗？

费逸凡：我有不一样的解释。"采菊"我认为它有一语双关的意思，它不应该仅仅是自然地采摘菊花的动作，更像是陶渊明自己的一种人生的选择。"悠然"应该是直接写出了诗人内心的平静，表现了诗人很陶醉于南山的风景、景色之中。山的形象是很沉稳的，南山就是以山的沉稳的形象进一步地从侧面反映出了诗人此时内心的平静。

师：嗯。山的静，人心的静。

师：那谁在看陶渊明的样子呢？自己看自己，仿佛是在诗中给自己画了一幅自画像。因为他真的是沉醉其中，和自然相融。

（板书：人与自然相融合）他为什么要写到山气和飞鸟呢？

钱依阳：因为他悠然见了南山，所以自然而然就会看到山上的景色和气息。但是在我们旁人认为"这不认为是什么美景"，陶渊明却沉醉其中，我觉得陶渊明是真正地把自己内心放归回自然。

师：欧阳修《醉翁亭记》"日出而林霏开，云归而岩穴暝"，劳作了一天，大自然的万事万物，这是"云归"。鸟飞累了，总要回到自己的鸟窝，相伴而行，这是"鸟归"。不仅有云归，鸟归，还有人归。陶渊明归到哪里？自然、田园。

师：古典文学专家朱东润先生有这样的一段话（PPT演示：陶诗的美妙之处正在于他的这种怡然自乐的心境，并将自身融在景物之中，自然成了诗人自己的一种人格呈现。自然不是一个有意识划分出来的意象，而是人与自然融洽共存，回归本真。）陶渊明归隐所看到的风光是平和自然的景象，他的内心是一种安闲愉悦的状态。但陶渊明的归田生活没有这么的愉悦和悠闲。很多时候我们同学会误解，陶渊明就是这样采摘着、赏着菊花，闲时种种田。种完田之后回去安然地喝喝酒，享受一番人生。但是我们看不到其中的艰辛和苦涩，因为他把这些抛开了。因为他对自己人生的选择，对自己理想的选择，（板书：人生理想、生活方式）真正地契合了陶渊明自己在人间理想生活的方式。当一个人的人生理想和生活方式能够达到一种契合的时候，他才最为自由，最为愉悦。在这里它是陶渊明一种独特的超然情怀。（板书：超然）

师：接下去思考一个问题：诗前面的四句和后面的四句是什么关系呀？

樊文杰：从这个田园风光中就可以看出诗人他在归隐的时候是有那种恬淡闲适的心情，这正好与上文"心远"相照应，上面是对他的前半生的一个总结，而后面就是对前半生总结的一种映射。

师：他借景抒情而不仅仅是抒情，而是在这种情感当中印证着他就是过着自己理想生活的样子，也就是说，他既有"理"又有"情"。（板书：理、情）但是在这里，它不是分割的，而是借景抒情之后，情中又有理。这种哲理从来不是大篇地抒发，而是生活当中的总结，他的"理"是和"情"交织在一起的。

师："此中有真意"到底是什么"意"呢？似乎无法言说。不是陶渊明不能说，可能他还觉得没有必要向别人道明。或许世人也不认同我陶渊明的处世，但是我又何须多言呢？又或者是《庄子》篇当中所提到的"言者所以在意，得意而忘言"，都有。

学到这里，同学们来看一看之前你们的一个问题。（PPT 演示：题目是"饮酒"，为什么诗的内容却与"饮酒"无关？）这里有一篇诗前小序，（PPT 演示："余闲居寡欢，兼比（近来）夜已长，偶有名酒，无夕不饮，顾影独尽。忽焉复醉。既醉之后，辄题数句自娱。纸墨遂多，辞无诠次（选择和编次）。聊命故人书之，以为欢笑尔。"）

叶涵韵：小序中"顾影独尽"，是他自己在人世间有些孤独的体现；还有"酒后吐真言"，这里是陶渊明对自己身处于人世间但是却有一种"悠然""超然"态度的"真意"。

师：嗯。借酒后真言来表达人生真意。（PPT 演示：他不过是把喝酒作为一个思考的线索罢了。——古典文学专家叶嘉莹《叶嘉莹说陶渊明饮酒及拟古诗》）那就印证了他是在借酒抒怀。（PPT 演示：这不是一个只顾饮酒的诗人，饮酒的时候，他仍注视自己的影子，观察自己、自己的孤独和饮酒时的行为。——汉学家宇文所安）陶渊明的饮酒，不仅仅是为了喝酒消遣，他要来排遣自己"闲居寡欢"的愁苦内心。还有他对自己的一种反省。（板书：饮酒 自顾自省）请同学总结一下我们是怎么来学习这首诗的。

顾毛毛：在这节课中，我们逐字逐句学习了陶渊明的这首诗《饮酒》。我了解到这首诗不仅是陶渊明这个人所表达的安静、心静，更是体现了他人生的一个境界，我也了解到陶渊明对官场的态度，不是一开始就是厌恶的，而是几经出仕入仕之后，才发现自己对官场是格格不入的这种情感，所以才选择了归隐田园这种生活方式。

师：陶渊明生活在人间，但是做到了和尘世的疏离，做到了"心远"。他回到了自然田园之中又更丰富地表达出了自己真正的人生箴言。他回归田园不仅是外在地回归于田园的自然风光，更是内在地回归于他真正追求的那种自由、达观的人生态度，活出了自己的诗意人生。那么，在这节课当中，同学们从品味诗句入手，涵泳体会，了解陶渊明他的生平经历、性格特点；同时，又深入地了解了陶渊明所处时代的特征。千百年来很多人觉得陶渊明只是一个离群索居、高高在上的这样的一个隐士。今天我们读了这首诗才能够真正地明白苏轼他的那句话"欲仕则仕，欲隐则隐"的真性情。

师：接下去有一个作业。（PPT 演示：一、必做题：1. 梳理课堂所学，整理笔记。2. 阅读王维《青溪》，自选角度，分析两首诗的不同之处，不少于 300 字。二、选做题，任选其一：1. 你如何看待陶渊明对于生活的选择和志趣？ 2. 陶渊明对后世的文人影响深远，被誉为中国士大夫精神世界的一座丰碑。请思考：陶渊明为什么会具有这么大的影响力？）

同济大学附属实验中学 刘鹏程

作者介绍

刘鹏程，2004 年参加工作，现任教于同济大学附属实验中学八年级。

叶圣陶先生曾说，语文课之最终目的：自能读书，不待老师讲；自能作文，不待老师改。在语文教学中，刘鹏程老师一直将此奉为圭臬。他尊重、爱护、信任每个学生，重视学生的想法与需求，着眼提升学生的"自能读写"能力，着力培养学生的语文学习兴趣和习惯，着重设计适合学生的语文实践活动，指导学生开展自主学习与探究，努力探索实践"自能语文"的教学主张。

以"修辞立诚"为原则的初中写作活动设计实例

写作是初中生经常实践的一项修辞活动，但在学生的作文中，"修辞"与"立诚"未能和谐统一。学生学习了调整语词的技巧手段，却不能传情达意，或传递的是虚情假意。因此，依据"修辞立诚"原则，从写作活动设计的角度，实践总结了四种实例。

关于"修辞立其诚"，前贤时哲有过颇多论述，大致可理解为：修饰言语文辞来建立诚信。这句话最早见于先秦文献《易经·乾·文言》，是孔子用来解读《周易》的《乾》卦"九三"爻辞的。孔颖达疏曰："辞谓文教，诚谓诚实也，外则修理文教，内则立其诚实。"朱熹把"立诚"看作"修辞"的目的，曰："修省言辞，诚所以立也；修饰言辞，伪所以增也。"[1]"修辞立其诚"不仅对中国古代文体写作产生了深刻影响，要求言辞要与道德修养相结合，与信实内容相符，也深刻影响了当今的中学语文作文教学。课程标准中提出"写作要有真情实感"[2]的目标实与"修辞立诚"的精神一脉相承。

然而，在当前的初中语文教学中，"修辞"教学被纳入现代文阅读部分，其核心是识别、运用"修辞格"。《上海市初中语文学科教学基本要求（试验本）》有关修辞知识的表述为，"初中阶段要求掌握的常用修辞格主要有：比喻、拟人、排比、夸张、设问、反问"。[3]沪教版初中语文教材以附录的形式，列举了比喻、拟人、夸张、排比、对偶、反复、设问、反问等八种常用修辞格，并以知识卡片的形式，介绍了所列举的修辞格。因此，谈及"修辞"，一线教师常常就是识别、分析修辞格。

陈望道在《修辞学发凡》中说："无论作文或说话，总以'言与意会，言随意遣'为极致。"[4]叶圣陶认为："修辞，就是把话说得很正确，很有道理，很完善。"[5]修辞是一个为了达到预期的表达效果，根据特定的语言环境，对语言进行选择、加工的过程。[6]只要在表达，就在修辞。按此理解，初中生的写作活动即是一种修辞行为，但是在学生的作文中，"修辞"难以"立诚"的例子并不少见，学习了调整语词的本事，却忘记了"立诚"才是目的。

目前，学界有关"修辞""立诚"之源起、解读及两者关系的学术研究很多，却少有人依据"修辞立诚"的原则，在初中阶段开展写作教学实践。本文从写作活动设计的角度，实践总结了四种实例。

一、预设虚拟情境

《周处》这篇课文不足 300 字。主人公周处个性鲜明、立体，既有恶的一面，又有善的一面，还有狠的一面；文章本身十分精练，有很多想象和发挥的空间；文章故事性很强，带有玄幻色彩，适合学生的口味。如何改写才能不落窠臼，不把改写变成翻译？我为这次写作任务设计了一个略带"穿越"色彩的活动：以校报记者的身份，深入"乡里"，分别采访"百姓""清河""周处"，找出他改过自新的原因，并将采访记录发表在校报上。操作过程如下：

（1）分组并确定职责。根据学生性格、写作水平、口头表达能力，将全班同学分成若干个 4 人小组。4 人的身份角色分别被设定为"记者""百姓""清河""周处"。

（2）分组学习。每个小组围绕本次写作任务，拟定采访提纲。同时，身份被设定为"百姓""清河""周处"的三位组员，思考主人公改过自新的原因，做好被其他小组"记者"采访的准备。

（3）跨组合作。每个小组内的"记者"根据拟定的采访提纲，采访其他小组的"百姓""清河""周处"。每个小组最多接受两位"记者"采访。同时，具有相同身份的组员可以坐在一起，围绕写作任务，开展讨论。如当堂进行，教师事先应做好"采访"与"被访"任务匹配。

（4）回组报告。"记者"回到本组，向本组汇报采访结果，形成采访报告。

（5）班内展示。各组围绕写作任务，交流采访报告。

（6）独立写作。在课堂活动的基础上，独立完成书面写作任务。

虽然是一个虚拟的情境，但学生有真实的体验、思考、探究与交流活动，写作内容就源源不断地被催生出来，写作技巧都被不同程度地激活。比如，周处"杀虎斩蛟"的过程，原文不过两句话，学生进行了详尽而细致的动作描写；周处得知乡人劝他"杀虎斩蛟"真相时的心理描写生动而丰富；乡人"相庆"时的场面描写；周处与清河交谈时的神态、举止、言语的描写都被学生一一考虑到。

二、重设叙述视角

以七年级课文《初航》与《制陶》为例，设计一个统整阅读与写作的任务：分别从"船长"或鹦鹉"波儿"的角度重新叙述这两个故事。操作过程如下：

（1）领取任务。组内协商选择要重新复述的课文。

（2）独立阅读。梳理课文情节，找出所有人物，并理清人物关系；尝试分析主要人物的性格特点。完成阅读任务单（见下表）。

表1《初航》阅读任务单

主要情节		遭遇风暴		竭力登艇	
人物及表现	我	非常恐惧			
	船主	求主慈悲			
	其他人				
人物性格特点					

（3）组内交流。围绕流程（2）中的主要任务开展组内交流。记录组员发言时的细节及重点。

（4）口头练习。在把握了文章的主要内容之后，从"船主"或鹦鹉"波儿"的角度重新复述这篇课文。全组参与讨论，使新的叙述接近原文，保留重要细节。

（5）各组展示。每个组讲述本组共同"新"写的故事。

（6）独立写作。经过独立阅读和小组交流，课后再完成书面写作任务。

下面这段文字（节选，根据学生课堂口述整理而成），用拟人化的口吻，简述了鲁滨孙制陶的过程，富有童趣。

在我的主人来到这片土地的这些天里，他一直在自言自语，有两个字——"波儿"，我一直听到。今天，我模仿着他的声调，发出了这种声音。他好像很高兴！

……

有一天，主人好像又有了新发现，他把那些捏好的泥巴玩意儿，放到火里烧。其中一个的表面被烧得亮晶晶的。主人还没等这个亮晶晶的玩意儿凉透，他就把羊肉放了进去，生起火，煮了肉汤。看他那个享受的样子，真是服了他了！他一高兴，也分了一点汤给我。味道还不错！

喝完汤，我大概明白了，主人最近一直在做的事是——制陶。

三、创设探究活动

写作的过程是搜集、再现、重组生活经验的过程，也是重新体验、生成、再造生活经验的过程。"学生没有生活"并不是学生写不出真实作文的借口。有了生活经验，也不见得能写好作文。比如，春游秋游过后，很多学生还是写不出作文来。从理论上讲，学生作为一个不断感知的人，大脑中储存着无限丰富的信息、记忆、感受。家庭、学校、读书以及各种活动都是生活，其中有无数的情感、心理经历，都足够写很多篇作文。当任务、对象、环境、成果这四个要素都具备的时候，写作主题和他的生活就会联通起来。

在《爸／妈的成长故事》主题写作训练中，我给学生设计一个探究型的写作任务：（1）收集资料，收集爸妈年轻时候的照片、书信、影像资料等，存起来做研究；（2）采访自己的爷爷奶奶或外公外婆，问爸妈小时候是什么样的，要收集具体的事例;（3）采访爸爸妈妈的朋友同事，问他们现在的情况。

完成采访任务的过程既是体验生活的过程，也是写作的过程。当"思想、情感的具体化完成了的时候，一篇文字实在也就已经完成了"。采访任务结束就开始写，写完了之后，给这篇文章的读者——家庭成员看，并听取他们的修改建议。修改定稿之后，再按照老师提供的格式打印出来，作为成果存入各自的家庭档案。这篇作文基本上是在学生生活体验的基础上完成的，因此非常生动。特别好的作文，我发布在班级家长微信群里，有的家长说，边读孩子的作文，边回想自己的成长经历，"差点把自己看哭了"。

四、增设改写任务

以小组合作的形式，集体改编、续写剧本，编写新的剧情、结尾，使剧情产生新的、有创意的变化，让学生在剧本改续任务中完成与作家、文本的深度对话。下面的这幕短剧——《齐仰之传·第一幕》，是几位学生在熟读文本、查阅资料后，从原剧的若干细节出发，仿照《陈毅市长》的格式集体创作的。全剧共三幕，分别是：决心归国，写齐仰之放弃国外的优渥条件，决定回国；民生多艰，写齐仰之深入医药行业，走访药店，切身体会同胞买药、用药之难；理想受挫，写齐仰之找宋子文，多次请缨，却屡次碰壁，备受打击，只得埋头研究以自娱。这三幕剧正好又可以与课文衔接，成为一部完整的"冰糖葫芦"式的新剧。下面为该剧第一幕：

齐仰之传

第一幕：决心归国

时间：1920 年

地点：齐仰之导师家中

人物：齐仰之

齐仰之的导师

幕起

[齐仰之在国外完成学业，决定回国的前一晚，向导师辞行。导师正在审阅齐仰之的论文。边看边点头。

（齐仰之敲门）

导　师：（仍低头看论文）谁啊？

齐仰之：老师，是我！

导　师：（起身迎接）是仰之啊，门没锁，快进来吧！

齐仰之：（急忙上前扶老师）（欲言又止）老师，我……

导　师：仰之啊，快坐下。我正在看你写的论文，很有见地啊！

（齐仰之坐下）

齐仰之：（犹豫）老师，我……

导　师：（兴奋，踱步，自顾自地说）照这样下去，在我的指导下，你一定能获得诺贝尔化学奖！

齐仰之：（握紧拳头，起身）老师，我要回国！船票已经买好！

导　师：（吃惊，转身盯着齐仰之）什么？我没听错吧？

齐仰之：（坚定地）我要回国！明天就走！

导　师：（气愤）回去？你回去了又能怎样？一个破烂的中国，怎么会有你的容身之地……

齐仰之：（打断导师的话）正是因为中国破烂不堪，我才要回去！我不能眼睁睁地看着我的同胞受苦，我的祖国需要我！

导　师：（语气缓和，挽留）仰之，你——你只有留在这里才能有更好的发展啊！

齐仰之：老师，我意已决！你不用再劝了！

导　师：（失望，不悦）好吧，你不要后悔！

——幕落

在创编过程中，学生查阅了宋子文的生平，发现宋子文从事政治活动的时间是1923年，而原剧中提及"国民党政府腐败无能"，因此，将第一幕的时间设定为1920年。这部自创的剧本包含台词和舞台提示两个部分，重点刻画一个爱国青年形象，矛盾冲突比较尖锐、激烈，台词也较符合人物个性特点。

"修辞"难以"立诚"，"文"不如其人也并非当下中学生作文所特有。与其抱怨学生词不达意，不如多创设参与度高、体验更好的写作活动，用好修辞工具，恰当地表现个人主观情意。

参考文献

[1] 吕逸新 . "修辞立其诚"与先秦文体的写作观念 [J]. 山东理工大学学报 .2018，（10）：44.

[2] 中华人民共和国教育部 . 义务教育语文课程标准（2011 年版）[S]. 北京：北京师范大学出版社，2012：7.

[3] 上海市教育委员会教学研究室 . 上海市初中语文学科教学基本要求：试验本 [S]. 上海：上海教育出版社，2017：5.

[4] 陈望道 . 修辞学发凡 [M]. 上海：复旦大学出版社，2018：43.

[5] 叶圣陶 . 叶圣陶语文教育论集 [M]. 北京：教育科学出版社，2015：494.

[6] 傅惠钧 . 修辞学与语文教学 [M]. 杭州：浙江大学出版社，2016：386.

《让真情自然流露》作文指导课堂教学实录

上课时间：2019 年 3 月 19 日

上课地点：同济大学附属实验中学

授课学生：同济大学附属实验中学七（3）班学生

课　　型：作文指导课

听话找词说目标

师：请一位同学帮忙板书课题。

（"自"书写不规范，纠正）

师：请大家齐读预习单上的要求。

（投影：选择一个表示情感体验的词语，用一件或几件事写出情感变化。）

（生齐读）

师：谢谢大家！上课前，我们先做一个"听话找词"的活动。请大家认真听我接下来要说的一段话，找出并动笔记下这段话中能表示情感变化的词语。

原本我很兴奋，因为我要在一个陌生的班级上一堂课。后来我又有些担心，因为我听说你们今天要月考，因为我担心会影响你们接下来的考试时间。后来我又转忧为喜，因为这节课要讲的是怎样让真情在作文中自然流露。我今天讲的内容可能对你们接下来的语文月考有帮助。

师：哪位同学来讲?

（生稍作准备。举手上台发言）

生：老师先是"兴奋"，然后是"担心"，最后又"转忧为喜"。

师：你听得很认真，记得很仔细。我想通过刚才这个活动告诉大家：写出来的文章就是要给人看的。既然给人看,就要在作文中设置清晰的"路标",而不是"障碍"。拿"让真情自然流露"这个要求来说,把合适的表达情感变化的词语放在相应的位置,就相当于在文章中设置了"路标"。

解析例文明清单

师：接下来，请大家在小组内交流预习作业，把例文中表示情感变化的词语找出来，然后派一位代表上讲台交流。

（生小组交流。交流声渐止。上台发言）

生：我们组讨论后，从这篇文章中找出的能表达作者心理活动的词语一共有5个。第一个是迟到时碰见老师时的"不好意思"，第二个是老师告诉我课间结束后去找她时的"紧张"，第三个是到办公室时的"忐忑不安"，第四个是老师给我面包时的"不知所措"，最后一个是"感动"。

师：谢谢你的发言！其他小组还有补充吗？

生：老师，我们组有补充。"不敢看"也是的。我来到老师的办公桌前，以为老师可能要批评我，然后我就低着头，有一种害怕紧张的感觉。还有"感觉暖暖的"也是，因为老师给了我面包，我就有了一种心头一暖的感觉。

师：好的，谢谢你们组的补充！通过刚才的交流，我们应该坚定之前的认识：写作要有读者意识，作文不仅是写给自己看，阅卷老师就是其中一个重要的读者。我们要给读你作文的人设置路标，而不是路障。使用能表达情感变化的词语就是重要的路标。接下来，我们讨论另一个问题：为什么这篇例文做到了真情流露？仅仅是因为用了"忐忑不安"这样的词语吗？请大家在小组内讨论交流，并动笔记下你们组的讨论结果。

（生小组讨论）

（板书：因为这篇例文写了……，比如……）

师：请大家看黑板上的提示，按照提示作答。发言要有根据，根据来自文本。

生：因为例文中有很多动词，运用了动作描写，比如说第二段中的"冲""撞"等动词，显示了他当时很着急的样子，反映了一个正常学生应该有的心理活动。

（板书：动作描写）

（生笑）

生：首先，例文将事件的前因后果交代得很清楚。事件的因是"我"迟到，果是"我"得到了老师的面包。第二点是人物心理刻画很细致，进办公室之前，揣测了很多原因："因为迟到？""因为成绩？"……这种经历，我们很多学生都会有，读的时候有很强的代入感，好像主人公就是自己。

（板书：事件因果，心理描写）

生：我觉得这篇文章的语言描写很细致。当老师询问他迟到原因，他回答的时候吞吞吐吐的。我觉得每个学生都有过这样的经历。

（板书：语言描写）

师：即使是迟到这样的一件小事，也能写出真情。其他人还有补充吗？

生：例文开头有关键词——"感动"，结尾也有关键词——"感动"，前后呼应。

师：对的。这一点也很重要。

（板书：前后呼应）

即时练笔用清单

师：看人挑担不吃力。说人家的文章很容易，自己写可能就没那么容易了。接下来，我们写一段文字，自己与自己对话。

（投影：写清事件的因果、过程，用几个词表示自己在这件事中情感的变化，注意使用动作、心理及语言描写。十分钟时间。300字）

（生动笔写作。师巡视指导）

师：写完的同学请举手。

（生陆续举手）

当堂交流记清单

师：请一位同学给大家读读他写的这段文字。读完后，请你告诉大家，这段文字表示情感的关键词是什么？表示情感变化的几个词语又是什么？

生：我写的是偷玩手机的事。

最近听说出了一款新的手游，特别好玩，于是我也想试试。然而，不是双休日，我就拿不到手机。我决定偷玩手机，但是又怕被爸妈发现。我先是把手机放在饭桌上。吃饭的时候我一直注视着它，想象和朋友在线玩游戏的喜悦和快乐！到了晚上，我就尽量让自己不要睡着，估摸着爸妈睡着了，我才悄悄地从房间溜到餐厅，一点声音都不敢发出来。拿到手机，我就飞快地跑进房间，把门关上，把灯打开，兴奋地打开手机，下载游戏。就在这时，我听到爸妈的房门开了，就十分忐忑地把手机关掉，放在枕头下面，赶紧装睡。可是我不知道，人睡着后面部表情是自然的，因为紧张，我的脸上一直都是绷紧的。爸爸进来后拍了拍我，帮我紧了紧被子，说："好好睡觉！"然后就出去了。我终于松了口气，赶紧伸到枕头下面摸索，却发现手机不见了。这时，我才知道，其实爸妈早就发现了我的不正常，只是没有拆穿我，给我留面子罢了。

师：谢谢你分享了一次"惊心动魄"的经历。你这段文字的关键词是什么？表示情感变化的词语又是哪几个？

生：感激。因为爸爸没有拆穿我，而是用一种委婉的方式提醒教育了我。表示情感变化的词语是：兴奋、不知所措、忐忑、感激。

师：好的。再次谢谢你给大家做出了正确的写作示范！我猜你上课之前一定做了充分的预习，留心记录自己生活中的点滴小事，有了生活储备，课堂上又认真地参与学习，知道该怎样在作文中让真情自然流露。因此，你才能快速、符合规范地完成课堂写作任务。值得我们所有同学学习！我相信，其他没有交流的同学，你的作文肯定也不错。

师：大家还记得今天上课前我跟你们讲过的一段话吗？我用三个词表示我的情感变化，还记得这三个词吗？

生齐答：兴奋—担心—转忧为喜。

师：大家记忆力真好！上课之前，我有这样一个情感变化的过程，那么当大家得知一个陌生的老师要来你们班级上课的时候，你是怎么想的？上课的过程中，你又是怎么想的？现在，课上完后，你又有哪些想法？能说说你的情感变化吗？能用一段简短的话说说这个情感变化的过程吗？

生：一开始的时候，我有疑惑。为什么要选我们班上课？之后我又很害怕，刘老师会不会特别凶？可是，课只上了 5 分钟，我就一点顾虑都没有了，反而觉得很开心，因为上课节奏很快，又很轻松。我感觉特别棒。

师：谢谢你对老师的高度评价！我也觉得很开心。一会儿就要语文考试，大家有信心吗？请大家记住预习单上的这张思维导图。下课。

（投影展示思维导图）

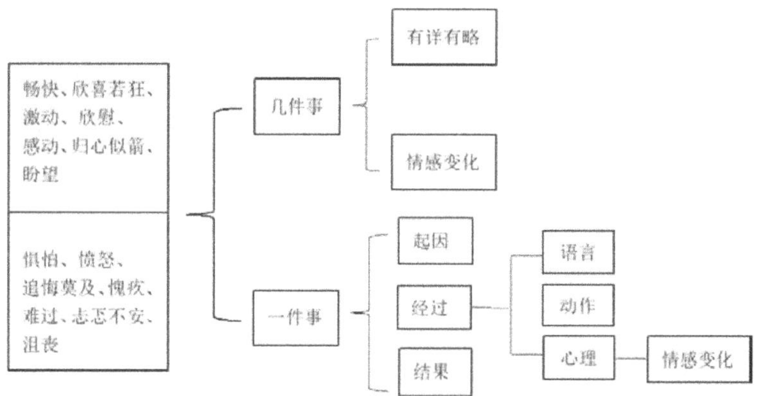

（生齐读）

（投影：自拟标题，将课堂练笔扩展成一篇结构完整的作文）

文化与思辨

　　语言文字既是文化的载体，又是文化的重要组成部分，因此，学习语言文字的过程也是文化传承与理解的过程。这个过程正是语文学科育人价值的重要体现。对文化的传承与理解，一方面是弘扬与传承中华优秀传统文化，引导学生在祖国的语言文字学习中体会中华文化的博大精深、源远流长，体会中华文化的核心思想理念和人文精神，从而形成对中华优秀传统文化的认同之感、热爱之情，增强文化自觉，坚定文化自信；另一方面是理解与借鉴世界上其他的优秀文化，引导学生在尊重与包容的基础上，批判性地吸收不同民族、不同区域、不同国家的先进文化，拓展学生的文化视野，从而形成"面向世界"的多元思维。

（韩立春）

上海市格致中学　张华中

作者介绍

　　张华中，上海市格致中学教师，华东师范大学文艺学硕士，奉贤区骨干教师，已发表论文 20 多篇，编写格致中学"走进经典"读本材料 30 余万字。喜读有温度和深度的书，那些激励感染过我的人物事件，触动点燃过我的思想情感，我想把它分享给更多的人。教学上注重引导启发，倡导民主平等的师生关系。不满足于使学生获得优异的学业成绩，更致力助推学生的精神成长、思想发育。既立足于语文的学科本位，又不拘于固有的圈子，以语言文字的咀嚼品味为起始，以素养的提升、性情的陶冶、思想的生长，作为指归。

新民百年思与行

一、前行者的背影

作为普通教师，尤其是语文教师，我们应该充分发挥自己的作用，为提升国民综合素质贡献自己的一分力量。

然而，现实远比我们想象的更为复杂。

先前读到《中国青年报》和《南方周末》关于深圳中学马小平的纪念文章，还有钱理群先生为纪念他而撰写的文章，对马老师我敬仰感佩之余，更多的是无奈和痛心。

应该说他高举人文大旗，踏踏实实的语文实践，都是对语文教育唯分数论、唯操练论的有力反驳，是对中学，甚至著名高校，成为培养"绝对的精致的利己主义者"的自觉抵抗。他编的人文读本（是读本，非教本），足见其视野开阔，目标高远，读本的系统性、层递性，又与学生的身心、认知发展密切相关。可是，就是这样的一位老师，就是在这样一所全国闻名、广东顶尖的学校，其主张、实践竟然得不到家长和学生的理解，以致弄到他悲痛大哭的地步。

研读朱自清先生有关语文教育教学的文章后，我对马小平老师的遭遇又有了新的思考。朱先生饱读诗书，针对当时很多教师在中学课堂（非拓展课、选修课）恣意清谈，无限拓展生发，他曾撰文予以尖锐批评。朱先生在中学教学中可谓是实打实的技术派，主张让学生在对文本的涵泳品味中获得一种语文的能力。他在担任清华大学中文系主任，包括主政西南联大中文系时，无论是为大学新生入学考试命题，还是为大学生开设课程，都充分体现这一精神。

翻检新中国成立后于漪、钱梦龙、高润华等先生在教学中的实践和主张，基本都是把对学生进行人文性、思想性启蒙，与语文的根底紧紧勾连交通，与学生切身的语文能力提升紧密配合。如果撇开这些，不顾学生实际，不顾语文学科性质，尤其在高考指挥棒仍然在发挥功用的当下，将难免会陷入凌空蹈虚、曲高和寡的尴尬境地。

当然，在拓展课、选修课这些自留地试验田里，可以大刀阔斧做些尝试，给师生一块怡情悦性的天地。

二、艰难的跋涉

尽管如此，不满足于仅仅提高学生成绩，还想方设法为学生精神的健全发展提供充足的养料，应该是不少语文人的自觉追求。这里谈谈我的一些粗浅思考和尝试。

教学过程中，对于所使用的教材，我始终感觉它存在不足。若以学生人格发展、思想建构、道德完善等作为目标，聚焦审视教材，那么教材中存在的症结可能更为突出。概而言之，教材内容更着力基础知识的积累，选文更注重文学类文本，而在教学中，对于教材的使用，我们也是更多注重知识的积累，以及粗浅审美感悟的培养，而对学生人格发展、思想建构、道德完善等方面相对薄弱。尽管在分析人物形象、文章主旨时，我们可能会予以一定的涉及，然而，往往是点到为止，并且篇与篇之间、单元与单元之间，在这些方面，彼此是割裂的，缺少一个系统，把零散的文章、无机的单元统摄起来，使它们彼此贯通，相互配合，并最终都指向一个更核心的目标——培养具有健全人格的人。

为了弥足现在教材的不足，我就开始尝试自编校本阅读材料，既可在拓展课上使用，也可作为补充拓展材料，供我所在年级使用。

我尝试借鉴夏中义教授编撰《大学人文读本》的思路，结合高中生的认知发展、知识储备的实际情况，在具有可读性的基础上，注意一定的拓展延伸。我以"走进经典"校本阅读材料为载体，已先后编撰近60期。编撰中，每一板块围绕一个主题，目前已编撰的有"丰富的人性""唤醒思考的力量""笔底的温度""独立人格""公民意识"等，每一主题统摄四五篇文章，所选文章基本也都是名家名篇。每一主题前面有本单元的主题导语，涵盖的文章中间有时会设置一定的思考提示，辅助学生理解或思考。

如"公民人格"单元，主要由柏杨的"丑陋的中国人"全文选录构成。我撰写导语如下：

健康而文明的国家应该由无数健全人格的公民组成，他们能自觉自愿承担作为国家一分子的责任和义务，享有作为公民的权利，他们自尊自爱，也自信自强，当然也自知自省，不自欺自大。

他们心胸开阔，积极乐观，既为自己的前途命运奋力打拼，也把他人的冷暖放在心头，当然，也会关注国家命运、社会变迁。他们会为前进中的成就而喜悦欣慰，也为种种污浊腐朽而痛斥声讨。他们青春昂扬，他们充满力量，他们将把伟大的航船驶向更为辽阔的远方。

他们就是扬弃陈腐旧俗后的我们。

单元导语发挥统摄作用，像串珠的绳子，紧密绾住单元内的若干篇目，既让读者知晓本单元的重心，又为整体思考几篇文章起到点拨作用。

为使所选文章具有代表性，我借助相关的思想史、文学史、杂文史等学术著作，以此作为筛选检索文章的向导。正是在对陈独秀、鲁迅、李大钊、胡适、李泽厚、王元化等人文集的检索翻阅中，漫漫百年中国路，就更加清晰呈现出来，这条路既是民族觉醒、复兴、富强之路，也是作为个体以及群体的人，由蒙昧昏死状，逐渐省悟反抗，继而极力摆脱束缚奴役，终于走向自立自强之路。而这条路充满了艰险和苦难，并常常有曲折和回环，甚至可以说它只有进行时，只有日益逼向最终理想，而不能最终达到完成时。其他经典文本的选择，基本也是扣住大写的人是怎样挺立而起的思路。相信阅读这些选文，粗略可以看到一个大写的现代人，究竟是如何站立起来的，而要想站立起来，将面临怎样的挑战，需要怎样的素养。

读本编选的过程中，也经受着学生使用的检验。就学生对选文的阅读和思考状况来看，他们普遍能走进文本，在与文本对话中，在与伟大灵魂的对话中，他们善良而纯真的种子开始萌发，这包括对是非的公正判断，对良知的坚守，……在这个过程中，现代公民应具备的素养似乎在慢慢发芽开花。

不信，你往下看。

阅读完马寅初的《〈新人口论〉二题》，上海市格致中学高二（8）班的吴一凡，就深有感悟。

"马寅初留给我最大的印象是他用自己的行动向我们阐释了"虽千万人吾往矣"的豪迈气概。面对铺天盖地的指责，他依旧坚持自己对《新人口论》的主张，没有丝毫退缩，用自己年近80的身躯抵挡着他人的抨击，捍卫真理毫不动摇。陈寅恪曾评价王国维"独立之人格，自由之思想"。在那个最盲目、最激进的年代，是马寅初站了出来，如牛虻般试图唤醒那些盲目的人去追寻科学真理的态度。"

针对斯迈尔斯的《勇气来源于"不合时宜"的偏执》，上海市格致中学高二（8）班的徐奕华有更深的体会。

"世界总是对天才有所偏见，时代总是对天才不太友善。这是一个没有什么智慧也能随便发表言论的时代，这是一个罕有谦逊、充满争吵的时代，连局外人也能涉足与局内人都敬而远之的禁地。我们需要发问：'我们懂得多少，我们是否够格言述？'任何不负责的言论是对他人自尊的残害，也可能成为新学说的遏阻，所以，对于我们不知道的，我们无法言述，也不必言述。沉静的思考，真诚相待才得以创造一个相洽共荣的环境，才得以使思想之新芽发迹为奇迹生命。我们也有自己的思想，然而面对困难却不断畏缩，我们畏惧法律、制度，以及公民的口诛笔伐。就算历史迟早会鉴别我们所做的事业，我们却因畏缩而舍弃这份永恒的荣誉。伟人伟大之处便在于迈出常人无法迈出之步，这不是一种普世意义的勇气，这是信念。因此，他们才会对挫折淡然，甚至挫败挫折，于是所谓的困难，终究无法阻挡他们前行的脚步。"

《季札挂剑》课堂教学实录

一、"故"字虽微见精神

老师：文章结尾处，徐人嘉而歌之曰："延陵季子兮不忘故，脱千金之剑兮带丘墓。"请问这一句中的"故"字，该怎么解释？

陆遥：本来的。

教师：不够准确。

邬丝雨：先前的诺言。

教师：你为什么这样解释？

邬丝雨：因为季子先前在心里已经答应过徐君，最后兑现了自己的诺言，所以受到徐国人赞美。这样解释也符合本文塑造季子恪守诺言的形象。

教师：你的解释很有道理。不过和咱们的教参处理不太一样。教参把它解释为故人、老朋友。你认为这两种解释哪种更好？

邬丝雨：教参处理得更好。

教师：为什么？

邬丝雨：因为季子出使晋国时前去拜访他，"延陵季子将西聘晋，带宝剑以过徐君。"可见他们是故人。

吴子杰：（举手）不能解释成"故人"。原文用的是"带宝剑以过徐君"，"过"字是拜访，有可能只是季子出使途中经过徐国，顺道拜访徐君，这仅算一面之缘，点头之交，不能算老朋友。再从徐君对宝剑色欲而又止，季子心许而无言，看出两者也不算是开诚布公、坦诚相见的老朋友。所以，我更认可"先前的诺言"。

教师：分析得真好！请大家掌声鼓励他。通过刚才对"故"字的两种不同处理分析，我们可以知道，对字词理解要结合具体语境，推测要有具体根据，使之符合事实和情理。当然，也不能迷信权威。刚才我们两位同学的判断分析就非常好，胜过了教参。

二、众口纷纭论季札

邬丝雨：我认可季札的做法。他听从内心的真实声音，守承诺，重诚信，受到徐国人赞扬、歌颂。

教师：仅仅顺从自己的内心，就一定可以了吗？

邬丝雨：季札的行为固然引起了国家利益和个人信守承诺的冲突，他损害了国家利益，是以国家利益为代价来彰显个人德义。不过总的说来，赠宝剑的行为积极意义大于消极意义。刘向在《新序》中记载此事是为了宣扬其重诚信的美好品德。

王宇彦：季札送剑为了达到不违背其本心，这是值得肯定的。但他送出的并不是自己的东西，而是吴国的宝贝。这就不太妥当。

教师：有和王宇彦看法不一样的同学吗？

杨健晟：结合课下注释，可以知道，季札代表吴国出使，他赠剑的行为也可以算是代表吴国的立场。并且，他对徐君赠剑的友善态度可能经吴王同意，不止出于自己内心想法。

教师：杨健晟结合了课下注释，认为季札全权代表吴国，经过了吴王授意。如果是这样的话，那么为何从者还有阻止他，说剑是吴国宝物，不可赠人呢？

杨健晟：我不同意"剑"是吴国的公有资产。在"家天下"的背景下，季札身为吴国王室，有权力使用、赠送吴国的资产。

教师：由此得出季札行为是得体的，似乎就有了合理性。

邬竞舸：季札可能借赠吴国宝物来彰显自身品德。

教师：是彰显吗？他有没有来显摆或炫耀自己的品行？

邬竞舸：没有直接显现出来。但可能他有这样的主观道德意愿。正如唐代独孤及《吴季子札论》的论述，其坚持辞让君位、挂剑明信，是为彰显道德、博取名声。

教师：能结合我们先前的阅读材料，借助前人的视角来分析评价季札的行为，这种学习借鉴意识非常好。

朱峰：如果我是徐君，周围人都是季札，那么所有我所求的均会得到，那么社会秩序必将会非常混乱。

教师：为什么这样说？

朱峰：因为周围人都会向季札那样，仅仅根据我的神情来揣测我的意图，这种热衷于揣摩主公意图，根据主公意图来办事，而不考虑这种意图本身是否合理，而只一味阿谀逢迎，长此以往，社会势必混乱，国家也将危亡。

教师：朱峰对于季札仅仅根据徐君的神情来想当然的做事予以了质疑，对其可能产生的危害有高度的警惕。这是一个很好的思考角度。其他同学还有不同看法吗？

洪阳：首先我觉得徐君的做法没有错。无论徐君想要宝剑的目的是什么，他并没有明确表达想要，而是季子自以为理解了徐君的意图，将宝剑赠送。我倾向于邬竞舸同学的观点。季子这么做可能是为了彰显自己的美德。当然，单凭这一则，我们无法证实季札的真实动机。但我觉得，无论我们认为他是为了名誉或是仅仅顺应自己的内心，我们不应忽视刘向编撰《新序》的意图，以此更好理解文章。

（下课后，洪阳又认真想了想，觉得季子更可能是一个"灰色"人物，既想顺应内心，又想彰显美德，一举两得。）

教师：我们在评价季札赠剑行为时，既要看到他不违背自己内心，做人真诚的一面，也要看到他在践行自己的诺言时，以牺牲吴国的宝物做代价，并且从者还特意提醒他，尽管他使用了偷换概念的方式为自己辩解，但都改变不了问题的实质。现实中，我们为人处世讲究真诚待人，但不应以牺牲他人或公家利益为代价，也不可违背法律和道德。另一方面，在阅读文章时，我们固然要注意作者想表达的内容，但更要看他究竟实际表达了什么。就这篇文章而言，固然刘向有赞美季札为人真诚的美德，但文章的局部细节却在解构着他要表达的这一主旨，这也是值得我们注意的。

附录：

季札挂剑

延陵季子将西聘晋，带宝剑以过徐君。徐君观剑，不言而色欲之。延陵季子为有上国之使，未献也，然其心许之矣，使于晋，顾反，则徐君死于楚，于是脱剑致之嗣君。从者止之曰："此吴国之宝，非所以赠也。"延陵季子曰："吾非赠之也，先日吾来，徐君观吾剑，不言而其色欲之；吾为有上国之使，未献也。虽然，吾心许之矣。今死而不进，是欺心也。爱剑伪心，廉者不为也。"遂脱剑致之嗣君。嗣君曰："先君无命，孤不敢受剑。"于是季子以剑带徐君墓树而去。徐人嘉而歌之曰："延陵季子兮不忘故，脱千金之剑兮带丘墓。"

复旦大学附属中学　王琳妮

作者介绍

　　王琳妮，复旦附中语文老师，杨浦区骨干教师，陈军语文学科德育实训基地成员，荣获教育部"一师一优课"称号，"黄浦杯"长三角征文比赛一等奖、二等奖，开设多节省级区级公开课。有志于挖掘语文学科的德育意义，在语文的学习中提升学生自我认知和认知世界的能力。在预习、课堂互动、作业、复习、考试等各项语文环节中引导学生坦诚面对自己的内心，不回避，不苛责，忠实于自己，放下偏见与评判，观察真实的世界，体会世界的美好与宽广。以语言为媒介，理解、感受、表达自己与世界，提升认知，与此同时，体会中国语言文字之美。

"快哉"的内核与精神景观

《黄州快哉亭记》中"快"字贯穿全文，除了快乐，"快哉"还有其他深意吗？文章第一、二段描写宏阔的自然美景和畅快的人文联想，与"快哉"有否更深层的关联？"快"和内在的"诚"有关吗？本文就这些问题展开论述。

一、"快"是精神性的

"快哉"典出宋玉答楚王问。楚王曰："快哉，此风！寡人所与庶人共者耶？"宋玉曰："此独大王之雄风耳，庶人安得共之！"苏辙认为，宋玉之言言外有意：风无雌雄之异，而人有得意、不得意之差别，重要的是人，不是风。楚王君临楚国，心中得意，因而猛风杨柳风都很享受；但庶人心怀忿怨，无论什么风，总有不满。"此人之变也，而风何与焉？"此句点明"快哉"的核心是人，而非风。

哪些方面决定快乐呢？"士生于世，使其中不自得，将何往而非病？使其中坦然，不以物伤性，将何适而非快？"是人的内心、对待事物的态度，是"中"，而非"物"决定了快乐。"中""物"正对应前文的"人""风"，但更本质，也更抽象。为更好地理解"其中坦然，不以物伤性"，不妨回忆初中课文《岳阳楼记》的"不以物喜，不以己悲"。因此，理解认识到，"快"的核心是人的精神。

"物"对"己"的影响渗透在我们的日常生活中，晴空万里让人心情愉快，下雨天则难免烦恼。但苏轼说"水光潋滟晴方好，山色空濛雨亦奇"，如果放下对雨天的偏见和个人的得失心，那么雨天也有其诗意之美。所以苏轼说"欲把西湖比西子，淡妆浓抹总相宜"，其中"总"字最值得回味。"凡物皆有可观。苟有可观，皆有可乐，非必怪奇伟丽者也。"如果能放下偏见，诚实地、忠实地、如实地看待这个世界，那么万物"总"有其美好，而人的心性也"总"能愉悦稳定、不受外物影响。当我们放下对物的偏见，如期所是地理解和体会它，就会超越外物，发现世界的美好。

快乐源自于"中"，即精神、心灵，是对自己的天性的自信，是对自己和世界的诚实，难怪"快"字是竖心旁的。坦然自得、无挂碍的精神状态（中）原来就是"快哉"。快乐是精神性的，与"物"不直接相关。

二、"快"是逆境中的傲岸

张梦得的"快"也源于他对现实处境（物）的超越，文中说他"不以谪为患"。张君的贬谪与二苏兄弟一样，都是因为王安石变法，因此他们处境相似。为亭子命名的是苏轼，因此要了解此次贬谪对他们的意义，不妨以苏轼为例。

变法前，苏轼是"进士第二、制科第三"（欧阳修阅卷误以为自己学生才给第二名，制科考没有第一第二名，所以都是最高名次）。宋仁宗初读轼、辙制策，回宫与皇后说："朕今日为子孙得两宰相矣。"

但当苏轼为父亲守孝归来，王安石变法已经启动。苏轼不认同变法对百姓的盘剥，在地方任上写讽刺诗，新党却强说苏轼对神宗不敬，于是展开抓捕，在御史台被关押三个月后，苏轼被贬黄州。但他在黄州只有虚职，没有实权，没有俸禄。苏轼在朋友的帮助下在山的东边筑屋定居，自称"东坡居士"，但其实一无所有，仅种枣树度日。给亭子命名的这一年，苏轼 46 岁，而支持王安石变法的宋神宗才 35 岁，这意味着苏轼基本没有政治翻身之日。

名满天下，年近不惑，却遭遇巨大的政治冤屈和羞辱，以至于一无所有。面对人生的急转直下和政治迫害，苏轼却给亭子命名曰"快哉"。这"快哉"看似旷达，实则傲岸不屈，是对抗迫害的独立精神和倔强姿态，是人生的一落千丈以后不被打倒的顽强的精神品质，是不被摧垮的内心的坚韧，是超越人生实际处境的豁然开朗的境界，是对自己的"诚"与"信"。

因此，连不喜欢苏轼的朱熹也说"苏公此纸出于一时滑稽诙笑之余，初不经意，而其傲风霆、阅古今之气，犹足以想见其人也"。

还原实际处境，"快哉"豁达的表象背后有傲岸和不屈。这番"傲风霆、阅古今之气"在前文其实早有暗示。"一切景语皆情语"，景物描写和人文联想中已渗透了这股兀拔越逸的精神气。

三、"快哉"的精神景观

"曹孟德、孙仲谋之所睥睨"，"睥睨"的注释是"傲视"。面对千钧一发的战争、江山社稷的未来、实力强劲的对手，仍能傲视群雄，这"睥睨"中有坚强的自信力。这样的人，在面对"涛澜汹涌、风云开阖""变化倏忽、动心骇目"的景物时不会惊恐后退，而是"得玩之几席之上"。

着一"玩"字，境界全出。真正的"快哉"在面对动心骇目的处境时不屈、睥睨，以"诚"的态度面对自己和世界，以自己作为领略世界的主题，将涛澜汹涌、风云开阖作为审美的对象，享受其壮阔美好一面。也就是说，真正的"快哉"不仅是忍受的，还是享受的；不仅是被动地对抗，更有主动地愉悦。它傲岸又亲切，超越外物，诚实地享受外物，但不被它打倒。"快哉"是独立于外物的一片精神绿洲，是笑对人生困厄的成熟态度。

于是能够领会课文的最后部分：

……将蓬户瓮牖无所不快；而况乎濯长江之清流，揖西山之白云，穷耳目之胜以自适也哉！不然，连山绝壑，长林古木，振之以清风，照之以明月，此皆骚人思士之所以悲伤憔悴而不能胜者，乌睹其为快也哉！

如果诚实地面对自己和世界，如果如其所是地审视世界，不膜拜，也不自卑，那么"蓬户瓮牖"也有其拙朴的美，"长江、白云"就更美了。这种"自适"和一般的风光宜人不同，那是由内而外的美好，是理性思考人生后豁然开朗的心境投射，更具有持久、沉着的力量。

此时回观一、二段，奔放肆大的黄州江景已不仅是眼中之景，更是精神景观。古往今来大气磅礴、文采斐然的景物描写莫不内具文人的精神气韵。开篇"江出西陵"正表现了江水的主动、冲破、浩荡。江水冲破艰难险阻的西陵峡，仿佛冲破人生的局限。然后"始得平地，其流奔放肆大"，达到豁然开朗、更加开阔的境地。此时"南合沅、湘，北合汉沔，其势益张"，仿佛得到上下四方宇宙之助，全部打通。"至于赤壁之下，波流浸灌，与海相若"到达新的境地后又沉静下来，像大海一样深沉，像大海一样平静。

开篇的景物描写渗透了苏辙与苏轼历经艰险后的人生理解，这理解正是：无论外物如何，以"诚"的态度面对自己，自信、坦荡，以"诚"的态度面对世界和人生经历，不崇拜，不卑微，如其所是，便能发现万物之美，就能获得快乐。

对此，苏轼在《黄州快哉亭记》的和词中有更直接的表述：

一点浩然气，千里快哉风！

《〈宽容〉序言》课堂教学实录

【教学目标】

1.理解本篇序言的独创特点，理解本文寓意。

2.领会无知山谷的原型意义及现实指导意义。

说明：

《〈宽容〉序言》不是一篇传统意义上的序言，而是一则寓言性质的序言，但寓言的意义并未写明，需要学生自己去体会，这为课堂的探讨提供了空间。通过分析守旧老人、村民等人物形象，同学们领会到作者是用文中人物的不宽容来警示人们应当宽容，但同时又对人类的宽容抱有深刻的怀疑。既怀疑人性的不宽容，又期待美好的宽容，是本文情感的微妙而又深刻之处。

文中的无知山谷、守旧老人、村民、漫游者都有深刻的隐喻性。封闭的环境、自私的首领、盲从的民众、犯禁的求新者，这些原型在个人的成长、社会的发展、历史的进程中都随处可见。因此，《〈宽容〉序言》和学生的认知成长、日常生活息息相关，有很强的现实指导意义。不仅如此，无知山谷还在时间维度上不断重演，像一篇永恒的预言，警示人们历史的轮回。

了解文体特点、作者情感、深掘文本思想是高中生的基本核心素养。但高三课文的教学可以对学生提更高的要求：在广阔的生活和历史舞台上将文本和自身勾连，反观自身、举一反三，在文本中汲取生活的养料，无疑成为高三授课的目标之一。

【教学重点难点】

重点：领会无知山谷的原型意义。

难点：领会无知山谷的现实指导意义。

说明：

无知山谷故事简单，乍看易懂，但寄寓深刻，如何使学生透过现象看本质，挖掘故事背后对人性的洞察，并将这种洞察和学生自己的生活、人类的文明历史联结起来，是课堂教学的重点所在。

学生看完文本，容易流于对无知山谷、守旧老人和村民的简单批评，但守旧老人和村民的劣根性其实深深植根于人性，每个人在生命中的一些时刻都可能是自私的守旧老人或盲从的村民。如何将文本中的反面人物与自己对接，如何克服对接时自然产生的反抗情绪，并进行深刻地自省，是课堂的难点所在。

【教学过程】

一、导入新课，激发兴趣

师：序言一般包含哪些内容？

生：作者介绍、书本内容概括、他人评价等等。

师：《〈宽容〉序言》是一篇典型的序言吗？它更像是什么文体？

生：不是典型的序，像寓言。

师：这篇寓言式的序言中，文中有没有明确点明寓意？

生：没有。

师：文章以事喻理，那么课文讲了一个怎样的故事呢？

生：学生概括故事情节。

设计意图：

提醒学生关注文章的功能性（序言）和文体特点（寓言）之间的差异，由此差异引发学生对故事梗概和文章主旨的兴趣。

二、概括情节，分析人物

师：请概括故事情节。

生：宁静的无知山谷里，人们过着贫乏而可怜的生活。漫游者探索新生活，受伤而归，他向人们讲述自己的新发现。但漫游者被守旧老人、一千年前的律法、无知的人们杀死了。当无知谷面临死亡的威胁时，濒临绝境的人们叛逃，寻找新世界，纪念先驱者。

师：文章第一部分"一个宁静的无知山谷，人们过着幸福的生活"，这句话在文中出现了两遍，你第二次看见和第一次感觉一样吗？

生：不太一样。第二次看见觉得很讽刺，"幸福的生活""宁静的山谷"背后是"白骨累累"的恐惧，这个"宁静"是假象。

师：漫游者闯入山谷，他为何闯入山谷？又为何回来？

生：发现外面美好的世界，带村民们走出无知山谷。

师：漫游者被村民们砸死了，村民们是怎样的形象？

生：无知、盲从。

师：役使村民的守旧老人又是怎样的形象？

生：自私、无知。

设计意图：

1. 抓住文章的重要信息，概括故事情节。

2. 从文本入手，概括人物形象，寻找文本依据，感性地理解人物特点。

三、明确主旨，深掘人性

教师活动预设：

师：《〈宽容〉序言》是一个讲宽容的故事吗？补充"宽容"定义。《大英百科全书》：容许别人有行动和判断的自由，对不同于自己或传统观点的见解的耐心公正的容忍。

生：《〈宽容〉序言》是一个讲不宽容的故事，用以警示人们应当宽容。

师：了解故事主旨后，来看文章最后一句"这样的事情发生在过去，也发生在现在，不过将来（我们希望）这样的事不再发生了"，是否还有值得玩味之处？

生：文章最后一句中"我们希望"四个字特别值得玩味，代表以后还会发生。

师：房龙对人类的宽容持怎样的态度？

生：作者对宽容抱有深刻的怀疑，同时又报以美好的期待。

师：人类为什么很难宽容？为什么村民和守旧老人很难宽容？

生：反观文本，分析守旧老人和村民的不宽容的原因：惰性、自私、排他、傲慢。

师：总结不宽容背后普适的人性弱点，反观宽容的可贵。（房龙《宽容》："你养过狗、猫或其它家禽动物吗？……这些不能说话的动物出于本能或训练，都荒庸地珍视着它们自认为的"权利和特权"。一条警犬，它可以被主人的孩子随意玩耍，但另一个和蔼可亲的小孩子刚刚踏上属于"它"家的草坪时，它就马上去狂叫不止。德国种的最小的猎狗一定知道隔壁的北欧粗毛大猎狗能把它撕成碎片，可是只要那猎狗敢于跨越雷池一步，它便会扑向那头凶猛的大狗。甚至只顾自己舒服的猫，当另一只猫胆敢闯入自己的炉边时，也会勃然大怒。"）

设计意图：

1. 明确文章主旨，把握作者感情。

2. 挖掘人物不宽容背后的人性弱点，更抽象更深刻地理解人物，并与自身发生关联。

四、反省自身，反观历史

师：我们概括了故事情节，分析了人物、地点，少了一个什么要素？为什么？

生：无知山谷没有提到时间，因为它可以发生在过去、现在和未来，它是一个永恒的故事。

师：我们来问大家这个问题，这个故事和我们有关吗？无知山谷现在还存在吗？如果没有时间的限制的话？你是谁？

生：既然不宽容基于人性，那么无知山谷现在还在。在不同的境况下，我们可能是村民、漫游者，甚或是守旧老人。学习了这篇课文，反思作为一个"村民"的自我修养，包容创新犯禁的漫游者，避免成为一个"守旧老人"。

师：但历史中的人们宽容吗？ PPT 展示古希腊、古罗马、中世纪的不宽容的故事。《宽容》出版时正值二战前夕，种族主义、纳粹分子甚嚣尘上，不宽容的悲剧不断重演，宽容是如此艰难。（课上阅读历史材料，感受《宽容》一书的历史纵深感，以及宽容之艰难与可贵。）（阅读材料：希腊人高傲地坚持自己是海伦的直系子孙，是天神的儿子，是大洪水的唯一幸存者。他们很尊重本种族的人。他们轻蔑地把非希腊人指为野蛮人（希腊文 barbarous 的意思是陌生、外来、粗野、奴性和无知），粗率无礼地称他们为异己，甚至有科学家、哲学家们也认为他们是劣等人。古罗马人自认为理所当然是至高无上的，所以他们从不认为有必要就这一点做任何明确的解释。他们是罗马人，这就够了。对这么一个显而易见的事——这是人人都能看见的——大惊小怪不免有失体统。罗马人对此并不在乎，至少在这方面是不在乎的。

设计意图：

1. 挖掘了不宽容背后的人性弱点后，进一步思考与每个人自己的关联。

2. 在广阔的生活和历史舞台上思考无知山谷的原型意义，将文本和自身勾连，并举一反三，从宽容的维度观察历史，从而更深地理解作者的写作意图和人文情怀。

五、倡行宽容 坚定信念

师：不宽容如此难避免，为什么还要提倡宽容？

生：我们无法改变人性的弱点，但可以超越原来的自己

师：不宽容是人的天性，而压抑不住的好奇也是人类的天性。我们应该悲观，还是应该乐观？

生：带着对人性的洞察，努力超越自己。

设计意图：

打开时间和空间，深入理解宽容之难以后，再来感受作者寄寓的微妙情感：对宽容抱有深刻的怀疑，同时又报以美好的期待。

课后作业及学习反馈

1. 理解文中"无知山谷""知识的小溪"等事物的象征意义以及"守旧老人""村民们""漫游者"三类形象的典型意义。

	象征意义
无知山谷	
知识的小溪	
	典型意义
守旧老人	
村民们	
漫游者	

2. 结合课文内容，体会下列句子中加点词语的含义和情感色彩。

"他们说，上帝的旨意已经决定了天上人间万物的命运。"

"从这以后很长时间，人们又过着幸福的生活。"

3. 有些读者认为守旧老人不应当被宽容。你同意这个看法吗？写一篇读后感，谈谈你的观点。

设计意图：理解课文的象征意义和典型意义；体会课文中语言的深意以及宽容的边界。

上海市市北中学　吴志锋

作者介绍

作为一名语文教师，从一踏上教师这一工作岗位开始，我便抓住每一个机会来促进自己的专业化发展。从最初时的拜师学艺、认真向前辈同行请教，到自身的不断钻研、努力投身语文教学改革，这一切的经历都是我专业水平提升过程中的宝贵财富。我始终坚信语文是一种工具。通过语文的学习，掌握听、说、读、写的能力，提高自身阅读、写作、交流的水平，这是语文这门学科工具性的体现。语文是一种情怀。与自然天地相通的心境胸怀，与古今智者能相对话的智慧明达，乃至与自己内心互相拷问的睿智情怀，这些都是语文所能给予的。语文更是一份责任。中国是具有五千年灿烂文化的文明古国，有着优秀的文化传统。语文作为母语教学，必须肩负起传承优秀文化的责任，培养年轻一代对于传统文化的兴趣，使之一代代传承下去。经过多年的教学，自己也慢慢形成了"重基础，求扎实"的教学特色，把努力提高学生的语文素养作为语文教学的目标和追求。

何以修辞？以何立诚

"修辞立其诚"，是孔子解读《周易·乾卦·文言》中的一个论点。《乾卦·文言》："子曰：君子进德修业。忠信所以进德也；修辞立其诚，所以居业也。"[1] 其中，修辞，即建立言辞；诚，思想诚正。"修辞"是为了"立诚"，"立诚"乃是评判"修辞"好坏的标准。孔子以"修辞立其诚"之论断，对《周易》记事风格做了一个总体概括，他认为"修辞"与"立诚"二者的关系之中，"立诚"是高于"修辞"的，是"修辞"的目的，建立言辞是为了表现自己的美好品德。[2] 这一思想也对先秦乃至后世文学产生了深远影响。后人从这一言论中似乎可以寻到古代文论观中"文道之辨"的肇源，文以载道，道因文兴，二者之争绵延千载，但如何能够使二者和谐共处，甚至达到文道合一的至高境界，则写作者不仅应笔力深厚，更需要其具备一种追求真知、真理、真诚的写作精神。苏轼是中国文坛上浓墨重彩的一笔，其辞达，其文畅，且擅修辞，兼说理，"文道之辨"的千古难题，可谓是在苏轼这里有了完美结合，其所创作的考辨类文章已经臻于文道并举、文道合一之境界，与先秦"修辞立其诚"这一朴实的文论观十分契合。这一点，在苏轼所创作的以《石钟山记》为代表的经典作品中体现得淋漓尽致。

一、何以修辞——精简、修饰

"修辞立其诚"被视为中国修辞学的源头，"修辞"所针对的是语言的外在形式。辞，即文辞，文学作品中的言语；修，即修饰，修饰文学作品中的言语。程朱二人更是将"修辞"解释为"修省言辞"和"修饰言辞"，即运用简洁但美好的言辞。[3] 苏轼文风雅致、俊朗，视角壮阔，气象恢宏，在文坛上独占鳌头，独树一帜。《石钟山记》一文中就能略窥其在修辞方面的造诣。

第一，精简。精简，就是"修省言辞"中"修省"所表达的意思，即语词精炼简洁。《石钟山记》一文，虽然洋洋洒洒，读之气势朗然，却毫无累赘之感。如文中前段中仅用了"扣而聆之，南声函胡，北音清越，桴止响腾，余韵徐歇"的五个短句共二十个字，干脆利落地描述了李渤考证的全过程；再如，描摹夜探石钟山时的夜景，"绝壁"下能看到的"侧立千尺"的"大石"，似"猛兽奇鬼"而"森然欲搏人"，山上"栖鹘"，

"磔磔"而高飞于"云霄"之间,"鹳鹤"的叫声若"老人咳且笑于山谷",读来真是一切恍若就在眼前,似置身于石钟山中。

第二,修饰。苏轼十分擅用修辞手法,如音律、句式和其他修辞手法。首先,擅用拟声词。《石钟山记》中用了许多拟声词来描述山、石、水所发出的声音,如"南声函胡,北音清越""硿硿焉""磔磔云霄间""若老人咳且笑""噌吰如钟鼓不绝""有窾坎镗鞳之声",等等;其次,多用韵母洪亮的、入声韵的字做韵脚,"明""人""起""还""上""绝""恐",使文章慷慨激昂、短促有力,确有壮阔之感;再次,巧用句式。苏轼用了长句与短句相结合、整句与散句相交织的做法,使行文错落有致。如"至莫夜月明,独与迈乘小舟,至绝壁下。大石侧立千尺,如猛兽奇鬼,森然欲搏人;而山上栖鹘,闻人声亦惊起,磔磔云霄间;又有若老人咳且笑于山谷中者,或曰此鹳鹤也"。长短句交错,清晰准确地描摹了夜访石钟山时所见所闻,真是令人如入其境;最后,其他修辞手法,如夸张、比喻等。"绝壁"下能看到的"侧立千尺"的"大石",似"猛兽奇鬼"而"森然欲搏人",比喻贴切,形象生动。

由上可见,苏轼的《石钟山记》堪为一篇修辞佳作,无论是音律、句式还是其他修辞手法,皆有可观之处,虽然是考证求理之文,却跌宕起伏,引人入胜。

二、以何立诚——思辨、实证

立诚,孔颖达疏曰:"诚,谓诚实也","诚"的根本在于真实,强调信实不欺、精审准确。"立诚"是修营功业的手段,"修辞"的最终目的是为了更好地表达"诚",要求修辞必须出于真诚,否则"徒增缛采不足为信"。其后,孔颖达、程朱等人多从人文教化和道德修养角度对"立诚"作出解释,讲求经验之真、真理之真。宋人尤擅说理、乐思辨、喜求证,苏轼亦其中翘楚。

第一,思辨。苏轼擅于思辨,《石钟山记》中,苏轼先后写到了"郦说"和"李说",并逐一进行了反驳,直接驳斥了"郦说"的谬处,又提及了李说,但在寺僧命小童演示后,提出了反驳。最终,苏轼与苏迈夜探石钟山,在实地进行探查,在综合分析的基础上得出了相应的结论,找到了石钟山命名的原因。

第二,实证。苏轼对于宇宙人生充满了好奇,希望探究种种人生哲理命题,所以也创作了一些哲理类诗文。但苏轼的探求真理,建立在实际考证的基础之上。《石钟山记》中,苏轼通过逻辑思辨反驳了"郦说",但是对于"李说",却是向寺僧进行求教,而在没有得到实际结论后,则是亲身夜探石钟山。"莫夜月明"时的石钟山阴森可怖,再结合"士大夫终不肯以小舟夜泊绝壁之下"的批评,足见,苏轼的求真务实确实可贵。

三、修辞立其诚之概观——文道相合

"修辞立其诚",其中"修辞"关乎文学的形式,强调对语言文字的精细加工,"立诚"关乎文学的内容,则强调对语篇所传达的思想情感和主题的真诚严谨。由此可见,"修辞立其诚"可谓是古代文论观——"文道之辨"的另一种表现。文学的载体与文学的内容二者之间,到底是文以载道,还是道因文兴,一直是千古辩题,能完美融合二者,使文道相合、完美映衬的大家确在少数,苏轼就是其中一位。

第一,文以载道。文以载道,道即文中的思想、内涵、情感、主题。写文是为了传道,《石钟山记》就传达了一种求真务实的精神追求。作为北宋大家,苏轼凭借其独有的个性风貌、丰富多彩的生活经历、通透豁达的思想性格、博大深厚的文学修养,最终形成了其在文学创作方面的务实求真精神和浪漫主义情怀。求真务实精神,具体就体现在他对人生哲理命题的思考与探究方面,也因此有了《石钟山记》一类的考证文章。

第二,道以文兴。道以文兴,文即文章的辞藻、句式、谋篇。文学之所以存在,亦因其自身所赋予的艺术之美。苏轼富于浪漫主义情怀,具体也表现在他散文创作方面的腾挪变化、不拘一格。以浪漫主义情怀所撰写的富于求真务实精神的散文,层层推理,实地求证,具有十分独特的魅力。《石钟山记》虽以游记为名,但其实为求理之文。虽然是考证类文章,苏轼却凭借流畅的语言行文、严谨的逻辑推理、周密的谋篇布局,提升了文章的可读性、可观性、可赏性。而文章层层推进,思辨务实,又使得文章蕴含了求知、求真、求索的宝贵探究精神。可以说,《石钟山记》中文与道相得益彰,美轮美奂,令读者阅之赞之。

文学理论是文学创作的重要指引,文学创作是文学理论的具体践行。二者相辅相成、互相促进,方才有了文学领域的蔚为大观、繁花似锦。"修辞立其诚"这一古代文论观对中国修辞学产生了深远的影响,认为"诚"是"修辞"的前提和基础,修辞必须出于真诚,不可妄加修饰。苏轼是北宋文坛上独领风骚的大才子,在文学创作上颇有建树,而其文风矫健,文思清晰,观其文学作品,皆可谓是文道合和的典范。其中,《石钟山记》并非单纯地游山玩水,抒发闲情逸致,而是对生活有深入领悟,表达了探索真理的勇气,堪称千古佳作。

参考文献

[1] 吕逸新 . "修辞立其诚" 与先秦文体的写作观念 [J]. 山东理工大学学报 (社会科学版)，2018，34(06) ：44–48.

[2] 王传林 . 修辞立其诚——《春秋繁露》的语言现象举要 [J]. 衡水学院学报，2018，20(04) ：55–63.

[3] 王希杰 . 文如其人与 "修辞立其诚" [J]. 东南大学学报 (哲学社会科学版)，2011，13(03) ：92–96.

《石钟山记》课堂实录（第二课时）

师：同学们，前面一节课我们对《石钟山记》的字词句进行了疏通，也大致介绍了苏轼创作本文的背景。今天这节课，我们在此基础上对本文进一步深入学习。首先，请哪位同学告诉大家，题目中的"记"是什么意思。

生：是一种文体。

师：我们以前学过这类文体的古代散文吗？能否举些例子。

生1：学过的，比如《岳阳楼记》《小石潭记》。

生2：还有《醉翁亭记》。

生3：陶渊明的《桃花源记》也学过的。

师：看来大家学过以后都没忘。能否结合刚才同学们提到的关于"记"这一文体的文章，深入思考一下，"记"是种怎样的文体？大家同桌之间可以互相讨论交流一下，一会我请同学回答。

（同学讨论）

师：看来大家都胸有成竹了。谁主动与大家分享一下思考讨论的结果。

生1：我觉得"记"首先得有记叙的内容，写景、记事都可以。

生2：除了记叙的内容之外作者还会发表自己的观点，抒发自己的情感。

师：我总结一下，"记"是一种文体，在写法上大多以记述为主兼有议论、说理、抒情成分。既然大家都讲到肯定会有记述的文字，那就请大家找找《石钟山记》中哪些是作者直接记述的内容。我们一起朗读课文，边读边找。

（学生齐读课文）

师：我想找出文中记述的内容不是件困难的事情，哪位同学来告诉大家。

生：记述的文字就是夜探石钟山的这部分内容，从"至莫夜月明"到"如乐作焉"。

师：这部分文字苏轼主要是记述了夜探石钟山所看到的景、听到的声，在作者笔下，整个环境氛围是怎样的特点？

生：阴森、恐怖。

师：概括得很准，是阴森、恐怖。那苏轼为何要在如此艰险的环境下去夜探石钟山呢？文章有没有交代他此行的原因？

生1：为了去找寻石钟山命名的真正原因。

生2：之前提到了两个人关于石钟山命名原因的说法，苏轼前去也想考证两个人说法是否准确。

师：哪两个人？他们关于石钟山命名是怎样的观点？这两人的说法苏轼都要去考证吗？

生1：郦元和李渤。

生2：李渤认为石声如钟，所以命名为石钟山。郦元的观点是：水石相搏，声如洪钟，故命名为石钟山。

生3：我认为李渤的观点根本没有考证的必要。

师：这是你的认识还是苏轼的态度？（微笑）

生：我和苏轼想的一样。

师：你真了不起，但你从哪里看出苏轼也不认同李渤的观点，认为没有考证的必要？

生1：苏轼在文章中提到李渤的观点后写到"人常疑之""人尤疑之"，而且还用小童的实地演示推翻了李渤的观点。

生2：我还可以帮着补充一点，最后苏轼写到"笑李渤之陋"，说明苏轼确实认为李渤的观点浅陋无知到了可笑的地步。

师：你的补充很到位。那苏轼夜探石钟山是为了实地考察，找到石钟山命名的真正原因，他找到了吗？

生：找到了。"与风水相吞吐，有窾坎镗鞳之声，与向之噌吰者相应，如乐作焉。"这几句话就是苏轼夜间冒着风险实地考察后得出的结论。

师：其实之前苏轼提到郦元的观点，苏轼的结论和郦元的观点比较相似，但苏轼认为郦元讲得简单，所以对他的态度是"叹"，是遗憾。

生：老师，其实在苏轼看来，不能找到石钟山命名的真正原因的人可以分为三种情况：不能、不敢、没能。郦元就属于没能，士大夫是不敢。

师：你的概括简洁到位，看来你不仅读得认真，还善于思考总结。我想最后再请大家根据课文内容思考一下，苏轼夜探石钟山，除了找到石钟山命名的原因之外，是否还有其他的收获。

生：苏轼也明白了一些道理。

师：说得具体点。

生：最后一段第一句话。"事不目见耳闻而臆断其有无，可乎"，说明任何事情都不能仅凭道听途说而主观臆断，一定要亲身实践、实地考察，才能得到正确的结论。

师：刚才同学讲到了苏轼的收获，其实也就是苏轼要发表的观点。除了他身上具有的这种实证精神之外，还要学习他不盲信前人旧说、敢于质疑的精神，大家不要忘了，苏轼的月夜探访到找到原因到有所感悟，这都是由他的"疑"触发的。

上海市市北中学　顾光宇

作者介绍

　　顾光宇，1969 年生，江苏省扬州市人。本科学历，中学高级教师。1990 年 9 月开始从教至今，现任教于上海市市北中学。本人兴趣爱好广泛，读书、旅游、美食、书法、篆刻、古物收藏（玉器、瓷器）等均有所涉及，又都不是十分精通。课堂教学生动活泼，旁征博引，注重引进现代生活的活水，贴近学生的生活，受到学生的喜爱。对高考语文的命题有一定的研究，对高考试题进行了分类研究，积累了不少资料。发表过《浅谈音乐在中学语文教学中的运用》《也谈课堂提问艺术》《铸魂：创造汉字教育校本课程》、《寻根·铸魂·传承》（中小学传统文化教育实践研究论文一、二等奖）《延陵季子之剑为何物》（全国中语会和商务印书馆举办的中青年教师论文大赛一等奖）等多篇文章。《瓦尔登湖（节选）》市级公开课入选 2018 年上海市和教育部的优课。

深入研究，把握教材，精心构思

2018年3月22日，我开设了一节高中语文区级公开课《瓦尔登湖（节选）》，这节课有幸得到了上海市语文教育的前辈于漪老师现场指导和点评，也有幸被推荐为上海市"一师一优课"的优秀案例并成功入选，也有幸入选2018年教育部的"学科德育精品课"。

这节课缘起于2017年底我在第二届静安区学术季教师专场"我的教学主张"的一次发言，我发言的题目是：问渠那得清如许，为有源头活水来。当时，上海市师资培训中心周增伟主任与会听了我的发言，会后周主任联系了区教育学院，通知我下学期来校听课。于是，我在学校语文组、区高中语文教研员陈玉琴老师和我校陈军校长的指导下，经过几轮备课、试讲的磨合，最后呈现出了这节区级公开课。

一、牵一发而动全身，精心设计教学切入点

为了体现"我的教学主张"，我选择了高二下学期第一单元梭罗的《瓦尔登湖（节选）》。选定文章后，我把梭罗的《瓦尔登湖》（中国文联出版社）通读了一遍，特别精读了翻译家徐迟的译序，对梭罗的生平、思想有了较全面的了解。另外，我还查阅了大量研究梭罗思想的学术论文，对梭罗思想的形成过程及其和美国大作家、思想家爱默生的关系，有了初步的了解。

有了这些前期的准备，我进行了试讲，结果不如意。组内老师纷纷给我建议，教研员陈玉琴老师和陈军校长更是帮我重新设计教学，给我制定了"问题与思考""讨论与写作""拓展与研究"的教学板块。这个教学思路的设计体现了"学生为主体"的思想，强调学生在教师的引导下展开问题的思考与探究，加强了学生在学习过程中的实践性，促进了学生语文学习方式的转变。

构建了科学的教学板块，接下来我所考虑的就是如何带领学生把这篇课文的主要内容、写作特点和作家的思想在一节课的时间内消化掉，并能影响学生在"人与自然"方面的思想。选文内容大致如下：第一部分（1段）总写瓦尔登湖的美景和姿容。第二部分（2~5段）按时间顺序具体描写瓦尔登湖的自然之美。第三部分

（6~9 段）揭示瓦尔登湖景色的变化及作者的观点和态度。面对这些内容，如何组织教学？经过试讲，组内几位教师建议我把这篇课文分成两节课完成，第一课时完成"作家作品""初读课文，理清写作思路""精读第一部分，了解瓦尔登湖特点"三部分教学内容，第二课时即公开课从提问"瓦尔登湖景色 60 年来有哪些变化？"开始。经过考虑，我接受了老师们的建议，并决定把"瓦尔登湖景色 60 年来有哪些变化？"作为这节公开课的教学切入点，在教学环节中引出诸多思考问题，如"作者写这些变化反映了梭罗在'人与自然'等方面持有怎样的观点？"。这个教学切入点的设计牵一发而动全身，把这节课的教学内容全部串联起来，显得结构紧凑，目标明确，教学思路清晰。

二、知人论世，精准把握作者的思想精髓和写作意图

这节课的成功还得益于精准把握梭罗对于"人、自然、神"三者关系的观点。

梭罗的《瓦尔登湖》创作于 1845~1847 年间，1845 年前的美国是一个怎样的国家呢？当时的"西进运动"正在推进，美国的国土由大西洋向太平洋扩张。美国已在深入工业革命，年轻的美国正处于快速上升之中，正在由传统的农业社会向工业社会转型。美国奉行"自由移民"政策，年轻的美国以开放的气势，吸引外来移民，产生了深远影响。期间各种学说、思想层出不穷，包罗万象，百花齐放。

梭罗在哈佛大学读书期间就深受爱默生的影响，为其在《论自然》中的观点所吸引。梭罗大学毕业后短暂做过教师，后来搬到爱默生家里居住，成为爱默生的助手和管家，深受其超验主义思想的熏陶，并逐步形成了自己的思想。

大概是受到自我认知的局限，在我原来的理解中，梭罗对"人、自然、神"三者关系的理解是：人与自然是并列关系，而神则凌驾于人和自然之上。因此，对文本中的"我的缪斯女神如果沉默了，她是情有可原的。森林已被砍伐，怎能希望鸣禽歌唱？""这是和恒河之水一样的圣洁的水！而他们却想转动一个机关，拔起一个塞子就利用瓦尔登的湖水了！""这恶魔似的铁马，那裂破人耳的鼓膜的声音已经全乡镇都听得到了，它已经用肮脏的脚步使沸泉的水混浊了，正是它，把瓦尔登岸上的树木吞噬了。""冰藏商人已经取过它一次冰"等句子的内涵和作者这么写的用意不甚了了。我把文章的主旨确定为"瓦尔登湖像母亲河一样给了康科德人以

滋养，尤其在内在品德方面给予康科德人启示"。陈军校长在我第二次试讲后，给予指导：梭罗是一位超验主义者，在他的认知中"自然"和"神"是等同地位，即梭罗把自然当作神一样的存在，大自然是神的精神意志的体现。这一论断使我豁然开朗，更加准确地把握住文章的主旨。梭罗对"村民引瓦尔登湖水到家里洗碗洗碟""冰藏商人到瓦尔登湖取冰""铁路线已铺设到瓦尔登湖畔"等现象深恶痛绝的原因就迎刃而解了，即"人对自然的侵犯就是对神的侵犯"。这样，也搞清楚了作者为什么在选文最后的诗中说"我不能更接近上帝和天堂，甚于我之生活在瓦尔登。"

另外，文中提到的"特洛伊木马"和"傲慢瘟神"又是什么用意？陈军老师又指导我从梭罗的"极简主义"去思考，如果和梭罗所处的 1845 年前的美国社会现状联系起来考虑，问题也会迎刃而解。当时，美国已完成由农业社会向工业社会的转型，人的贪欲开始膨胀，社会道德、法律底线很容易就被突破，物欲横流，乌烟瘴气，人性沉沦。梭罗在这里明显是告诫读者，物欲会遮挡人的双眼，使道德败坏，让人堕入万劫不复的深渊。

由此可见，教师对作品所寄寓的作者的思想要有精准而深刻的理解，不能浮于表面，不能囿于经验，不能困于陈见，应有独到而合乎作者思想的发现，这样才能引领学生走进作品，与作者对话。

三、注重时代性，不忘语文"立德树人"的育人功能

在备课的时候，我始终不忘"注重时代性，构建开放、多样、有序的语文课程"的教育理念，坚持教学要引进现代生活的做法。其实，早在 20 世纪 60 年代，吕叔湘先生在"代语文老师呼吁"中也有"学生不仅生活在学校里，也生活在社会里"的说法。张孝纯先生于 80 年代提出了"大语文教育"思想，要求"充分利用现代的条件，通过多种渠道和方式，使语文课同社会生活联系起来"。因此，语文教育应该是在重视教材的示范性的基础上，有计划、有步骤地引进社会生活这一股"清泉"，把语文教学搞活，奉献出符合时代发展的、适合学生情感认知的语文课堂教学，这是语文科学的性质决定的。学生成长于新时代，他们在求知的过程中始终保持着好奇心，他们很容易接受新生事物。因此，教师紧跟社会的发展，不断学习和更新自我的知识体系，把生活的清泉引进课堂教学，又是学生学习成

长的现实需要。

这节课堂教学，我指导学生以一个中国人的眼光去看待梭罗的"人与自然"的关系，教育学生，我们要"尊重自然，善待自然，热爱自然"。另外，我在教学中还引进了两则补充材料，一则是法新社 2018 年 3 月 17 日报道《地球最大湿地陷入危机 距离崩溃时日无多》，通过指导学生阅读材料找到"潘塔纳湿地"离崩溃时日无多的原因，使学生明白人类活动加剧导致环境破坏的道理。第二则材料是 2018 年 4 月 2 日《文汇报》第二版《东南极威尔克斯地冰川在加速消融》的报道，并通过 PPT 的展示，让学生感知到如果海平面上升 60 米后，平均海拔只有 4 米的上海将沉入太平洋的可怕结果，这样的后果怎能不使一个上海人为之震撼？这种体会是刻骨铭心的。这两则补充材料的使用，不仅加深了学生对教材的理解，更把"环保"意识深深植入学生的大脑之中，这样的教学无疑是成功的，发挥了语文"立德树人"的育人功能。

四、文化差异性比较，中西结合，为我所用

梭罗的《瓦尔登湖》体现了西方人眼中的自然观。在超验主义者看来，大自然是宇宙精神的体现，自然和神具有同等地位，因此，人类应像敬畏神一样敬畏自然。这与东方人的自然观是有差异的。这就给我们当代教育者提出一个问题，我们在教授外国文学作品时，是照搬原著所具有的文化内涵硬塞给学生，还是在差异的比较中，结合中国传统文化的内涵教会学生取舍？答案是显而易见的。

在教学的"讨论与写作"环节，我给学生介绍了中国古人对于"人与自然"的观点，如"域中有四大，而人居其一焉"（老子《道德经》），"天地与我并生，万物与我为一"（《庄子·齐物论》），"宇中万物生人之属，待君子而后治也"（《荀子·礼论》），"少无适俗韵，性本爱丘山"，"寓形宇内复几时，曷不委心任去留？胡为乎遑遑欲何之？"（陶渊明《归园田居》《归去来兮辞》）。再到当代"绿水青山，就是金山银山"的观点，总结出在中国人的世界观中，人是第一位的。这样的教学，考虑到学生是在中国传统文化熏陶之下成长起来的这个学情，有利于学生形成符合我们这个时代要求的正确的人生观、世界观和价值观。从后来的写作环节学生所表现出来的积极思维写作和踊跃发言及发言质量之高可以看出，这个设计环节的调整，收到了令人满意的效果。

教无止境，正如于漪老师在点评中所说，我这节课在培养学生思维能力方面还有待提高，在教学提问这个环节上还要多下功夫。

以上是《瓦尔登湖（节选）》这节公开课的教学体会，请同行们批评指正。

《中国书法的分量》课堂教学实录

一、教学设计

1. 案例背景

这一节课是上海市市北中学高二选修课《中国书法欣赏》中的一课。我校历来重视学生的人文教育，在课程设置、社团活动、环境布置等方面做了不少工作，把汉字教育纳入校本课程。就书法教育而言，之前，我们陆续给学生开设了《中国汉字及书法起源》《篆书及分书起源与发展》《楷书的起源发展繁荣》《行书的起源发展繁荣》《草书的起源发展繁荣》等课程，这一节课《中国书法的分量》是对前面课程的小结。2010 年 11 月 24 日，上海市市北中学语文组对全市开设公开教学活动，必修课和选修课各一节，学校就把我这一节课定为市级公开课。

2. 主题确立

本节课是在前面有一系列讲座的前提下开设的，如何确立主题？如果把主题确立为《中国书法的艺术性》，虽然与《中国书法欣赏》的总题一致，但题目较大，想在一节课内从"篆书、隶书、楷书、行书、草书"五种书体分别加以欣赏是不现实的，容易流于形式，蜻蜓点水，走马观花，起不到预期目的。如果把主题确立为《中国书法的笔画与结构》，这一节课很容易就变成了写字课，与高二学生的认知水平不符，也与《中国书法欣赏》的总题不符。

最后，我基于中国汉字的两大特征即实用性和艺术性的考虑，再加上中国人在欣赏书法作品时一般要考虑书家的人品这一特点，把这节课的教学目标定为：1. 中国书法的实用分量——字如其人。2. 中国书法的艺术分量——一字千金。3. 中国书法的独特分量——人品修养。第三个教学目标也把书法教育与育人很好地结合起来。

3. 思路设计

好的教学主题需要一套科学的教学过程，才能真正得以实现。在教学过程中而不可先把结论抛给学生，再让学生拿已有的结论去套例子。我在教学各个环节的设计中坚持以例子入手，引导学生总结出规律，这样才符合学生的由个别到一般、由特殊到普遍的认知规律。

课堂开始导入例子："41 个字，3.08 亿元，这是高古摹本王羲之草书《平安帖》在 11 月 20 日晚的嘉德秋拍宫廷专场中创下的成绩"。第一个教学目标"中国书法的实用分量——字如其人"由学生书写自己的名字引入。第二个教学目标"中国书法的艺术分量——一字千金"由于右任的字被盗引入。第三个教学目标"中国书法的独特分量——人品修养"由周树人和周作人的书法作品导入。

4. 教学辅助

为了更好地使学生对中国书法行书、草书有更为直观的体验，为了使教学过程更为流畅的进行，在教学过程中使用了 PPT，这样也使教学内容更为丰富。尤其在帮助学生由直观体验到理性感悟到一般总结的过程中，PPT 发挥了不可替代的作用。

二、教学过程

（一）导入新课

师：请各位同学先算一道简单的数学题。"41 个字，3.08 亿元，这是高古摹本王羲之草书《平安帖》在 11 月 20 日晚的嘉德秋拍宫廷专场中创下的成绩。此帖共 41 字，请大家算一算，此帖每一个字价值几何？"

生（吴飞豪）：750 多万。

师：这一价格创下了中国书法作品单字拍卖的最高价格。尤其是，这幅作品是否为王羲之的真迹，还存在争议。由此可见，如今的国人对中国古代名家书法作品的重视程度。

（二）中国书法的实用分量——字如其人

师：我们学生对中国书法的重视程度如何？下面我们就请诸臻、周仕麒、管陈凤、王孝明、林其颖、邬志罡同学上黑板写一些字，写自己最熟悉的名字。其他同学在纸上也写一写自己的名字。

请同学评价七位同学的名字写得如何。

生（唐祺）：林其颖的名字写得好。因为她的字写得工整，中国字是方块字，写得歪歪扭扭不好看。

生（华思怡）：诸臻的名字写得好。一看就知道是小姑娘的字，写得清秀。

生（胡姿惠）：邬志罡的字写得好。字的结构安排得好，有大有小。

……

师：通过以上评论，我们可以看出汉字从实用性的角度看，其最基本的功能是什么？

生（诸臻）：交际功能。

师：既然汉字的最基本的功能之一是交际功能，那么，这就要求我们平时在书写汉字的时候要注意工整、清晰，让人一看就明白你的意思。中国人对写字有一种说法，"字"是一个人的名片，字如其人。

（三）中国书法的艺术分量——一字千金

接下来，教师讲述于右任在国民党北伐时期写的一幅字"不可随处小便"被人揭走，改为"小处不可随便"而收藏的故事。

师：由此，可以看出中国书法的分量不仅体现在实用性上，要写得工整清晰，还体现在哪里？

生（众）：书写的美观漂亮上。

师：也就是讲究书写的艺术性。

师：下面请同学上黑板写能形容汉字书写的艺术性的四个字来。请唐祺、徐莉婷、诸臻、谭晶晶、奚玮洁、李仕德、朱剑豪、张唯莹几位同学上来写。

师：请这四位同学讲一讲你所写的词语是什么意思？

生（唐祺）："入木三分"有王羲之写字的典故。

生（诸臻）："行云流水"形容行草书写得一气呵成，前后呼应。

生（徐莉婷）："笔走游龙"形容草书的运笔。

生（谭晶晶）："峭劲秀丽、娴雅婉丽"是形容东晋魏夫人的字既有隶书又有楷书的风格。

……

师：这么多的词语都是形容书法的艺术魅力，可见中国人对书法艺术性的重视。从书写的角度看，我们汉字的书写讲究大小、长短、疏密等的辩证关系。

师：接下来，我们来欣赏几幅古代名家的书法作品。

王羲之《兰亭集序》（局部）：清朗俊逸。

颜真卿《勤礼碑》（局部）：苍劲浑厚，体态丰腴，真丈夫。

张旭《古诗四首》（局部）：行文跌宕起伏，动静交错，满纸如云烟缭绕，实乃草书巅峰之篇。

《天生重要是语文》：方仁工老校长的题字拙朴浑厚，陈军校长的落款飘逸灵动。

陈军校长的《红叶赋抒怀》：疏密有间，飘逸灵动。

学生小结中国书法的分量体现在哪些方面。教师小结中国书法的艺术分量：

1. 能充盈人的精神世界；2. 具有唯一性，是极具中国特色的文化遗产；3. 稀缺，不可再生；4. 可以传承，绵延不绝。

（四）中国书法的独特分量——人品修养

下面我们来看两幅字，请大家比较一下，如果给你一个收藏的机会，你会选择哪一幅？

学生比较后觉得难以取舍，风格接近。

师：如果我告诉你们左边一幅字是周树人的字，右边一幅是周作人的字，那么你会看中哪一幅？为什么呢？

生（众）：周树人的字。因为周作人是汉奸啊。

师：从大家的选择可以看出，我们中国人在欣赏书法时还特别注重什么因素？

生（众）：人品。

师：中国人有句话叫"厚德载物"，中国人在欣赏书法时明显地加进了对书家"德"的考虑。

……

师：从颜真卿的《乞米帖》看出其为官的清廉，这也是后人十分推崇其书法作品的原因之一。

师：我们现在认为书法"宋四家"是苏轼、黄庭坚、米芾、蔡襄，但在当初的"宋四家"中的"蔡"却是蔡京，后来人们为什么把"蔡京"换成了"蔡襄"呢？个中原因还是关乎"德"。大家都知道，蔡京是北宋时期一个有名的奸相。

师：最后请大家再来看一幅字，怎样评价？你会不会收藏它？

生：这幅字写得很清秀，灵动流畅。

师：如果我告诉你这幅字是大汉奸汪精卫的，你还会收藏吗？

……

师：当然书法欣赏不是绝对的。有种说法"环肥燕瘦"，各有所好。我们要辩证地看待书法，要因人而异，因时而异，不强求统一。

（五）课堂小结

（略）

（六）布置作业

1. 从实用性的角度，揣摩颜真卿的《多宝塔碑》或《勤礼碑》或《麻姑仙坛记》或《东方朔画像赞》或《颜家庙碑》，并加以临习。

2.选择一幅你最喜爱的名家行草字帖加以点评，150 字左右。

三、教学反思

这节市级公开课引起了听课专家和老师的热议，正面的肯定是对我的鼓励，提出的宝贵意见更是对我的帮助。

我结合自己的教学体会，觉得这节课值得肯定的地方有：

1.以"中国书法的分量"为主题很恰当。这节课是在前面有关"中国书法的起源发展与繁荣"的五个讲座十个课时的书法欣赏课的基础上产生的，是从一个全新的角度对前面的讲座的总结，延续了"中国书法欣赏"这一主题。整节课也是紧紧围绕这一主题展开。

2.教学设计科学。教学的各个环节都是从例子引入，循循善诱，慢慢引导学生由个别到一般地认识事物，总结事物，发现规律。这样的设计符合学生的认知规律。

3.教学活动中既有学生的写字过程，亦有欣赏名家书法作品的过程，这样有体验有感知，务实与务虚相结合，相得益彰。写字活动与当前中小学教育中不重视写字的做法形成强烈的反差，给人启发。

4.课堂导入设计既切中主题又具新颖性。王羲之的《平安帖》在嘉德秋拍上拍出高价一事就发生在 2010 年 11 月 20 日，而我们这节课的上课时间是 2010 年 11 月 24 日。这样的例子就发生在当今，发生在我们的现实生活中，因而很具说服力。

这节课亦有不足之处：

1."汉字"与"书法"的概念未能讲清楚,这两个概念在这节中有混为一谈的感觉。

2.在完成第一个教学目标的过程中用时稍长，而后面对著名书家作品的欣赏时间不够，如作调整，则显得更为紧凑而科学。

3.在第二个教学目标"中国书法的艺术分量——一字千金"进行中，教师在点评中只提及"大小、长短、疏密"等问题，未能抓住"峭""丽""娴""行"等字书写过程中的"向背""欹正"等问题，显得仓促，这是一个遗憾。

上海闵行中学　竺海燕

作者介绍

竺海燕，女，硕士学历，中学语文一级教师。2005年毕业于华东师范大学汉语言文字学专业，任教于上海市闵行中学至今。从事教育工作以来，多次荣获闵行区行政记功，区青年教师教学能手、校先进个人称号。所带班级先后获闵行区、上海市先进集体。所研究的课题《沪教版高中文言300实词教学内容的确定》获闵行区第二届教学小课题二等奖，《高中生议论思维品质培养的实践研究》获评优秀课题。向往润物无声的教育教学境界，期待每一堂语文课都是与学生共同经历的一次探索、发现之旅。在教学实践中，注意积累生活中的点滴并将其转化为课堂教学资源，努力使之成为唤醒学生情感体验、激活学生思维碰撞、帮助学生获得充盈快乐的源头活水。擅长以生动幽默的语言营造轻松融洽的课堂氛围，在师生平等友好的交流过程中相互启迪，共同成长。

如何避免古典小说教学中的"标签化"阅读倾向

中国古典小说历经千年的漫长发展，在文学史上占据着极其重要的地位。一部部经典作品不仅具有丰富深刻的思想内容，还具有广泛独特的艺术魅力，更承载着中华民族深厚的历史文化。然而，古典小说在中学语文教学中处于相对尴尬的境地：既不受学生青睐，也不被教师看重。究其原因，一是古典小说即使是已接近白话的明清小说，在"语言"上多少与学生仍有一定的"隔膜"。文字的障碍加上文化知识储备的不足使得这些作品读起来远不如现当代小说来得轻松。二是这些经历了一代代读者筛选而留存至今并入选教材的作品，既被奉为"经典"就会让人心生敬畏，总想着要读出些"微言大义"，无形中加重了阅读者的心理负担。三是入选中学语文教材的古典小说篇目多为"节选"，古典小说情节安排上多前后勾连，人物关系错综复杂，如若没有对作品的整体把握便很难探幽发微，领略其独特艺术魅力。四是古典小说作品大多已被改编成电影、电视剧、游戏、动漫等喜闻乐见的形式。一些先入为主的印象使得我们不愿意再沉浸到原著中，探寻其本来面目。最重要的原因在于：传统的小说教学模式使学生习惯于对作品进行"标签化"阅读，谈情节结构必是环环相扣、跌宕起伏，说人物性格必是善恶分明、正邪对立，评主题思想必是揭露批判、讴歌赞美……这使得本该丰富、有趣的阅读变得单调乏味。

在传统的小说阅读教学中，我们通常会从情节结构、人物性格、环境描写、主题思想等方面入手对其进行分析鉴赏。这样的教学内容"是从概念和术语出发的，是从小说的外部强加进去的，很难使学生凭借这些内容深入到小说的细部进行鉴赏，难于引导学生在细部与细部之间推求小说内在的关联，难于真正让学生品味到小说的艺术魅力。"[1]经典文本是一个异彩纷呈的世界，语文课堂就是要让学生沉浸于"从生动的直观上升到抽象的理性思维"的阅读过程。而在实际教学中，我们急于追求结论而忽略了过程，脱离文本，架空分析，"用一个个词语给鲜活生动的文字贴上标签，结果使文章阅读流于肤浅、失去个性、缺乏情感。"[2]

钱理群曾说："语文教学也应该鼓励学生对课文作出不同的新解。而我们却常常习惯于将学生的思维硬纳入某一凝固化的定论中，并要求其死记硬背，这其实是窒息了学生的创造性思维，与文学作品的本性、语文教学的根本目的无异于南辕北辙。"[3]更值得我们警醒的是，当这种功利化阅读模式促成标签化思维的形成，我们又如何教会学生冷静、客观、理性地分析问题？这样的教学手段与我们所追求的诚直守正，求真务实的育人目标是背道而驰的。

因此，当务之急在于改变传统教学模式，停止浅表化、机械化的"标签式"解读，将阅读的过程、思考的空间、课堂的主动权真正还给学生，避免教学中的"标签化"阅读。为此，我在古典小说阅读教学中做了一些尝试，现以《群英会蒋干中计》教学为例将零星体会梳理如下，以期方家指正。

首先，应着眼于细节，找到合适的教学切入角度。金圣叹云："古人著书，每每若干年布想，若干年储材，又复若干年经营点窜，然后得脱于稿，哀然成为一书也。今人不会看书，往往将书容易混账过去。于是古人书中所有得意处，不得意处……无数方法，无数筋节，悉付之于茫然不知，而仅仅粗记前后事迹，是否成败。"[4] 有效的阅读教学就是要引导学生关注这些得意处、筋节处而不让其"混账过去"。古典小说尤其是经典作品如同一座丰厚的宝藏，因为有着太多有待开掘的"珍宝"而让人眼花缭乱，不知所措。与其面面俱到、大而化之不如择其细处、见微知著。明清之际优秀的小说评点家往往能在小说的关键处给读者以点拨，功力之深厚让人叹服，这对我们教学者来说恰是它山之石。

在《群英会蒋干中计》的教学中，我将周瑜设计诱骗蒋干上当的重要道具——"信"作为突破口。首先问学生这封信是真是假？当学生异口同声地说此信是假时，我请大家一起朗读此信并字斟句酌地辨明其"真伪"。信中说"某等降曹，非图仕禄，迫于势耳。"蔡瑁、张允原为荆州刘表部下，新近降曹，说是为形势所迫乃人之常情。"今已赚北军于寨中"显然是编造之言，但前文周瑜偷窥得水寨情形确是荆州水军在外，青徐北军在内，这一点蒋干、曹操心知肚明。"但得其便，即将操贼之首献于麾下"诚意虽还未兑现，但足以使蒋干意识到事态的严重，同时也使后文曹操因被激怒而中计的情节顺理成章。信末"早晚人到，便有关报"的伏笔在当晚就得到了蒋干的亲耳"验证"。一封假信，却假得合情入理。设计周到备至，极富迷惑性，不由得蒋干不信，充分展现了布局者周瑜"精细人"的性格特点。

这个导入设计因为抓住了矛盾点，所以一下子激发了学生的兴趣，而且由这封信勾连出情节设置上的多处铺垫伏笔、前后照应，让学生初步感受到了小说情节环环相扣的特点。一个合适的教学切入点，既要能够充分调动学生的积极性，又要能串联起整堂课的教学内容，这样才能够"牵一发而动全身"，进而引领学生再次回到文本去探寻、质疑。

其次，可在比较甄别中感受经典小说的细节魅力。有比较才有鉴赏，评价文学作品的不是对错，而是高下。经典之所以成为经典是作者苦心经营的结果，虽不至于一字不得改易，但的确有许多值得涵咏咀嚼之处。现代教学论研究指出："从本质上讲，感知不是学习产生的根本原因，产生学习的原因是问题。没有问题也就难以诱发和激起求知欲，没有问题，感觉不到问题的存在，学生也就不会去深入思考，那么学习也就只能是表层和形式的。"[5] 比较阅读就是提供一个感性参照，于无疑中设置疑问，引导学生披情入理地沉潜到文本内部，对照课文进行赏读品鉴。

在细读信件之后，我请大家一起观看了传统京剧《群英会》中"蒋干盗书"片段。京剧对于这封信作出了不同于原著的处理。原著中这封密信被放置在一堆文书之中，落款为"蔡瑁、张允谨封"。而在京剧中信被放置在一叠兵书之中，信封上写有"周都督开拆"。明确异同之后，我组织学生分组讨论两者在细节处理上的优劣。小说与京剧同为经典，正因为没有"权威"与"定论"，所以学生的讨论针锋相对。认同改编合理者认为：既然是密信自然不会署上写信人姓名，将军事机密放置在文书堆中也不符合周瑜心思缜密的性格。欣赏原著者认为原著的细节安排更符合蒋干此时焦灼不安、急于求成的心理。而周瑜此刻更是不怕蒋干偷看，只怕蒋干不看，所以故意留下"破绽"引蒋干中计。为此，周瑜在事后还通过梦话、低唤、忽觉、密报等手段千方百计弥补破绽，使蒋干对信中内容深信不疑。在讨论交流的过程中"双方"一次次回到文本中找寻支撑自己观点的细节。在比较鉴赏的过程中，学生对人物形象的把握不再停留在"标签式"的结论，而是能够还原成文本中有血有肉的鲜明形象。

避免小说阅读"标签化"倾向的重要前提是：尊重个性化阅读体验，允许对作品进行多元解读。鲁迅先生在谈到《红楼梦》时也曾说："单是命意，就因读者的眼光而有种种：经学家看见《易》，道学家看见淫，才子看见缠绵，革命家看见排满，流言家看见宫闱秘事……"[6] 每个人的性格特征、生活阅历、文化背景、阅读期待、审美心理都不同，对同一部作品的理解也会有所差异。学生在阅读过程中，不应该消极地接受、索取意义，而应该积极主动地发现、建构意义，甚至创造意义。[7] 古典小说的经典地位使得我们几乎是全然跪倒来读，我们自动放弃了阅读者的主体地位而被动地等待着专家、权威的结论。如果能在课堂教学中鼓励学生大胆地表达个性化的阅读体验，才会有更多意想不到的课堂生成资源。

在这堂课的比较鉴赏环节中，有学生提及周瑜的计划并非天衣无缝，这是我在课前未曾想到的。于是在教案修改稿中，我将其设计为探究质疑环节：周瑜的计策有哪些破绽？蒋干为何还会中计？学生一下子来劲了，纷纷表示周瑜如此精明，不可能将关系到赤壁之战甚至整个东吴命运的"绝密文件"随便地放在桌上，让别人轻而易举地拿到。信封上写"蔡瑁、张允谨封"更是此地无银三百两；周瑜初见蒋干，就怀疑他来做说客，可见东吴方面应该有所防备。作为敌方的蒋干在五更天的时候偷偷溜走，居然无人阻拦、无人盘查，蒋干冷静想想便能发现其中的蹊跷。至于蒋干为何中计，大家则见仁见智。有的学生认为因为当初他盲目自信，在曹操面前夸下海口，现如今无功而返，急于求成。属于利令智昏，实在愚蠢可笑。有的学生认为是曹操生性多疑、脾气暴躁，蒋干并非没有看出其中破绽，只是急于抓住这根救命稻草，以保证自己平安回到曹营。虽然在大家讨论的过程中，我已形成了自己的立场但我并未就此明确表态。我仅以毛宗岗《读三国志法》中的话作为本堂课的结束："观才与不才敌，不奇；观才与才敌，则奇。"一部三国便是智与谋的较量，《三国》的魅力便在于此。对于经典作品的个性、多元的解读，开放、包容的姿态才是明智的回应。

古典小说作为中学生接受传统文化熏陶、提升文学艺术鉴赏水平的重要文学体裁，在中学语文阅读教学中发挥着重要作用。用标签化的语言概括分析的结果，以权威结论代替个性化的阅读体验将会严重阻碍教学效果的达成。文学作品的阅读不是单纯地获取信息，而是阅读主体和阅读对象交流过程中所发现的原本所不一定具有的新信息，以及对文本阅读、审视乃至批判的过程中所产生的思想和认识。[8]古典小说的阅读教学应在尊重学生主体阅读地位的前提下，找准教学切入角度，精选比较品鉴点，鼓励学生个性化、多元化的解读。唯有此，才能培育出拥有批判、创造思维意识，具有独立自由精神之个体，实现语文教学"立人"的终极目标。

参考文献

[1] 陈隆升 . 推求"小说细部关联"重组"鉴赏教学内容"——以《林教头风雪山神庙》的鉴赏教学为例 . 王荣生等著《语文教学内容重构》[M]. 上海：上海教育出版社，2007：187.

[2] 王莉 . 浅议中学语文阅读教学中的"标签化"现象 [J]. 读写算（教育教学研究），2010（20）.

[3] 钱理群 . 名著重读 [M]. 上海：上海教育出版社，2006.

[4] 曹方人，周锡山标点 .《金圣叹全集·贯华堂第五才子书（上）》[M]. 江苏：江苏古籍出版社，1985：167.

[5] 走进新课程——与课程实施者对话 [M]. 北京：北师大出版社 .2002.06.

[6] 鲁迅 . 鲁迅全集第 7 卷 [M]. 北京：人民文学出版社，1963：419.

[7] 江国军 . 谈如何避免教学中人物形象分析的程式化现象 [J]. 语文教学之友 ,2017：36(12).

[8] 黄厚江 . 双向阅读——创造性阅读的有效形式 [J]. 中学语文教学参考 .2002.

《石钟山记》课堂实录

一、导入

王安石在《游褒禅山记》中说："古人之观于天地、山川、草木、虫鱼、鸟兽，往往有得，以其求思之深而无不在也。"王安石就是通过游览褒禅山而收获了"尽志无悔"以及"深思慎取"的道理。

今天我们将要学习的《石钟山记》同样是一篇宋人的山水游记，苏轼通过游览石钟山又有什么收获呢？

二、内容梳理

思考：苏轼此行的收获是什么？

明确：（1）发现了石钟山得名的"真正"原因。（2）懂得了"事不目见耳闻不可臆断其有无"的道理。

三、品读感悟

1.思考：李渤的结论是怎么得来的？为什么同样是实地考察，同样是目见耳闻，结论却是如此大相径庭？

2.这一部分详细记录了苏轼夜察石钟山的全过程，其中运用到了环境、动作、语言、神态、心理等描写。苏轼想通过这些描写告诉我们什么？

师：四个同学为一组，分组讨论。第一组重点关注环境描写，第二组重点看动作描写，以此类推。

（学生讨论，教师巡视）

师：我们先来品味环境描写，第一组同学。

生1：当时环境是阴森恐怖的。

师：你从哪里看出环境的阴森恐怖？

生1："大石侧立千尺，如猛兽奇鬼，森然欲搏人"。

师："搏"字怎么理解？

生1：可能是向人扑来，要抓人的意思吧。

师：所以有点恐怖！请你再注意文中的"侧"字。在学案中出现了两种解释，一是"在旁边"，名词作状语。另一种是"倾斜地"。结合语境你觉得哪个更好？

生1：倾斜地。

师：为什么？

生1：月夜绝壁之下，大石倾斜地矗立，身临其境会有一种压迫感，更能突出环境的阴森恐怖。

师：非常好！还可以从哪些地方读出环境的阴森恐怖。

生2："山上栖鹘，闻人声亦惊起，磔磔云霄间"。

师：如果说之前描写的是视觉感受，这里是什么？

生2：听觉感受。

师：除了这个声音，还有什么声响？

生2：鹳鹤发出的若老人咳且笑于山谷中的声音，也有点让人毛骨悚然。

师：苏轼为什么将环境渲染得如此阴森恐怖？

生3：为了突出他当时的心境。

师：表现当时心理，有没有其他意见？

生4：为了表现环境的神秘，说明到这儿的人很少。

师：苏轼去这样一个人迹罕至的地方，说明什么问题？

生4：也许是想告诉我们他此行是充满艰险的。

师：没错！其实，岂止此次考察，可以说所有探寻真知的过程都是充满艰险曲折的，是不是这样？

教师板书：阴森恐怖——艰险曲折

师：下面我们来看动作描写，第二组同学。

生1：我们找到的是"徐而察之"。

师："察"字你怎么理解的？换作"徐而观之"可不可以？

生2：不太好，察有仔细看的意思。

师：说明整个考察过程中苏轼是如何表现的？

生2：很细致。

师：并非敷衍了事。"徐"字又是什么意思？

生3：慢慢地。

师：这个"慢慢地"是在什么情况下的表现？

生3："余方心动欲还"以及"舟人大恐"。

师：当苏轼"徐而察之"时，你还看得出他内心的惊恐害怕吗？

生3：没有。这个时候他对"真相"的好奇已经战胜了内心的恐惧。

师：面对如此阴森恐怖的环境，苏轼仍"徐而察之"说明什么？

生3：非常勇敢，无所畏惧。

教师板书：徐而察之——细致勇敢

师：关于动作描写，谁还要补充。

学生沉默。

师：我想请大家注意一个字，"舟回至两山间"的"回"，怎么理解？

生：返回。

师：解释为"返回"吗？

学生不语。

师：在昨天交上来的学案中，有一位同学的答案是与众不同的。她将这个"回"字解释为"绕"。我想请她说说理由。

该生起立，表示当时没多想，凭直觉。

师：如果说单凭"直觉"，那岂不是犯了苏轼所说的主观"臆断"的错误了？"回至两山"中的两山指的是上钟山和下钟山，苏轼此次游览的是哪座山？

生齐答：下钟山。

师：大家从哪里得知的？

生齐答：注释①。

师：很仔细！前文苏轼有没有说曾经过两山之间？

生齐答：没有。

师：既然没有又谈何返回？如果说不是"返回"，只要说"舟至两山间"即可，"回"字就多余了。即便这里有返回义，古汉语中这个意思通常用"返"或者"还"字来表示，前文就说到"余方心动欲还"。因为这个疑问，我特意查阅了东汉许慎编纂的《说文解字》，其中对"回"字是这样解释的，"回：转也。"小篆字形像水流曲折环绕的样子。所以"回"字的本义是曲折、环绕。如果将"回"字理解为"曲折地绕到"，你能读出什么？

生4：苏轼调查的深入。

师：如果苏轼在探明噌吰之声的成因之后便打道回府了，结果会怎样？

生4：他就听不到窾坎镗鞳之声。

师：由此，可以说在探寻真知的过程中切不可怎样？……浅尝辄止！

教师板书：回至两山——深入探究

师：我们再来看语言、神态描写，第三组同学。

生1：在考察到石钟山命名的真相后，苏轼笑着对儿子苏迈说："噌吰者，周景王之无射也，窾坎镗鞳者，魏庄子之歌钟也。"

师：你从中读出了什么？

生1：我读出了苏轼对石钟山的喜爱。

生2：我觉得苏轼很高兴。

生3：我觉得从这句话中可以看出苏轼发现真相后的欣喜。

师：欣喜？程度不够吧！

生3：兴奋。

师：还不够！在学案中有同学对这句话提出过疑问："苏轼为什么要用这两个典故，他和石钟山的命名有什么必然联系吗？"无射和歌钟是古代帝王用的、十分有名的编钟，声音美妙动听，石钟山发出的声响真的就能够与之相媲美？

生4：应该比不上吧！

师：那说明什么？

生4：说明苏轼这个时候非常高兴，甚至有些洋洋自得起来了。

师：不错！

教师板书：笑谓迈曰——欣喜自得

师：我们再来看心理描写。在整个考察过程中，苏轼的心理经历了怎样一个变化？当他置身于月夜绝壁下阴森恐怖的环境中时，是什么心理状态？

生：害怕。

师：文中哪个词？

生：心惊。

师：大声发于水上时呢？

生：从容镇定。

师：嗯！这时候，好奇克服了恐惧。发现真相后呢？

生：欣喜自得。

教师板书：心动（心惊）——从容——欣喜

师：请大家再次集体朗读此段文字，读出苏轼内心的情绪变化。

学生齐读课文。

师：这就是苏轼考察石钟山的全过程。从中我们可以看出探寻真知的过程是充满艰险和曲折的，不仅需要我们有不畏艰险的勇气，同时还需要细致、深入的调查研究，切不可浅尝辄止，唯其如此才能收获成功的喜悦。而这一点李渤做到了吗？

生：没有。

师：李渤是怎么做的？

生：乃以斧斤考击而求之。

师：这里最能体现作者态度的一个字就是"乃"，许多同学在学案中把它解释为"于是"，准确吗？

生：应该是"竟然"。

师：对了。李渤竟然想用如此简单的方法考察石钟山得名的真相，解决疑惑。

师：除了李渤，还有谁没做到这一点？

生：郦道元。

生：渔工水师。

师：是谁"终不肯以小舟夜泊绝壁之下"？

生：士大夫。

师：与其说他们"不肯"，不如说他们怎么样？

生：不敢。

师：他们怕什么？或许是奇鬼猛兽般的山石，或许是山上栖鹘的磔磔怪叫，实质是怕考察实践过程中的艰辛和曲折。单凭这一点，苏轼有没有资格嘲笑李渤这一类的文人士大夫？

生：有。

师：这里，我要提到一个同学——李玮涛。他在学案中提出了非常好的一个问题"此文是否有所讽喻？"这个问题我不能回答，但我可以给大家一个线索。注释①中有一句话，这篇文章写于"苏轼自黄州团练副使调任汝州时"，希望大家能够顺藤摸瓜，探明究竟，获得探索发现的乐趣。下课！

上海北桥中学　缪黎明

作者介绍

　　缪黎明，男，1970年9月出生，工作前中师学历，工作后本科学历，1990年7月参加教育工作，中共党员，中学高级教师，区级语文骨干教师。他擅长将语文教学与乡土资源相融合，构建"大语文"学习机制，将语文学习引向丰富的社会生活。他突破语文课本与课堂教学的范畴，把视线扩展到学校、家庭、社会等更广阔的天地。他开设的区级展示课《引领我们观察大千世界》、论文《利用上海近郊乡土传统文化资源，开展语文综合实践活动》等加强了语文学科与其他学科的纵横联系，开启了跨学科融通教学的实践。他积极探索语文学科渗透国学经典教育的途径，长期以来，结合语文学科的内容和特点，努力挖掘教材中的国学优质资源，设计教学各个渗透环节。他还通过课堂学习、讲座、知识竞赛、演讲、征文辅导等形式，层层推进，逐步加强，摸索出了开展民族教育的模式。他主编的校本教材《初中课外现代文阅读》《〈论语〉选读》均被评为优秀教材。历年来，有四十多篇教育教学论文案例或获奖或发表于专业杂志。

拓展初中课外古诗文学习的实践研究

一、研究背景

《上海市学生民族精神教育指导纲要》和《上海市中小学生生命教育指导纲要》明确指出：将民族精神的弘扬与培育纳入上海市国民教育的全过程，以帮助学生树立党的观念、国家观念、人民观念和社会主义观念为目标，挖掘民族精神的丰富内容，使广大学生的民族自尊心、自信心、自豪感得到显著增强，使学生的思想道德素质得到显著提高，使全体学生的身心和谐发展，为学生的终生幸福奠定基础。

作为传承和发展民族文化的一个重要教育阵地，语文教学应责无旁贷地担此重任。在源远流长的历史长河中，语言文字反映了社会历史的变迁，积淀了社会文明的精华，闪烁着民族文化的光辉。古诗文，对于我们的民族文化、民族素质、民族精神的形成有着不可低估的巨大作用。每一个龙的传人，都是在中华优秀传统文化的熏陶下成长起来的，我们理所当然地应当加以珍惜，有所继承，有所创新，有所发展，使它在新的时代发挥应有的作用，再次放射出夺目的光彩。

二、研究概况

（一）研究目标

1. 以"德育渗透、文化熏陶"为指导，展开古诗文阅读活动，培育学生的民族精神，提高学生文化底蕴，进一步深化中华文化教育。

2. 让学生通过古诗文诵读拓展知识，丰富语言，发展思维，引导想象，受到中华文化的熏陶和感染。

3. 开发古诗文校本教材，让传统美德教育融入教材，融入课堂，使学生在优秀传统文化诵读活动中传承中华美德，培育民族精神。

（二）研究内容

1. 开展系列的古诗文阅读活动。

2. 编写古诗文拓展教学纲要，以"山水篇""情谊篇""励志篇""爱国篇"和"古诗文过关训练"五个部分为蓝本，由易到难，由浅入深，层层推进。

3. 结合中华节庆活动，融合课程资源，形成相辅相成的研发机制，加强师生文化底蕴的积淀，追求学生身体、智慧、情感、态度、价值观和社会适应的和谐发展。

三、研究过程

（一）问卷调研

通过抽样调查，了解学生课外古诗文的学习兴趣，分析其语言表达能力、理解能力等情况，为拓展课外古诗文的学习奠定基础。问卷调查结果显示：六、七年级98%的学生会背诵默写 H 版教材上的古诗文，且有85%以上的学生要求老师再增加类似的课外诗文；六（4）班（2019 年 4 月为止）完成古诗文背诵100%，喜欢背诵、购买《唐诗三百首》《宋词一百首》《中国历代诗赋选》等书籍的有 5 人，占全班总人数的 12.8%，已经会背 20 首古诗以上的人有 50%，只会背诵而不理解意思的或表达不清楚的占 10.5%。调查结果还显示：学生特别喜欢那些朗朗上口、言简意赅、意趣盎然、浅显易懂的诗文；学生愿意让老师在课外补充更多的诗歌；学生乐于了解与古诗背景有关联的故事。这些为我们的研究工作打下了一定的基础。

（二）编写讲义

开展校本课程的开发和研究，收集编写适合不同年龄段学生的校本讲义。课题组成员明确分工，把教材分为若干主题，分头编写。在教师和学生中设计问卷，了解他们的需求，使讲义的选编定位准确。定期展开课题组研讨活动，交流反馈研究过程中的收获与经验、困惑与不足，听取在教学活动中教师们的宝贵意见，及时调整思路与策略。务求讲义思想内容健康、积极向上，释义客观正确。教师们常常会为一个字的解释翻阅大量的参考，一起切磋，有时甚至会争论得面红耳赤。通过研讨，既提升了自身的知识素养，也培养了科学的处世态度，和人文精神。

（三）开展诵读活动

1. 诗文激情，形成诵读氛围。晨读、课前两分钟的诗句接龙，学生们的诵读是争先恐后，此起彼伏，抑扬顿挫。午会、校班会上的古诗擂台赛既让人精神紧绷，又热闹非凡。各年级组的赛诗会开展得如火如荼。自编自演诗文短剧，七（1）班的《游子吟》排演的学生非常投入。六（5）班《游子吟》的诗文演唱仿佛让孩子们看到了慈母满怀深情与爱的身影。

2. 德育渗透，活动贯穿其中。一是十分钟午会围绕"明礼诚信，整洁礼让"主题活动，开展"喜吟中华名篇，笑看少年风采"主题会，各班形式多样："连诗成篇大比拼""古诗表演、吟诵""诗人介绍大擂台""吟诗作对""古诗'变'故事""我是古诗文小能手"……形式多样，或群情激昂，或诙谐幽默，或娓娓道来。二是开展《我最喜欢的古诗文》《给古诗文名家的一封信》征文活动，同学们尽情地抒发自己对古诗文和名家的喜爱之情，有遐想，有对白，有自己的见解，也有自己的向往和疑问……六（4）班的马君苓在《给王维的一封信》中写道："你的诗中所包含的神韵，所投入的情感，所描绘的景物，都体现出一个字'美'。你善于写山水田园诗，还被誉为'诗中有画，画中有诗'的代表……我觉得你还应该潜心书法，这样就能成为一个全能的诗人。最好还能发明一套'王氏字体'，像诗一样有名，流芳百世。"三是精心制作"诗文卡"，人手一册，分别以"友情篇""闲情篇""乡情篇""亲情篇"四部分组成。学生精心挑选自己喜爱的诗篇进行摘抄，再配以红、黄、绿、蓝四种彩纸，精彩纷呈。四是定期颁发"古诗章"，开展班级之间竞赛，不仅激发他们学习古诗文的兴趣，也更增强了集体荣誉感。五是每月举行一次古诗文考级活动。团队制定详细的古诗文考级方案，考试完毕进行情况汇总，再以喜报的形式张榜公布，大大激发了学生热情和兴趣。

3.贯穿于语文教学之中。每周除设置一节语阅课外，还设置一节古诗文拓展课，让学生有更多的时间进行学习。（2）各年级组定期进行古诗文教学研讨，探讨教学新思路。课题组成员及时了解教学中的问题，共同商讨，及时解决，共同成长。

4.与艺术教学相结合。音乐教师把《元日》《春夜喜雨》《锄禾》等配乐进行演唱，并进行编舞。学生们尽情享受着艺术的熏陶。连续三年，学校举行的元旦迎新文艺活动，都是以古诗文吟诵为主题进行展示。

四、研究成效

（一）丰富了校本课程。中学生背诵古诗文，接受了民族文化的熏陶，了解了汉语发展，也促进了师生自身的发展。三年来，我们围绕办学目标，把教育的终级目标定格在学生的终身发展和终身幸福上，努力营造真善美的校园氛围。经过几年广泛的经典古诗文活动，不断构建"乐思"综合文科校本课程，让传统美德和古诗文教育融入教材、融入课堂，使学生在优秀传统文化诵读活动中传承中华美德，培养民族精神。综合文科辑录二百六十首古诗文，有唐诗、宋词，也有散文名篇，还有富有哲理的名言佳句，作为学生的选修课。

（二）滋养了校园文化。读书节里读"少小须勤学，文章可立身""半亩方塘一鉴开，天光云影共徘徊""三更灯火五更鸡，正是男儿读书时。黑发不知勤学早，白首方悔读书迟"激起了学生读书的渴望；科技节里，"桥梁专家茅以升，航天之父钱学森""神五神六上太空，科学技术力量大"……每天一句，潜移默化，带给学生的是更多的信息，无尽的思索与遐想。课内课外结合，拓展古诗学习。指导学生学习归类，学完课内有关"送别"的古诗文，学生收集相关的课外古诗文，找出相同点与不同点，经过对课内外古诗文的理解与比较，最后得出送别方式有所不同：以歌相送、以话相送、以酒相送、以目相送。通过精读一首，领悟了表达方式，迁移转化，内化一组古诗文；古诗考级，规范行规，陶冶情操。每生人手一册，分"古诗章"与"辞赋章"，每级为 30 篇，依此类推。每月考级一次，全校语文老师为考官。每到考级时，大厅外是学生等候考级的长龙，映入眼帘的是一张张激动、兴奋的脸。此时，中华古诗文已悄悄地植根于他们的心田。

（三）见证了师生共成长。跟踪我所任教班级，已有三人的学生考到了六级，一人已考到七级。有 86% 的学生已积累了从《诗经》开始的名句一两百句。与学生的交流与教学实践中，我们对学生喜欢的诗歌、名句进行筛选，保留与查找相关的内容，编入教材。而在月亮街的电视直播节目中，也由一人主讲调整为多人讲，最后由语文老师轮流讲，让学生获得不同的体验、不同的感悟，通过交流，也优化了诗歌选编的内容。结合学校开展的各项活动，课题组成员坚持每月一次的交流与反馈，根据学生的年龄、心理特点、接受能力，分别以"山水篇""情谊篇""励志篇""爱国篇"和"古诗文过关训练"为主题整理出了校本讲义。每篇诗文配以插图、字词注释、句子大意、文本欣赏和拓展练习五个部分。在编写的过程中，在学识能力或精神内涵等方面，每位教师都得以提升与升华。

《哦！冬夜的灯光》课堂教学实录

教学片断一：

师：作品中哪一句话最能体现它的主旨？

生：第一段"我们生活的地方是辽阔无垠，这里有的是温暖、友谊和乐观。"这句话作者是通过作品中的医生之口讲出来的，他因为有着亲身经历才有感而发。

师：说得真好。那么，医生到底经历了怎样的艰险才有了如此深刻的体验呢？

生：在出诊的过程中，沿途的农家都开着灯为医生照亮前行的路。这是充满温暖之举，善良之举。

生：求医的人家让我在他家过一晚。这是充满温暖的善良之举。

生：从作品的第五、六段可以看出当地的农民非常善良、注重友谊。你看，文中求医的人跟"我"说了"我会打电话给沿途农家叫他们开亮电灯，你看着灯光开车到我这里来"，结果，沿途的农家就给医生开亮电灯照亮前行的路。由此可知，他们平常遇到类似情况也是这样做的。

师：好一个由此可知！在欣赏文学作品时，必要的联想、推论是非常必要的。那么，奥克斯人的"乐观"体现在何处呢？

（学生一时找不到体现乐观的语句，教师让学生阅读文中环境描写的语句并以小组形式讨论。）

生：我们没有找到直接表现当地人乐观品质的语句，但是求医农家用沿途灯光来给医生引路的这一独特方式本身就洋溢着乐观的情怀。他相信沿途的农家会亮灯，相信医生会找到他们家，这些似乎是他乐观的体现。

生：我来补充一点。"会把开着车头灯的卡车放在大门口，那样你就找得到了。"句子中的"就"是他乐观的具体体现。他认为即使是黑夜，寒冷的冬夜，依靠这一方法，依靠大家的帮助，医生就能找得到他家。

师：分析得有道理。这两位同学从人物的语言中找到了蛛丝马迹，那么作品中的环境描写是否衬托了人物的乐观？

（学生受此启发，再次沉浸到文本中，思考，小组窃窃私语。）

生（声音响亮地）：我在第一段找到了。作者特意交代奥克斯小镇荒凉、十分偏僻、天气很冷的环境，在这样的环境中生存、生活，缺少乐观的情怀是不可想象的。

生：就整篇文章而言，这个冬夜却并不让人感到可怕，最后一段中医生由恐惧、忧虑到心怀温暖，就是因为沿途的灯光给了他战胜恶劣天气的勇气，此时的他一定有乐观的想法存在，不然的话，他怎么敢摸黑赶路——"这灯光实在照不了多远"，唯有勇气和胆量相随，唯有善良和乐观的心灵之光照耀，才能战胜困难！（掌声！）

（生个读，声情并茂。）

师：再次感谢 XX 同学！最后的诗歌是否与乐观有关呢？

生：我认为有关。在如此危险的茫茫冬夜，医生居然有心想到如此美丽的诗句，这非乐观之人不能为。

师：如此看来，作品中的乐观并非无本之木、无源之水。当地民众与生俱来的乐观体现在他们的言谈之中，并且可喜的是，这种优秀的品质也传递给了抛弃舒适生活而苦苦寻觅理想王国的医生一家。从同学们的交谈当中，我也欣喜地感受到你们也接收到了作家莫里斯·吉布森传递的信息——温暖、友情和乐观！

教学片断二：

师：同学们回顾一下，我们初中阶段学过哪些外国作家的作品呀，它们给你留下最深印象是什么？

生1：俄国作家契诃夫的《凡卡》，文中主人公凡卡很可怜，在圣诞节前夜他写信向爷爷诉苦，很可惜他的爷爷却收不到这封信，他还得继续受苦。

生2：法国作家凡尔纳的《海底奇光》，它给我们呈现了奇异的海底世界，让人心驰神往！

生3：美国作家海伦·凯勒的《假如给我三天光明》，海伦的积极乐观、不屈服于命运的安排、不向困难低头的精神品质令人肃然起敬！

生4：法国作家维克多·雨果的《诺曼底号遇难记》，主人公哈尔威船长临危不惧、忠于职守、舍己救人的英雄形象深深印入了我的脑海。

生5：我们还学过《希腊神话故事两则》，我们接触到了普罗米修斯、阿喀琉斯这两位大英雄。

生6：英国作家笛福的《鲁滨孙漂流记》，鲁滨孙是顽强不息、求实苦干的冒险家。

生7：英国作家斯威夫特的《小人国被俘》，它节选自《格列佛游记》，作者的想象力很丰富！

生8：美国作家马克·吐温《了不起的粉刷工》，它选自《汤姆·索亚历险记》，我感觉作者很幽默，汤姆·索亚很聪明。

师：同学们的记性真好！真是不说不知道，一说吓一跳，原来在我们的课本中就有这么丰富多彩的外国文学世界！看来只要同学们做一个有心人，善钻研，勤思考，就能丰富自己的知识，开阔自己的视野！

同学们有没有发现阅读外国文学作品与阅读我国文学作品的不同之处呀？

（学生先小组交流，后班级发言。）

生1：我们书本上学到的外国文学作品，往往是节选，所以对一些写作背景的了解很重要。比如海伦·凯勒的《假如给我三天光明》，只有知道了作者的身体状况，她的形象才更显得可亲可敬！

生2：这些作品可以贴上"异域风情"的标签，它们中间发生的故事情节在我们这儿根本不可能发生，所以它们更有吸引力。

师：同学们畅所欲言，仁者见仁，智者见智。说得很有见地！简单归纳一下：外国文学作品的阅读与鉴赏，需要注意它们的写作背景、作家的思想倾向及鲜明的写作特色。

分析与思考：

小小说以其短小精悍的篇幅、新奇深刻的立意、出人意料的情节、富有张力的表达而深受人们的喜爱。美国作家莫里斯·吉布森的作品《哦！冬夜的灯光》亦属其中精品。那么，能否就此教导学生学会品读这一类作品的方式方法，能否运用引领学生走进欧美短篇小说的文学世界呢？这是我在解读文本之后进行教学设计之时的思考。

我们一直强调：培养学生发现问题、解决问题的能力很重要。那么如何培养呢？教学片段一的做法让我回味——抓住一个关键点巧妙设疑。在看似无疑处设疑以激发学生的阅读兴趣，调动他们的潜能来深挖"宝藏"，从而引领学生品味其中的滋味。

一开始，当我把问题"作品中哪一句话最能体现它的主旨？"抛出之后，学生只是在文中盲目地寻找只言片语，以为很容易就找得到相关语句，但是他们很快陷入困境——文中的"乐观"这个词似乎无从着落——地处偏远、寒冷，但人们依然生活在这里，互帮互助可以算是坚持生活下去的理由，但是文中没有一个句子甚或一个词语支持"乐观生活"这种说法。那么它的支撑点在哪里呢？此时，我进一步引导学生——阅读文中环境描写的部分语句语段，看能否找到蛛丝马迹？这样点拨之下，学生经过反复推敲文章语句，终于在求医人的言谈当中找到了蛛丝马迹。

其实这是引领学生沉浸文本的过程。叶圣陶先生有示："陶不求甚解，疏狂不可循。甚解其难致？潜心会本文。作者思有路，遵路识斯真。作者胸有境，入境始与亲。一字未宜忽，语语悟其神，为文通彼此，譬如梁与津。学子由是进，智赡德日新。"

学生们唯有就着"灯光"才能进行欢谈的盛宴。唯有老师智慧的引导，学生才能最终在医生返回途中的描写部分找到"乐观"的璀璨光芒。

医生上路伊始是心怀恐惧和忧虑的，因为路况如此陌生，天气情况如此恶劣，这对一个夜行人来说，的确相当困难。但是当他发现沿途的灯光依然亮着，他的内心涌起了一股感动——被沿途农家的友善、淳朴所感动，在如此恶劣的环境下有众人的帮助，还有什么困难不能克服呢？而且，从文中看，此时的风已经变成了"哀鸣"，亦即天气没有先前那么恶劣了，纵观客观和主观两方面的因素，这个困难是可以克服的。由此，他心生乐观的情怀，战胜恶劣天气的乐观情怀。进一步推想，当地农民经受此类恶劣天气的次数更多，他们如果没有"乐观"情怀的支撑，何以在此偏僻荒凉之地生活？

更深入地思考，医生不远万里而来，他苦苦追寻的就是让心灵得到安宁的栖息地，让精神得以充实的港湾，现在在这沿途一路灯光的指引下，他顿悟：这，奥克托克斯小镇就是苦苦寻找的理想之地！由此，他怎能不激动，怎能抑制内心的狂喜脱口而出："哦！冬夜的灯光……"读到此处，读者当然会心一笑：医生也感染上了"乐观"的情怀！

上海市松江一中　王志成

作者介绍

王志成，现任上海市松江一中语文教研组长，是上海市第五期德育实训基地学员，松江区第五、第六届学科名师，松江区高中语文学科中心组成员。曾获松江区"教科研先进个人""优秀共产党员"等荣誉称号。对语文教学工作有较扎实研究，在从教十多年以来，一直勤于探索语文教学规律，在课堂教学中努力向专业型、智慧型的教师发展方向靠近。每学期阅读1~2本专业书籍和2~3本人文哲学类读本，秉持以研促教的教学理念，并结合新课标新教材关于核心素养的总目标，积极通过课堂实践将学科育人理念渗入教学中。取得华师大在职教育硕士学位，两次参加上海市高考阅卷工作，主持多项市区级课题，曾在《语文学习》《中学语文教学参考》《新课程》等杂志发表论文十余篇，区级以上论文获奖数十篇。

语文学科育人价值实现的有效路径

中学语文新课标将从"语言建构与运用""思维发展与提升""审美鉴赏与创造""文化传承与理解"四个维度对语文的核心素养加以界定，且将"批判与发现"作为"思维发展与提升"维度的具体内涵之一。在多元化发展的今天，如何带领学生真正实现自身语文素养与人格品质的养成，是摆在我们面前必须去重新审视的话题。笔者以"走近陆机"的地方文化探究课为例，谈谈对学科育人价值实现路径的思考与认识。

一、语文学科育人价值的表征

语文学科的性质决定了其必然要承担起重要的育人使命。语言是语文学科的载体与媒介，语言背后隐性信息的感知与体验能让学生对文学的审美特质产生强烈的审美诉求，从而对母语学习形成自豪感；文脉是创作主体进行艺术加工与提炼的智慧结晶，不同体式的思路建构能影响学生的思维发展水平，能使学生在研读文本中与作者进行思想的碰撞，从而提高其思辨能力；语文学科中除了包含文学的审美创造、文章的布局谋篇之外，还有文化的渗透与滋养，学生会自觉地产生对民族文化的认同感，从而形成正确的价值观与人生观。

学科育人在实施过程中，往往由于缺少有效的路径而价值未能真正落实。虽然课堂也呈现出了文学、文章、文化三个层面的知识，但却仅仅停留丁接受与理解的层面，而缺少对其进行迁移与内化。育人的真正价值应体现在语文学科知识与学生情感、思想的共振效应上。

因而，找到育人价值实现的路径显得尤为迫切与重要。

二、语文学科育人价值实现的路径

1. 比较教学——培养语言感知力与审美品质

比较教学法是行之有效的一种教学方式，我们往往受制于单篇的内容，难以尝试去使用此种方式，担心会因此而打破对"文本"的整体感。殊不知，恰切地运用此方法，会让学生在矛盾、质疑之中，主动探究对古诗与拟古诗异同的比较，更直观地感受后者对前者的模仿及创新。除了诗与诗的比较之外，我还在诗歌发展进程中，也适时地采用此法，通过《诗经》—汉乐府民歌—古诗十九首—陆机诗歌的脉络，学生便能清晰准确地把握陆机诗歌的独创性与价值所在，学生的语感与审美品质在比较之下便得以提升与内化。

本节课的教学重点之一是：从《古诗十九首》与陆机《拟古诗》的比较中，理解拟古诗"袭古与超越"的特点。所选的《明月何皎皎》与陆机的《拟明月何皎皎》，二者既有模仿古代的痕迹，又有在此基础上的创新。南朝梁萧统《文选》评价《古诗十九首》为"天衣无缝，一字千金。"南朝梁锺嵘《诗品序》评价陆机的拟古诗为"篇章之珠泽，文采之邓林。"不难看出，历代对二者在"言"上的评价是极高的。两首诗都写到了"月"这个意象，"照我罗床帏"和"明月入我牖"中，是用"照"好还是用"入"，让学生在反复揣摩、比较中，体会以动衬静的特点，加深对语言的感知与体验；陆机的"照之有余辉，揽之不盈手"中"揽之不盈手"究竟妙在何处？我与学生通过诵读的方式还原此情此景，体会化无形为有形、化视觉为触觉的通感修辞手法的妙用，想象抒情主人公可望而不可即的疏离感，与学生的生活体验充分对接，学生在此过程中的感受更为具体可感。在谈到情感的丰富性上时，学生由"踟蹰感节物，我行永已久"感受到了游子对生命易逝的无奈，由"游宦会无成，离思难常守"体会到了其仕途未卜的隐忧，由杜甫的"今夜鄜州月，闺中只独看"理解了《拟明月何皎皎》情感的双向互动与共生。

在对两首诗语言的反复捶打、咀嚼上，学生能透过文字的表面体验感知到背后的张力与审美意蕴。

2. 问题导引——提高思维发展水平与质疑精神

我们常做的一件事是，课前将学生的问题搜集起来，挑出几个有代表性问题在课堂中共同探讨；抑或是当堂让学生提出疑问，带领学生一起解决。但这看似基于学情的背后，有时效果并非那么理想。这其中当然有学生认识水平有限与思维惰性的原因，但关键的问题或许还在于教师能否敏感地捕捉到文字背后的隐性信息，能否发现学生难以觉察到的"认知冲突点"。如能有了这样自觉意识，我们才有可能在遇到一些"突发问题"时，找到化解的有效路径。如若我们能时常带领学生不断追问一些问题：你从文中读出了什么？作者为何要这样写？不这样写行不行？还可以怎样写？你认为哪样写的效果更好？……在这样的反复比较、不断追问中，学生会自觉地进入到一种"高峰体验"中，由此获得的审美愉悦与理性思辨是教师有效引导之后的必然结果，而在这样的质疑—探究—出现障碍—消解障碍—再质疑的动态教学行为下，学生的思辨能力将在潜移默化的思考中得以提升。

究竟是"袭古还是超越"，让学生能对此问题进行探究、质疑、辩驳，在思维的碰撞中产生对问题更为客观、理性的认知。有的学生潜意识中认为这样的问题具有诱导性，需要自己找到其"异"之处，从意、象、言三个层面找到了二者的不同之处，区分出了后者对前者的突破与超越；我在此追问了一个问题，既然陆机的《拟古诗》都是在创新，那么为何魏晋时期包括陶渊明在内，形成了一股"拟古"之风呢？学生在我的提示下开始讨论后者对前者的因袭之处，通过比较发现了二者的情感真挚感人，都再现了人类时空交错带来的内心煎熬与痛楚，真切地传达出普适性的情愫特质；意象上的丰富性虽在此首诗中未得到充分呈现，但我给学生补充的《行行重行行》中可见意象的叠加效应，学生也更准确客观地理解了"象"的相同之处。尤为重要的是，古诗的语言虽未大加雕琢，但其对《诗经》起兴、叠词的普遍使用，为抒情主人公表达隽永的情思提供了审美意境。

在上完"走近陆机"研讨课后，本以为功德圆满，出乎意料的是学生作业反馈中将自己"叛逆"的想法表达出来，如我感觉陆机的《拟古诗》并没有古诗十九首写得那么好，南朝梁锺嵘《诗品序》称其为"篇章之珠泽，文采之邓林"，有点儿言过其实了；老师给我们总结出的古诗与拟古诗的特点，似乎太过于强调"超越"了，其实"袭古"也很明显呀，只是我没敢在课堂上讲出来；背景音乐听得真让人感动，要是在课堂结束时能重温一下就更好了；我对《叶嘉莹讲陆机》的材料很感兴趣，只是总觉得里面有点儿隔靴搔痒之感，讲得还不过瘾……对此，我在感叹任何课堂都是有缺憾之余，对学生的勇于质疑与批判的意识感到欣慰。

我们的语文课应是让学生"有话可说"的课堂，应是能激发其求知欲的课堂，更应构建理性思辨的课堂生态场。这样的质疑式阅读，有利于学生打破传统思维的局限，以理智的态度进行批判性思辨。

3. 还原场景——丰富文化积淀，提升人文素养

任何的诗歌创作一定都会受到所处社会环境与思想的制约，所以要让学生回到"现场"，在思维受阻时不失时机地将学生带入场景之中。以玄学倡导者王弼的"言意之辩"来引导学生思考陆机诗歌的创作初衷，理解"言、意、象"之间的关系，以社会动乱之下陆机奔赴宦海之途来透析其内心的矛盾与纠葛，学生的认识便不会受惯性思维的牵绊，而是更加深刻地理解古诗与拟古诗的求同存异之处。同时，以课外补充材料的方式，提高对陆机诗歌背后所隐含信息的认识，可以帮助学生丰富自己的人文积淀与人生阅历。

学生的阅读经历受到诸多因素的局限，对单篇文本的信息接收量毕竟是有限的。我在研读此课时，希求能站在制高点，将学生带到时代大背景下，让学生深刻理解陆机所受的魏晋时期盛行的玄学思想与文学创作中的"言意"之间的关系。为了便于学生更好地理解这一抽象思想，我有意将曾学过的陶渊明《饮酒》中的"此中有真意，欲辨已忘言"与"言意"说进行比照，学生对陆机文学创作动机的理解更为深入。为了让学生理解陆机"诗缘情"的创作主张在诗歌长河中的重要地位，我将一些背景素材提供给学生，让他们从中发现一些问题。学生很快便从中意识到，诗歌经历了从诗言志的政治教化到诗缘情的个人内心情感的真情流露。我又提供给学生叶嘉莹的《古诗十九首选讲》，学生在对原有诗作感性认识的基础上，通过叶嘉莹对古诗的独到理解，将古诗的鉴赏放在审美角度与情感的普适性上，让古诗与读者的心理期待之间有了可对接的桥梁。事后，几个平时爱好文学的学生让我推荐叶嘉莹有关古诗词方面的论著，我将《汉魏六朝讲录》《说诗讲稿》《唐宋词十七讲》推介给他们，期待学生能在此领域有新的发现与突破。

我们应帮助学生梳理文脉，提供给学生更为深广的人文知识，从而丰富其文化底蕴，激发其对文化的认同感与阅读兴趣。

当然，育人学科育人的有效路径不仅限于以上三个维度，且这些路径育人导向也并非机械、单一的，而是呈现交叉、多元的趋势。这就需要我们育人工作者静心凝思，真正带领学生含英咀华，接受人文雨露的浸润与滋养。

《拿来主义》课堂教学实录

一、教学目标

1. 了解杂文特点，掌握比喻形象说理的手法。

2. 体会鲁迅杂文幽默犀利的语言特色。

3. 领会"拿来主义"的精神实质,明确对待文化遗产的正确态度,领会"拿来主义"的现实意义。

二、课堂实录

（一）理清思路　把握文脉

问题一：如何准确理解本文的核心句？（你读出了哪些信息？）

教师：本文的核心句是哪一句？

学生 1：所以我们要运用脑髓，放出眼光，自己来拿！

教师（追问）：你从中读出了哪些信息？

（学生边回答教师边进行板书。）

学生 2：我认为，"所以"说明文章前边内容甚至后文内容都涉及了有关文化危机的现象。（勾连全文）

学生 3：这里的"我们"应是指对文化危机缺少自省意识的有良知的国民。

学生 4："运用脑髓，放出眼光"是指要有思想，要理性、有远见地看待文化危机。

学生 5："自己来拿"是指拿的要有方法，要占有，挑选，对文化要扬弃创新。

（大家不住地点头表示认可，并给予掌声鼓励。）

教师小结：大家能运用脑髓，独立思考，自己发现问题并解决问题，我们也都是"拿来主义者"嘛。

（学生们很是得意地笑起来，一个个跃跃欲试。）

设计目的：根据学生的阅读实际情况，选择适合学生学情的问题，对主旨句的准确理解有助于学生对鲁迅思想的把握。由核心句切入，问题的指向性明确，学生会更愿意积极地思考，便于学生他们尽早浸入文本本身。这一环节让学生运用自主、互动，旨在培养学生的阅读理解能力和发现问题的能力。

学生活动：在安静的氛围中细读，提出自己对核心句的理解。

（二）品读语言　加深感悟

问题二：每组选出一位代表，交流你认为写得最精彩的语句，看看哪组品得准确，读得到位。

教师：相信大家从对核心句的理解中，已经感受到先生是想通过此文警醒世人，让有良知的国人看到当前文化的现状与危机，同时也要清醒地看到自身对待文化时的错误态度。下面，就请大家分组交流讨论，每小组推举一位代表，找出你们认为写得最精彩的语句，品一品，读一读，看看哪个小组品得到位，读得精彩。

学生8：我们小组交流的是第一段中"中国一向是所谓'闭关主义'，自己不去，别人也不许来"。这里的"闭关主义"加上引号，是反语，带有讽刺意味。"所谓"告诉我们，它并不是我们所提倡的真正理论，而是历史上清政府一种封闭落后的思想。

教师（追问）：你分析得很准确，也捕捉到了先生在杂文中惯用的一种手法——反语。落后就要挨打，面对这种误国的行径，你现在什么感受？

学生8：感到悲哀。

教师（继续追问）：能不能试着读读看。

学生读。（教师引导，重音落在"所谓"上。）

学生9：我们小组交流的是第一段中"还有几位'大师们'捧着几张古画和新画，在欧洲各国一路的挂过去，叫做'发扬国光'"。这里，先生主要是针对"送去主义"的卖国求荣，给予辛辣地嘲讽。比如，"大师们"和"发扬国光"都加了引号，暗示几个反动文人拿着中国的文化遗产去邀功请赏，去讨好主子，去炫耀自己的"国力强盛"。殊不知，老祖宗留下来的这些东西，就被这些"败家子"葬送掉了。

教师（追问）：你把"送去主义"的实质分析得入木三分，面对这种卖国行径，你现在什么感受？

学生9：感到愤慨。

教师（继续追问）：能不能试着读读看。

学生读。（教师引导，重音落在"一路的""挂"上。）

学生10：我们小组交流的是第三段的"要不然，则当佳节大典之际，他们拿不出东西来，只好磕头贺喜，讨一点残羹冷炙做奖赏"。"送去主义"的危害是贻误子孙后代，反动政府只顾自己的苟活，而置国民的生死于不顾，这种做法是卑鄙、可耻的，令人心生憎恶。我们组认为，在读的时候，重音应落在"做奖赏"，而且语速应放慢。（学生读，其他组同学评。）

学生10；我们小组交流的是第七段的"不过因为原是羡慕这宅子的旧主人的，而这回接受一切，欣欣然的蹩进卧室，大吸剩下的鸦片，那当然更是废物"。对待文化遗产的错误态度有懦弱无能，不敢接受的；有盲目排外，全盘否定的；还有全盘西化，不加辨别地吸收。"废物"就属于第三种，倘若不好的事物侵入多了，只会让我们的文化走向衰落。这里的"废物"应重读，表示强调。

教师小结：我们可以看到杂文的一些特点：思想上，时代性、深刻性与战斗性并存；语言上，逻辑性、讽刺性与形象性共生。相信，我们可以窥一斑而知全豹，遇到先生其他杂文时，可以举一隅而以三隅反。

（教师点拨，进行归纳提炼，并板书。）

设计目的：学生通过品，可以了解鲁迅的写作意图，即提醒、告诫有良知的国民，清醒地看到文化危机所在，并进行"战斗"，挽救民族文化。这一环节让学生运用自主、互动的方法学习，培养学生提取信息的能力、思维能力和表达能力。

学生活动：学生分组交流，找出自己认为写得具有"战斗性"的语句，细细地品味，并试着读出其中的深意。

（三）联系现实　提升认识

问题三：今天我们似乎对鲁迅的"拿来主义"日渐淡忘，那么，现实生活中有哪些对待外来文化和民族文化不正确的态度，隐含着文化危机，试举一例。

教师：先生的这篇《拿来主义》在当时，的确引起了一些有良知的国人的觉醒，令其看到了文化的危机，但也有一些人对先生产生了误解，甚至诋毁。即使在今天，人们对"拿来主义"的主张似乎日渐淡忘，民族文化也隐含着一些危机。大家能不能举例说说看。

学生 12：比如说中国的传统节日文化，如春节、元宵节等，有些年轻人似乎对此漠不关心，而对于一些洋节日，如情人节、圣诞节等却情有独钟。

学生 13：我们在时评素材积累中，提到了 2012 年 2 月 14 日原本是作曲家聂耳的百年诞辰，但有多少人怀念这位曾以激昂奋进的《义勇军进行曲》带领民族浴血奋战的音乐家，相反，更多人只知在这一天手捧鲜花，吃着巧克力，进行罗曼蒂克式的欢娱。

学生 15：在外国人掀起一股"学汉语热"时，我们有些人却连最起码的汉字都读不准，相反，考雅思、托福的热情却一浪高过一浪。

教师小结：假使我们不能以"拿来主义"的思想科学地对待中外文化，最终，我们失去的将不仅仅是中国的文化之根，或许还有更多。

设计目的：学生可以将时评写作中的素材，如"对聂耳的淡忘与对情人节的热衷"，迁移到对"拿来主义"的理解，培养学生健康的人格与理性精神。

学生活动：同学生调动已有的知识储备，甄别辨析，积极思考，将自己对文化现象的理解与先生的"拿来主义"思想进行对接，从而碰撞出智慧的火花。

个性与思维

通过语言运用来进行思维活动是人理解世界、表达自我的基础。脱离思维和认知的语言只不过是一堆无意义的符号罢了。逻辑思维能帮助人们去除思想的积弊，让"想当然"的思维惯性回归常识的领地；逻辑思维能够引领学生踏上求真的道路，为务善和审美打下坚实的地基。但如果只有逻辑思维，那么人类的思想就不会出现新事物。批判性思维是一种建构性的反思活动，它能够推动对问题的思辨，让人能以辩证的眼光来评估、质疑、确认思想与价值。而直觉思维、形象思维则是由生活经验通往意义世界的桥梁。与其说思维活动是对外在对象的审视，不如说是对自我思想的审视——个性成长正是在这一过程中孕育的。语文学科的教学活动正是通过激发这种自觉、自省而实现思维的发展与提升的。

（沈文婕）

上海市第三女中　秦岭

作者介绍

　　秦岭，男，中学一级教师，现任教于上海市第三女子中学，长宁区第八轮学科带头人。其关注媒体素养与语文核心素养融合的教学研究与实践，相关研究课题曾于2014年、2017年两度荣获上海市青年教师教育教学课题二、三等奖，荣获过长宁区"科研先进个人"，并于2018年成为长宁区第八轮学科（综合理科组）带头人。近年来，他积极运用思维可视化与项目制学习的教育理念，在《中国电化教育》《现代基础教育研究》上发表相关研究论文，具有一定的区域影响力。在学校支持下积极开展研究型课程的开发与实践工作，组建"新媒体素养"创新课程团队，研发了《新媒体素养》系列创新课程，以课程激发学生思辨表达能力，以新媒体创新实验室为实践平台，培养锻炼出一支以学生为实践主体的校内媒体创作运营团队，实现"课程渗透，学科育人"的教育目标，相关团队曾荣获市区多项荣誉，团队运营的微信公众号被列入上海市共青团十大微信公众号。

从发现"矛盾点"探究高中议论文写作思维指导

《易经·文言传》有言："君子进德修业：忠信所以进德也；修辞立其诚，所以居业也。"笔者认为，所谓"修辞立其诚"，就是强调语文教学要鼓励学生用思辨的眼光，坦诚地表达自己的思维观点。

但在笔者多年的写作教学经历与高考作文阅卷感受中发现，不少学生对于写作思维的理解停留在所谓"论点＋分论点＋论据概述"的写作大纲层面，而很少深入剖析针对材料的批判与审辨，尤其是在观点对立矛盾类型的材料作文指导中，如何帮助学生从对材料的思辨分析中准确把握观点，并通过有逻辑的"修辞"表现其"诚"，是笔者探求的起点。

在教学实践中，笔者借助思维导图软件 Xmind 来指导学生关注发现作文材料中的"矛盾点"，围绕"矛盾点"组织"头脑风暴"式的课堂辩论，帮助学生形成写作思维的流程导图，通过营造思辨氛围与思维可视化呈现，提升学生议论文写作思维，有条有理讲清道理。

【材料回放】

阅读以下材料，选取一个角度，自拟题目，写一篇不少于 800 字的议论文。

毕淑敏：我去尼泊尔的时候，和一个尼泊尔小伙子聊天，我觉得他说得很好。他说，中国的节奏越来越快，中国人到尼泊尔去，一开始很不习惯尼泊尔的慢节奏，慢慢待下来，就觉得这种节奏很舒服，适合人的身体，让人能真正融入大自然。既然好的东西都那么慢，为什么我们不试着慢一些呢？

记者：可有些人会觉得，我如果非常忙碌，做更多的事，把黑夜也利用起来，是在增加生命的长度；这个也尝试，那个也尝试，是在增加生命的宽度。这不好吗？

【问题聚焦】

这是一则典型的观点对立矛盾型的材料作文，学生基本上都能很快聚焦"快"与"慢"这两个关键词，在审题上基本上不存在问题，但对于如何表述自己对于生活中"快"与"慢"的观点方面，学生往往会出现以下两种情况：

1. 纯粹批判"快"或"慢"的不足，只"破"不"立"；

2. 只是一味强调要"快"或要"慢"，偏袒一方。

这两种情况的背后反映出的是学生思维视角的偏狭性，是对于矛盾型材料作文审题立意方面缺乏思维思辨性与批判性思维的缺失。

【问题透视】

这里我们来整理一位同学的写作大纲：

论点：欲速则不达

引论：材料中记者说，有些人会觉得如果做什么事情都快一点，这样就能做更多的事了。其实这是一个悖论，追求快，往往会产生反效果，这就是所谓的"欲速则不达"的道理。

分论点1：快生活变得心浮气躁。

分论点2：快生活让我们变得盲目低效。

分论点3：快生活让生命失去质量，最终甚至会危及人类生存。

总结：处在浮躁和快节奏的当下，我还是要说一句：为什么我们不试着慢一点呢？

从这份写作大纲中，我们可以清楚地观察到学生对于材料中"快"和"慢"的矛盾分析，存在着严重的选择倾向性——批判"快"的不足。姑且不论其分论点设置上是否有概念重合、虚张声势等不足，仅是其中对"快"的一味否定，就让我们清楚地发现学生在审题中对矛盾、对立性概念的思辨缺乏辩证思考和批判性思维。

所谓辩证思维，指人们通过概念、判断、推理等思维形式对客观事物辩证发展过程的正确反映，即对客观辩证法的反映。辩证思维最基本的特点是将对象作为一个整体，从其内在矛盾的运动、变化及各个方面的相互联系中进行考察，以便从本质上系统地、完整地认识对象。

所谓批判性思维，简单而言就是对形成结论的观点进行推理思考的思维方式。我们一般认为其与传统的思维方式存在以下的区别：

传统课堂思维	批判性思维
选择性获得信息	主动与信息提供者互动
阅读句子：这个句子的意思是 标注重点：这个段落的关键是 总结观点：找到并理解作者意思	提出问题：为什么提出这个观点 质疑推理：推导过程合乎逻辑吗 评估材料：这些论据可信度高吗
记住作者观点及推理，但不能评价	发现最有意义的论点和观念

我们不难发现，学生通过材料阅读能够获得材料的主要内容，但是对材料的评价却提不出观点，或者是选择论点时存在着由于思维局限而造成的论点缺乏思辨性。这正是由于传统课堂思维训练中不注重对学生辩证思维、质疑思维的培养和呵护，让学生缺乏对存在对立矛盾的材料提出自己思考的勇气，也缺乏对"快"和"慢"这一对矛盾话题理解的辩证性思考，以及对所提出的论点的批判性思考，导致学生在矛盾型材料作文审题立意方面的不足。

可以说，正是因为学生在以往学习过程中，习惯接受知识而非质疑批判所学内容，因而，在矛盾型材料作文写作中容易对所提论点缺乏自信心，也缺乏对观点进行进一步批判性思考的意识和勇气，在作文审题立意上出现或是"一面倒"否定一方，或是一味欣赏另一方，忽视了矛盾型材料内在的对立统一，文章缺乏辩证思维与批判性思维。

【问题突破】

在日常教学中，教师对于对立性、矛盾型的材料作文的审题引导，注重发现对立概念中的"矛盾点"，也就是两者的矛盾是基于什么而产生的（往往是因认识不同或言行冲突造成的隔阂、嫌隙，或是指相互依赖而又互相排斥的事物或思维中的两个对立面），但在对"矛盾点"究因分析之后，教师更应该引导学生通过批判性思维发现矛盾点背后所隐含的"平衡点"（即两者矛盾中的对立统一属性），从而激发学生对自己初步审题形成的观点进行批判性思维推理，激活学生的辩证思维。

要实现这一教学目标，笔者认为需要借助 Xmind 思维导图软件来帮助学生对矛盾型材料作文题中的对立概念进行思辨性思考梳理，通过导图呈现思维可视化过程，引导学生发现"矛盾点"到"平衡点"之间转化中的批判性思维路径。

我们将这一过程分解为以下四步：

1. 明确"矛盾点"，明确"快"和"慢"在文本材料中的具体所指。

2. 围绕"矛盾点"，客观辩证思考"快"与"慢"各自的优势和不足。

3. 寻找"平衡点"，思考"快"和"慢"是否存在共存的环境或是互相转化的条件因素。

4. 回到自己的论点，批判性地思考其中的思维不足，进行完善。

其中前三步借助 Xmind 思维导图软件中平衡图模板，结合其软件的"头脑风暴"演示功能，教师可以引导学生共同来发现和审视矛盾型材料作文题中的"矛盾点"和"平衡点"，师生共同绘制可视化的辩证思维路径。

【课堂回放】

在课堂实践中，我们首先引导学生明确"快"和"慢"在文本材料中的所指，也就是"快"意味着增加生命的宽度和广度，"慢"意味着增加生命的深度和舒适度，明晰"矛盾点"（构建思维导图中的起始点），呈现如图1。

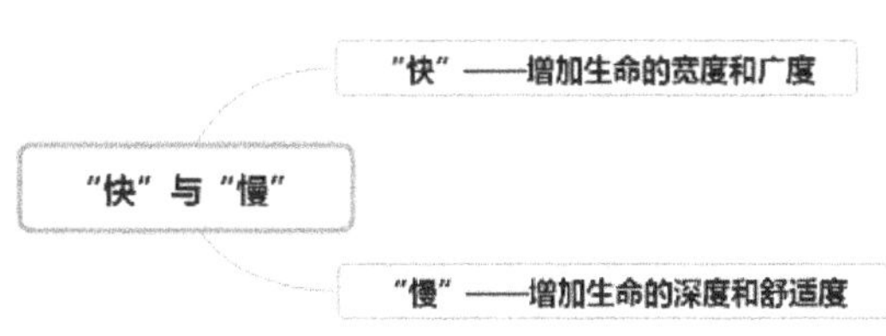

图 1　明确"矛盾点"

其次，在课堂讲评中，我们运用软件的"头脑风暴"功能，围绕"优势"与"不足"引导学生对"矛盾点"进行批判性分析，尤其注意在批判性思考中结合生活语境的分析，如"获取消化知识"与"创新改革新实践"的不同生活语境下，"快"和"慢"的评价偏向性是不同的，学习语境下讲求"细嚼慢咽"，改革创新语境下强调"只争朝夕"；同样的，对于矛盾双方的不足之处，学生也能从"拖延症"和"急功近利"的角度切入，并能在教师所强调的"语境"下发现矛盾双方的不足之处在现实生活中并不是非此即彼，而是并存互现的现象。通过软件呈现学生头脑风暴的成果（见图2），通过思维可视化引发学生思考矛盾双方是否存在转变的或共存的客观条件限制。

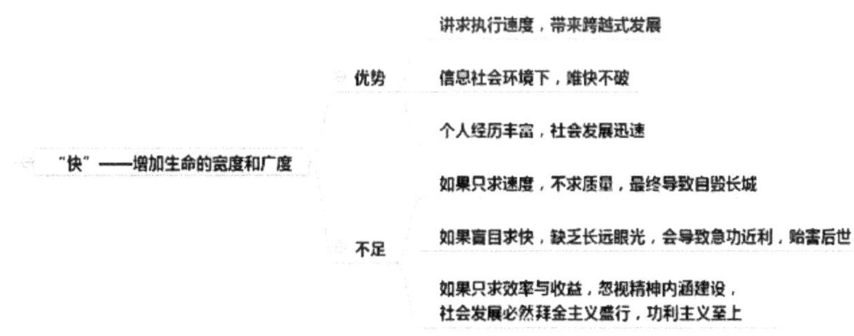

图 2　头脑风暴分析"矛盾点"

通过在分析"矛盾点"过程中对事物具体语境的强调，学生自然可以发现这对矛盾并非始终对立不能共存，生活节奏的快慢并不是简单的二元对立，而是要考虑到具体语境和现实生活的经验感受。因而，我们以"快和慢的对立是否始终存在"

为问题引导学生发现两者对立转换的"平衡点"，如图 3 所示。

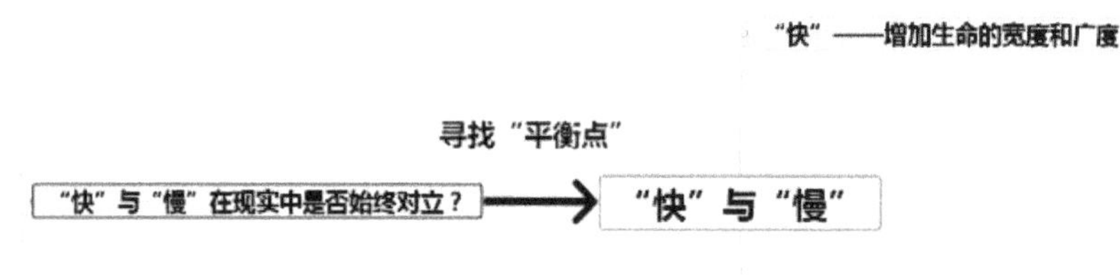

图 3　通过可视化思维分析寻找二元对立矛盾的"平衡点"

最后借助完整的思维导图（如图 4），引导学生回到自己的习作，将习作中的中心论点与批判思维推理的过程进行比较，发现思维辩证方面的不足，并进行修正和完善，并借助思维导图中对于"快"和"慢"的辩证分析修改补充分论点，从整体上提升文章。

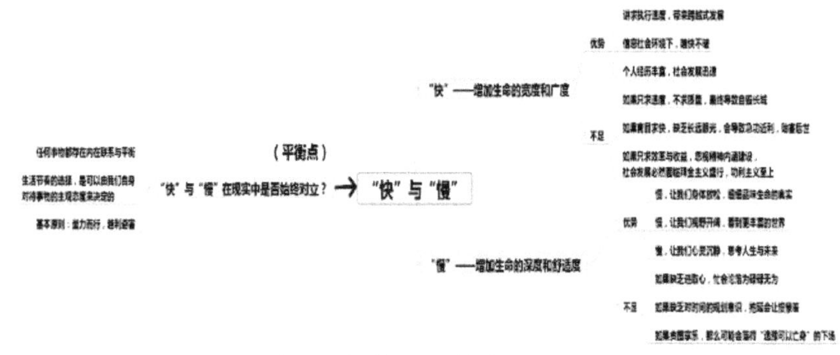

图 4　完整的思维导图

通过课堂的教学实践，我们注意到通过引入思维导图等思维训练工具，学生能借助可视化思维呈现较好地认识到自己在辩证思维上的不足，而语境限制与事物复杂性认知也对学生批判性思维的形成有一定的促进作用。

参考文献

[1] 施海红 . 高中语文批判性思维培养的策略研究——以议论文写作教学为例 [J]. 上海课程教学研究，2019(03)：33-38.

[2] 梁容锡 . 思维导图在英语写作中的应用 [J]. 英语广场，2019(02)：162-163.

[3] 胡凤改 . 思维导图在高中议论文写作中的运用探讨 [J]. 学周刊，2019(08)：139.

《老王》课堂教学实录

师：在上一节课，我们运用思维导图梳理了《老王》一文中的主要内容。在课时作业中，我们同学以小组为单位，对于文章最后一句"几年过去了，我渐渐明白：那是一个多吃多占的人对一个不幸者的愧怍"进行了讨论，并结合文章具体内容，谈了对于"愧怍"二字的理解。今天我们就利用 Xmind 上的"创意工厂"模式一起绘制思维导图来深入探究杨绛对于老王的"愧怍"。首先，请学号为 5 号的同学担任今天我们课堂的思维记录者，大家欢迎。

（学生鼓掌）

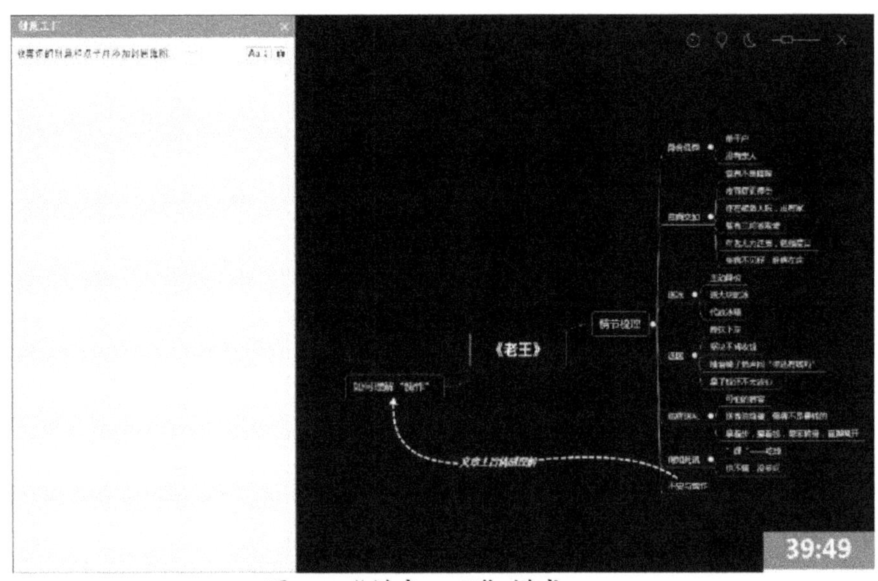

图 1　"创意工厂"模式

师：下面就请各组选派发言人来交流小组讨论的成果。

生 1：我们小组认为杨绛的"愧怍"首先是因为她曲解了老王上门送鸡蛋、香油的善意而感到惭愧与不安；其次是因为她对于老王最后一次对话中流露出的恐慌、疏离却再也没有机会对老王解释而痛苦自责；最后是因为老王是杨绛一家在"文革"期间被打为反动学术权威、被下放看管、被人轻贱、无人愿和他们交往时，还能真心与他们交往的人，但杨绛在和老王的交往中却始终用等价交换来看待老王的善意，这令杨绛在追思老王的时候感受到内心的煎熬。

师：好的。不过对于你们的理由，我想请同学们看一下最后一段，杨绛是否因为曲解老王的善意而自责呢？提示"都不是"三个字。

生1：老师，我们调整一下，最后一段中的"都不是"意味着杨绛在一再追忆老王的临终送礼之后，已经渐渐明白她的不安、愧怍并不是来自曲解老王的善意。而且"都不是"之后的句号，也提示杨绛的思考不再只是对于没有与老王交往的事实，而是聚焦老王这个贫病交加的底层劳动者身上的品格。

师：是的。所以你们会关注到"等价交换"的观点，那么这个"等价交换"在文中具体是如何呈现的呢？

生1：文章中提到的"三送"，表面上看杨绛是没有让老王"吃亏"的，不管是附带送冰、送先生上医院还是送来香油和鸡蛋都是付了钱的，而且在附带送冰时对于老王说"车费减半"的时候，杨绛还强调"当然不要他减半收费"；在送先生上医院时，杨绛还强调"我一定要给钱"；在收到鸡蛋香油时，我"谢了他的好香油，谢了他的大鸡蛋，然后转身进屋去"，显然也是想要用钱来酬谢老王。而且我们注意到"三送"中都是杨绛主动要给提供帮助的老王钱，是在用钱来酬谢老王的善意，因而我们认为杨绛在之前是基于"等价交换"的观点来看待自己一家与老王的关系的。

师：那么你们小组认为老王是否也是基于"等价交换""礼尚往来"的原则在和杨绛一家交往呢？

生2：我们认为不是这样的。老王对于杨绛一家的交往态度始终只是出于单纯的人性善良，无关于杨绛一家的身份是怎样的，否则他也不会在别人都看透"我们是好欺负的主顾"时仍然"送的冰比他前任送的大一倍，冰价相等"，否则他也不会"文革"中，钱钟书生病了，杨绛都不能陪同就医，而老王却不怕什么风险送先生就医，否则他也不会临终前不顾身体送鸡蛋香油表达对其一家照顾的谢意！

师：是的，"三送"从老王的层面来看，反映的是底层劳动人民的忠厚老实和热心肠。但为何杨绛要坚持"用钱还情"呢？

生2：因为在作为知识分子的杨绛看来，如果只是接受来自老王的善意而不能回报，无异于接受了别人的施舍与同情，这是不能接受的。

生1：而且文章一开始就说"他蹬，我坐"，一个"蹬"，一个"坐"，正是表明两者身份从一开始就是不平等的，更何况文中送冰块和送医两个情节中两人的关系在杨绛笔下都是主顾的关系。甚至，我们认为在行将就木的老王最后送来了鸡蛋香油，一再声称不是为了钱，但杨绛仍然把早准备好的救济款给了老王，连坐一坐，喝茶的谦让都忽视了，这并不仅仅因为"我害怕得糊涂了"，我们认为这里或许潜意识中杨绛还有着一种打发的心态。这就好比有钱人对待穷亲戚的那种施舍与同情。

师：是的。这的确符合知识分子所崇尚的"来而不往非礼也""君子之交淡如水""廉者不食嗟来之食"等观念。好的，下面哪一组还愿意分享？

生3：我们和前一组观点类似，也就是杨绛一家始终抱有知识分子的清高，即便在落难之中也与真诚相待的老王之间有种身份阶层的鸿沟。

师：哦，这个身份阶层的鸿沟在文中有没有具体的表现呢？

生4：首先是文章一开始就点明两者身份是主顾，而杨绛认为自己和老王聊的都是"闲话"。其次，文章还提到老王是住在"破破落落的大院"里的"塌败的小屋"，而杨绛是住在楼房里，家里还有冰箱。再有，杨绛一家从没有去过老王家，而老王即便是在杨绛一家从干校回来之后也常登门，甚至"扶病到我家来"，不能来还托人代传话。所以，我们认为自始至终，杨绛始终是以一个知识分子的身份在对待老王，而老王却不是这样的。

师：那么你们觉得老王对待杨绛一家的时候，是基于怎样的一种态度？

生4：文中杨绛提到老王是"最老实的"，无论外界如何看待杨绛一家，他都是用真诚和善意对待杨绛一家，送冰主动半价、送大一倍的冰、小声问看病钱够不够，这都让我们感到老王对待杨绛一家的情感是十分淳朴的，不夹杂身份地位色彩。

师：能够从文本细节中品读出两者身份的鸿沟，这点值得肯定。同时，这里我们是不是还应注意到"愧怍"前的定语,对于"多吃多占的人"与"不幸者"的理解，有没有小组愿意分享？

生5：我们小组认为，"多吃多占"是杨绛认为自己的微不足道的金钱、物质上的付出却得到了老王发自内心的真情回报，两者是不成正比的。而"不幸者"不仅是指老王贫病交加、孤苦无依的个人不幸，更是有着对社会变革中底层劳动者的关照。因而，我们认为杨绛的"愧怍"不仅是自责与愧疚，更是一种对于老王这样底层劳动者在不幸命运之中仍保有善良、感恩之心的褒扬。

师：这里，老师注意到你们对于"愧疚"的含义有了新的理解。既然本文是继续老王的故事，对他赤子之心的褒扬为何不直接出现在文末，而是要流露出作者自己的"愧怍"呢？

生6：我们在讨论时认为这是衬托手法，用杨绛这样知识分子对于自己行为愧怍来衬托出老王虽身份低微却有着人性之美。这样的衬托手法，更能彰显出杨绛对于老王的忠厚、善良、知恩图报的讴歌。

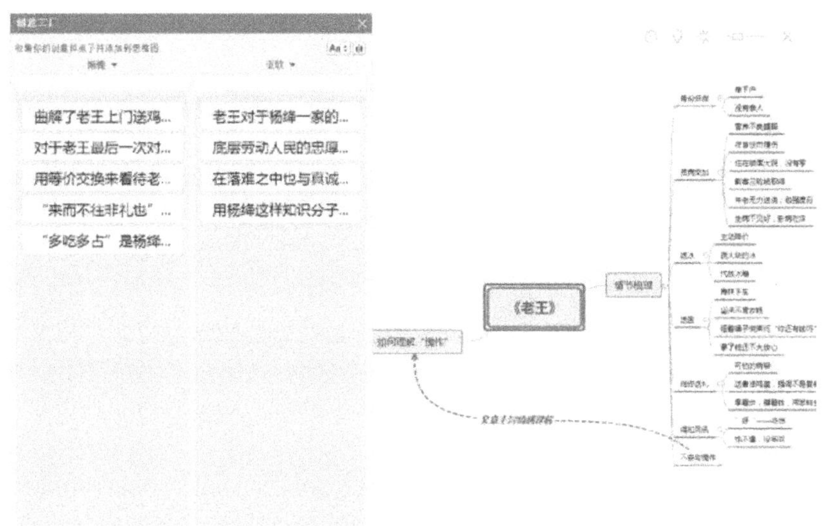

图 2　头脑风暴讨论"愧怍"

师：那么，作者为何不直接赞美呢？而是要说"愧怍"？

生 7：我们想或许从对老王最后的背影描写——"一手拿着布，一手攥着钱，滞笨地转过身子，直着脚一级一级下楼去了"——可以看到杨绛对于这个背影有着太深的印象，以至于她始终在"捉摸他是否知道我领受他的谢意"。直到几年之后她领悟到是自己由于身份原因才导致曲解了老王的善意，因而她更想在表现老王善良的同时体现出她由于身份鸿沟无法真正理解老王的惭愧。

师：的确，结合课前微课资料，我们知道这篇文章是写于 1984 年，此时老王故去已久，杨绛一家也已经落实了知识分子政策，恢复了名誉与工作。在当时，不少知识分子都会用"伤痕文学"、回忆录等方式来表达对于过去苦难的愤慨，而杨绛却用《老王》一文来讲述一个善良的底层劳动者对于浩劫中知识分子的真诚帮助，不仅讴歌了老王这样底层不幸者即便是在"文革"这样的人类浩劫中仍然闪耀着人性光辉，更是以"愧怍"一词来表达她对于自己碍于知识分子的身份与矜持，无法对同是命运不幸者的老王感同身受、与其真诚交往的反思与愧疚。正是这样的对比反差，让我们看到杨绛先生在这里的人性关怀的时代情操与对自我社会阶层身份的冷静反思，让《老王》成为一曲人性美的赞歌。

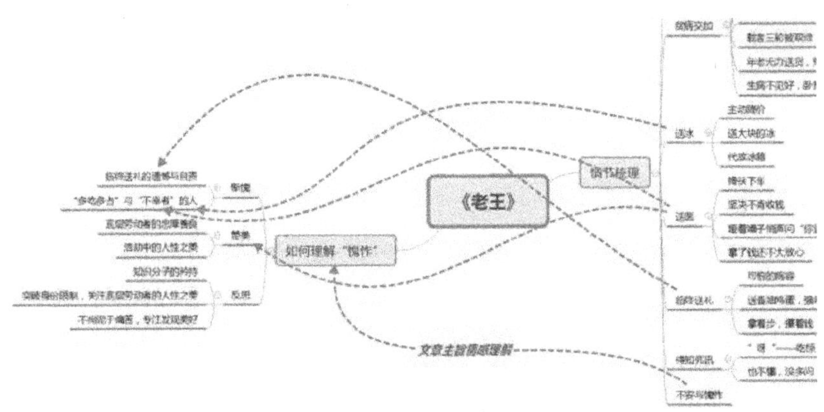

图 3　课堂思维导图

　　好的，感谢大家的积极参与，也感谢负责记录整理的同学，今天的思维导图会课后推送给大家。今天我们的探究就到这里，下课！

华东师范大学附属东昌中学　金瑜

作者介绍

　　金瑜老师任职于华东师范大学附属东昌中学。高级教师、浦东新区高中语文骨干教师。上海市园丁奖、浦东新区园丁奖获得者。1998年7月踏上教师岗位，教龄21年。先后担任学校团委书记、德育处主任、校综处主任等职。2003年参加浦东新区社工委党校第8期青干班培训并在浦东新区人民政府教育督导室挂职锻炼一年。2013年10月至12月赴海南省定安县定安中学支教，被海南省教育厅聘为特邀指导校长和指导教师。多次被聘为浦东新区见习教师培训基地的指导教师，华师大中文系免费师范生的学科带教指导教师、浦东新区教育学会对口支援云南教育的带教指导教师。《言之无物怎么办？》《开展：每日一思　作文思维训练》等多篇论文、课例发表在专著及市区级刊物上，获得华师大普教研究中心普教科研论文奖两次、先进个人一次。参与学校多项市区级课题的研究并担任子课题组组长。

言之无物怎么办

我们都知道材料和主题是构成思想内容的两个基本要素。运用材料、提炼主题，不仅是写作前的一种酝酿、构思，更是具体的实践活动，贯穿于写作的整个过程。《语文学科教学基本要求》，在高中阶段，有关"思想内容"的写作教学基本要求：能表达真实看法和真实情感；对自然、社会和人生有自己的感受和思考；思想价值观点健康、积极；所记所叙、所论所说都有具体实在的内容；观点明确，围绕中心选取材料，观点和材料结合紧密等。

而目前很多高中学生的写作现状往往是：材料陈旧，将别人用过多次的材料拿来就用；材料和观点不相匹配，材料不能很好地为表达中心服务。这样写出来的文章，既无新意，使得人们的阅读兴趣大打折扣，即使勉强读了也不会留下深刻印象，又少个性，千人一面、千人一腔，表达言之无物。所以培养学生素材积累的意识，帮助学生寻找新鲜论据的途径，教会学生素材整理的方法，学会个性化的表达以引起人们的注意和阅读欲望，成为当下高中写作教学的一个突破口。

一、引导学生养成素材积累的习惯

材料是写作者为了某种写作目的所搜集、积累以及写在文章中表现主题的一系列事实现象和理论根据，包括人、事、物、景、情、理、数据等内容。材料是引发感受、形成观点和提炼主题的基础。没有材料，写作活动就无法进行；材料若缺乏真实性、典型性，写作内容就会显得空乏，无法感染读者。

高中语文课本附录写作部分第一讲"调动你的积累——作文材料的准备"中这样论述："作文的材料从平时的积累中来，这种积累包括生活积累、知识积累、语言积累、情感积累、思想积累等。作文材料的准备，就是对自身积累的一种综合调动。只有翻箱倒柜地调动你的全部储备，才有可能写好一篇文章。"

素材积累的习惯如何养成呢？以阅读为常态，涵咏鉴赏，积累感悟。北京十一中学李希贵校长在《中国教育报》上发表的"语文老师心中的痛，阅读比上课管用"一文中说到：一个孩子的认识水平，如果我们给他积累、给他大量的铺垫，他的高度就会超出他这个特定年龄段。正是因为他们自己的阅读、涵咏、积累和感悟，提高了他们的语文成绩。阅读的力量能够影响一个孩子的终生。原国家教委副主任柳斌在谈到中学生的阅读量时这么要求：每天课外读一篇千字文，应该是个基本的要求。如果能做到，则一年之内，可达到 36 万字。

所以说，阅读是语文学习的基础。古人云"腹有诗书气自华"，一个课外从不阅读，连课本也不好好钻研的学生，素材积累就成了空话，更谈不上写作材料的新鲜、表达的个性化了。新鲜的写作材料、个性化的表达，表面看起来是形式问题，实际上是内容问题。个性化的表达是以个性化的阅读作为支撑。在广泛阅读、尽可能多读的前提下，比较有效的办法是读好一类书，读好一个人的书，读好一本书。这样既能培养学生阅读的兴趣，也能加强有效的积累，更容易内化为写作的素养，对语言感悟的作用更为明显。

同时，注意多角度地观察生活，丰富自己的生活经历和情感体验，随时记录自己的所见、所闻、所思、所感，养成及时记录、每天动笔的好习惯。用日记、周记、游记、书评、时评，或者微信、微博、博客等形式随时记录下自己对自然、社会、人生的感受和思考。这样的记录积累可以逐步提高对生活的感受、思考和辨析能力。

二、帮助学生寻找新鲜素材的途径

"新鲜"一词在汉语中的定义无外乎一个"新"字：稀罕新奇的、崭新华美的、新颖清新的。因此，新鲜的写作论据也应该是素材新颖、富含个性的，给人以耳目清新的感觉，这样写作者的观点和主张才可能会被更多的人所接受。那么，真实、新鲜而又能说明观点的写作材料从何而来呢？引导学生做生活的有心人，在积累、梳理中寻找和发现身边的写作素材。

见【课堂实录：做生活的有心人，积累身边最真实的素材】

三、培养学生探究素材积累的方法

写作素材的来源主要有两种：一是直接来自生活，二是间接来自阅读。学生的生活阅历有限，但书本内容却呈现了生活的丰富多彩。在阅读过程中积累素材、梳理素材，是增进生活阅历的重要途径。

1. 以教材为主线，整体感知，提炼主题。

从小学到高中的语文、历史等课本中，有很多内容是相当好的论据材料，重视并充分利用这个材料库，有助于写作素材的积累。

就拿整套高中语文基础型教材阅读部分（共 6 册，每册 6 个阅读单元）举例，在编写体系上可分"文体单元"和"主题单元"两线（文体 11 单元，主题 25 个单元）、主题一线，从"人和自然""人和社会""人和人"三个维度，分册编排了"生命体验""美好亲情""名利内外""感悟自然"等 25 个主题。这样的编排体系，有助于我们拓宽语文学习的渠道，使学习更具体化，为我们增进生活认识提供了丰富的材料。

笔者对任教的 2015 届高三学生进行以教材为主线的作文素材积累复习指导分为三个阶段。第一阶段，以图表归纳形式引导学生对每一册语文书每一篇课文的课题、作者、主题思想、艺术特色进行罗列；第二阶段，以内容整理形式帮助学生从文学常识、内容概括、要点梳理、可用作文的角度等几个方面对每一篇课文进行梳理；第三阶段，以"我最仰慕的一位作家""我最喜欢的一篇课文""我最欣赏的一句富有哲理的话"三个主题论述对高中课本进行整体感知、提炼主题。通过回顾、复习、交流、归纳，学生深刻感悟到有一种基本的价值判断潜在于教材之中，那就是人类几千年来对真、善、美不懈的精神追求。因此，依托课文的阅读，并结合自身的生活经验，一方面从"人与自然""人与社会""人与人"等角度有意识地积累、梳理材料，另一方面紧紧围绕"求真、向善、尚美"的价值取向，去思考辨析、锤炼思想，才能提炼出真正有意义的写作主题。

2. 以人物为依托，评点感悟，生动立体。

上海电视台纪实频道制作并于 2006 年开播的纪录片《大师》，讲述的是在 19 世纪 90 年代到 20 世纪 90 年代一百年间，在中国各个领域里创造出卓越成就的诸多大师的厚重人生，他们堪称"文化昆仑、精神脊梁"。该片充分展示了中华民族的智慧、创造力和励志图强的奋斗精神。中央电视台科教频道大型栏目《人物》，以独特的视角、新颖的理念，关注现当代文明进程中那些显现出智慧光芒、卓越创造力和非凡品格的人们；关注富于奇思异想，敢于超越常规，勇于挑战极限的人们；关注重大事件的亲历者、目击者和为我们珍藏文化与传统的人们；关注在某些领域做出过特殊贡献却鲜为人知，而他们的创建正改写着我们的生存状态与思想方式的人们。

引导学生利用阅读课、班会课及周末时间，有针对性地观摩这类纪录片，上网查找有关材料，整理大师的生平经历及重要事例、成就及著述、语录名言，以及人们的评价与感悟，以此接近并去触摸这一个个性格迥异又极具魅力的中外人物，进入他们的生命旅程、思想轨道与情感世界，感受和领悟他们对时代和社会所施加的伟大影响。

被誉为"中国人的年度精神史诗"的《感动中国》，从 2002 年中央电视台活动开展以来，已经成为引领时代精神的精品。在这一坐标中，引导学生看到那些不在乎，高爵厚禄、功成名就，却用智、仁、勇、志、忠牺牲自己，成全他人的普通人、好人、英雄。让学生深刻感悟并学习他们虽承受着生活的重负，但自有操守和向往，不乏动人风采的淳厚、坚韧、善良。

大师系列、感动中国人物系列、平凡普通小人物系列，这样的积累不仅仅只为准备写作的素材论据，更让学生的精神世界得以丰腴与提升：人和人之间需要亲密的联系，需要理解与包容；真诚的交往使人温暖，相濡以沫的扶助令人动容；理解伟人可以提升我们的精神境界；普通人的独立人格和自强不息的精神也感人肺腑。

3. 以事件为载体，思考分析，有理有据。

在素材积累中，引导学生关注社会生活，紧扣时代脉搏，针对当下发生的焦点、热点问题，做出迅即的反映。指导学生选取社会生活中一些带有全局性、代表性、倾向性的事件、问题和现象，及时准确地加以剖析、阐释，既讲明道理，又发表议论，解疑释惑，情真意切，针砭时弊，激浊扬清。

例如，2015 年一部有关雾霾问题的调查纪录片通过网络公之于世后，各方面的评价也随之席卷而来。有人用刷屏的方式表达致敬，也有人针对她的动机和调查中数据的正确性提出质疑，更甚者对她的人格和过往进行挖掘和点评。分析这一社会热点，首先让学生明确无论是谁在什么角度对于纪录片演讲人作出了何种评价，其实反映的都是社会不同人群对于同一个问题的热切关注，接着让学生通过观摩视频，浏览评论，以自己的视角对纪录片中所触及的"雾霾""环保"话题，深开掘、精加工，洞幽烛微，言人未言。又如，针对 2015 年 3 月召开的"两会"，引导学生关注"两会"的精神、内容，开展"两会热点之我见"的班级讨论，时评摘要。树立"家事、国事、天下事、事事关心"的意识。

引导学生以事件为载体，善于发现那些具有普遍意义的新颖而有价值的社会问题；培养学生在辨析社会问题的基础上所表现出的思考分析能力和体现出的生气、正气、锐气。

其实可以作为论据的材料比比皆是，只要在学习和生活中坚持不断地广泛搜集并及时分类梳理储存在记忆的仓库里，等到需要时自然能在其中挑选到恰当的论据，这样的储存越多选择余地就越大。

写作的基本规律表明：对生活的热切关注和敏感思考，是一个人写作综合素养最重要的方面；一定的阅读积累，是提高写作素养的必要前提。写作素材不仅仅在书本中，还在我们细心的生活观察里。做生活的有心人，"家事、国事、天下事，事事关心"，这样的写作才更有生命力！

《做生活的有心人，积累身边最真实的素材》
课堂教学实录

高考后的第一堂语文课，按照教学惯例，会在课上先和同学们交流分析当年的高考作文。孩子们普遍都知晓了作文题。

师：前半句"大家往往努力做自己认为重要的事"和后半句"但世界上似乎还有更重要的事"，它们之间有着怎样的关系、联系？

生：对，突出的是更重要的事，但这个题目的前后部分之间是辩证关系，即你中有我，我中有你。论述时绝对不能彼此游离。高考的作文大多会检验学生的思辨能力，辩证地分析问题。

师：题目要求中有这么一句话：这种现象普遍存在，人们对此的思考不尽相同，请选取一个角度"。请问如果你在高考的考场中，用有限的几分钟构思，你会想到哪些现象呢？

学生都陷入了沉思，接着的回答无外乎学习学业重要，但身心健康、道德品质更重要这类的视角。

师：这些视角几乎所有考生都会想到，如果再泛泛举例近期发生的校园投毒案之类，文字平平的话，那在高考作文中最多列入三类卷，通俗讲就是被湮没的再普通不过的大众脸。如果前面的阅读部分也没有强项，那高考语文很难突破100分。

学生们有些面露愁苦……

师：是不是觉得没有信心了，很迷惘？学生们望着我苦笑。

师：你们是不是觉得自己才高一，议论文训练才起步，脑海中根本没有素材积累，所以没有独特的议论视角呀？

我的话给了孩子们台阶，课堂气氛没有刚才这么凝重了。

师：同学们，其实素材就在我们身边。记不记得清明节前的周一学校的国旗下演讲？祭祀、凭吊亡者重要吗？当然重要。不然，国务院不会把它列为法定节假日，每年特意放一天假让我们从事这些祭扫活动。祭祀凭吊的目的是为了追忆缅怀，追忆缅怀的目的是让我们更好地珍惜生命，体会活着的意义价值，所以更重要的是什么呀？

生："珍惜身边人、眼前人。"前排同学们附和我。

师：非常好。材料主题有了吗？简单吧！

教室里开始活跃了。

师：知道我们东昌中学学生培养目标吗？都不关心吧，"三会一有"，走廊墙面上的宣传版面上一直挂着的，我印象最深刻的一句就是"素质全面有特长"，放在今年"重要的，更重要的"这个主题中能用上吗？

生："哦，……"学生惊愕了，这时最后一排上课总睡眼惺忪的 W 同学高高举起练习簿朝我挥了挥。

师：对呀，我们学校自行设计的练习簿的封底不就印着我校学生的培养目标吗！"诚信立身会做人，慎思求进会学习，身强心健会生活，素质全面有特长。"在 W 同学的启发下全班同学都认真地拿出练习簿开始研读，前三句是不是也可以分别归类于重要和更重要两个纬度？

这时的学生们已经如获至宝般乐翻了，我乘胜追击。

师：有没有留意过校园的每一个角落，每一块石头上的每一句标语，还有每一块横幅上的每一句口号？我提示学生们六匹马的塑像边上有块石头上刻着的那一行字：为了学生的未来健康生活而教育。"教会学生知识技能，辅导学生在高考中取得理想成绩的确重要，可是……"学生们都娴熟地用上了这句口号，讨论着。

师：同学们，备战高考，准备整理话题、素材，背名言、记事例的确很重要；但是，高考不等同于会考级别的水平考试，作为高校筛选人才、甄别优劣的选拔考试，要求我们必须关注热点，关心周遭，联系当下，所谓家事、国事、天下事，事事关心。很多时候，材料就在我们身边，看你是不是生活的有心人。

师：以 2010 年高考北京卷的作文题《仰望星空与脚踏实地》为例，当年我看到作文题时曾兴奋地告诉同事，如果我们学校的学生写北京卷作文一定能得心应手。同事问我原因，因为我清楚地记得高考前的几个星期，我校党总支部书记做过主题为"我们既要有脚踏实地的精神，也要有仰望星空的情怀"的国旗下演讲。这个演讲主题源于那一年"温家宝总理与北大学子共度五四"青年节，新闻媒体纷纷以"仰望星空、脚踏实地"为主题作了专题报道。温家宝总理的那首题为《仰望星空》的诗，和他 2007 年在同济大学演讲的一段话——"一个民族有一些关注天空的人，他们才有希望；一个民族只是关心脚下的事情，那是没有未来的。我们的民族是大有希望的民族！我希望同学们经常地仰望天空，学会做人，学会思考，学会知识和技能，做一个关心世界和国家命运的人"一时成为热点。请问在座的同学们，有多少人认真聆听过每一次学校的国旗下演讲、每一次大型活动时学校领导的主题发言；类似"五四"等和我们青年人有关的节日中的一些重要讲话？如果是生活的有心人，关注了这些内容，掌握了这些材料，完成那一年的北京高考作文那岂不是得心应手，信手拈来呀？

师：把这个作文题联系到今年的高考题呢？

生：拥有脚踏实地的精神很重要，但拥有仰望星空的情怀更重要。

师：认真对待和利用自己写过的每一篇作文是十分重要的。以今年浦东新区三模作文题材料为例，鲁迅在日本留学时，读到译成日文的凡尔纳科幻小说，他发现了一个惊人的精彩：中国知识分子的梦是金榜题名、升官发财，而西方先进知识分子的梦是海底 2 万里、80 天环游地球、远征地球……因此，鲁迅喊出了"要改造中国人，必须先改造中国人的梦"的口号。不正是你们写作文的好例证吗？

下课的铃声响起了，学生们仍意犹未尽。原来写作素材不仅仅在书本里，它其实就在我们的身边。要做生活的有心人，两耳不闻窗外事的高考作文一定是没有生命力的。

课后记：很多时候，我们老师讲评作文最惯用的手法就是分析一下这个题目可以提炼哪些论点，然后拿几篇班上同学或者留存的好文章读一读，议一议。学生听美文时往往很欣赏羡慕，但是这样的方法对于帮助学生提高写作水平、拓展思路的作用可谓微乎其微。常思辨，重积累，关注热点，关注生活，用敏锐的嗅觉去捕捉周遭的热点、感点，做一个善于挖掘身边真实的素材的有心人，教会学生这些很重要。

上海市市西中学　柳苏琴

作者介绍

　　柳苏琴，汉语言文学教育专业，现就职于上海市市西中学，语文高级教师。从教二十年，不变的是对教育教学工作的热爱。坚信每位学生内心都是柔软的，每位学生都是有灵魂的，语文教育应该是能够直击人的内心，触摸他人的灵魂，丰富自己的世界。语文教学的目的不只是为了认识多少字，也不只是会答考试题，更不是只会写官样文章，而是要学会从文字中了解世界的无垠，在文字的世界里让灵魂可以相互慰藉，运用文字记录生命的存在，让诗与远方陪伴生命的每一刻。工作中从来都是从关注学生学习兴趣的培养和综合能力的提高出发，踏踏实实做人，勤勤恳恳做事，执着不懈学习，认真努力生活。珍惜生命的分分秒秒，尊重身边的每个人，热爱生活的每一天，愿为每位学生的成长尽自己所能，播下热爱语文的种子。

教育要尊重规律

　　一言堂的直接讲解或自问自答式，不会等待学生思考问题回答问题，生怕来不及完成教学任务。可是教育就应该是"慢"的艺术，教师在课堂上播下种子，然后不断灌溉，一边养一边看，一边静待他发芽、成长、绽放、结果，常言"十年育树，百年树人"，说的应该就是这个道理。英文"学校"（school）的词源是希腊语 σχολή，σχολή 一词，除了有学校之义，还有休闲、空闲时间的意思。某种意义上，学习是闲暇时所做的活动。

　　这就要求我们教师能够潜心育人。潜心是一种很难到达的境界，在用成绩作为衡量教师教学质量，用师生互动频次作为衡量课堂效果，把课堂肢解成各种可量化的数据当下，我们老师如何能潜下心？我们好多时候都把学生当作手段，而不把学生当作我们的目的。我们都很清楚学生是有丰满的灵魂的人，所以我对教育的信仰就是要回归到教育的规律，慢慢地、静静地、悄悄地做，不要浮躁，不要显摆，这才是教育该有的常态，这样才会有我们想要的结果。正如陈军老师在他的《诚直论》中所言："'诚'在《中庸》中被称为'天道'，这就是说，'诚'是有规律的……我们今天讲中小学语文学科德育的基础在于"育诚"，立足点就在这里"。

　　首先，我们应该正视学生的个体差异。正如世上没有两片完全相同的叶子一样，世上也没有两个完全一样的孩子。更何况一间教室里，几十位学生来自不同的家庭背景，从小接受的教育也不完全相同，我们又怎么能要求他们有相同的对知识接受与反馈的能力，在课堂上有完全一致的反应，这显然违背了客观规律。更不要论他们彼此间的心理差异。记得程玮女士在《那远航的白帆》篇中，叙述了她去德国小学一年级听课的见闻。老师邀请三个孩子来到黑板前，让他们一起商量后，在没有标明国家名字的世界地图上找到中国的位置。老师为什么要这样做呢？因为三个孩子中的女孩肯定知道答案，她的爸爸去过中国。其中的一个男孩肯定不知道答案，他总是回答错误，却敢于举手。老师要为他提供一个答对的机会，寻找合适的契机赞扬他。教育的智慧就在于我们能正视受教育者的个体差异，从他们的差异出发，给每个个体适合的长足的发展。我想"中国的位置在哪里"答案已经不很重要了，重要的是这位小学地理老师在引导我们思考——课堂提问这个教学行为背后更为深层次的问题，即怎样提问和为什么提问。课堂提问直接关涉教学知识内容，教学流程的有效推进，需要精心设计这是毋庸置疑的；但是除了提问内容，提问对象不也很值得研究吗？在具体的课堂情境中，提问的确有随机性、不确定性，但是老师备课时应该心中有预设，对应到具体的学生，我想这才是所谓的手中有教材心中有学生。从学生出发设计问题，而不是唯教学内容论，这才是我们应该遵循的培养人的规律，也才是适合学生成长的规律。某个提问请某位同学，可能会培养他深入思考的习惯，慢慢改变浅尝辄止囫囵吞枣的缺点。某个提问请某位同学，可能会调动起他自身的知识储备，发言是展示他学识的良机，说不定就是他喜欢上这门学科的开始，发言也许还能成为推进一堂课思维深度的催化剂。某个提问可以让几位学生一起解决，在同伴学习的过程中取长补短，增益其所不能。

其次，走进每位学生的世界。作为基础教育阶段的教师，我们不能创造原创性的知识，但是我们绝不是知识的搬运工，只负责把知识教授给学生。知识传授的过程中蕴藏着很多智慧，这些智慧恰恰是最能体现教师创造性的。通常，教学智慧往往被看作是教师的灵光乍现，事实上，教学智慧是有根基的，源于教师对于学生的充分了解。某位学生读过什么书，有哪些兴趣专长，他的认识风格是怎样的，他的家庭文化背景如何……我很钦佩上文那位小学地理教师，他能准确预判那位爱举手的小男生回答不出问题，他连那位女生的爸爸去过中国这样的细节都能知晓。老师为什么能知道呢？功夫一定是在课外！他和学生有频密深入的交流，学生愿意向老师敞开心扉分享自己的所思所想。老师为什么要去知道呢？是基于对学生真正的爱。这就需要教师付出大量的时间精力，而这些付出在短时间内是看不见效果的。但是唯有这样做，才能让教师有时间去真正走进学生的世界，才能在直面班级授课之下学生个体间有差异的客观事实下，把差异性这种"劣势"转化为生生之间相互促进的优势，就像《那远航的白帆》中，三个孩子可以互补一样。只有这样，才有一切为了学生的教育可能。

最后，教育要能智慧地维护学生的尊严。我们要求学生有尊严地活着，可是我们时常有意识或无意识地伤害学生的自尊。有多少学生是因为课上回答不出问题，从此不再举手；又有多少人因为不能达到老师的要求，从此害怕和人打交道。有一位班主任老师，面对舞弊行为的学生，没有疾言厉色地批评，而是悄悄地把那张写满公式、单词的课桌搬走，换了一张干干净净的桌子。也许你会认为老师没有是非标准，姑息庇护学生的舞弊行为，会助长学生的恶习，但其实老师的行动明确地表达了自己对舞弊行为的反对立场。老师不动声色继续着日常的教学，就像什么也没有发生过一样，这是行不言之教，给了这个成长中的舞弊的孩子自我反省的余地，敦促她反省自己的错误。记得那位老师说："我批评她，当然是对的。可是她已经是那么大一个女孩子了，站在我面前跟我一样高。如果我伤了她的自尊，也许就影响了她的一生。如果那样的话，我就错了。"老师教的是眼前的学生，想的是她的未来，他的计之长远足以引导我们反思如何批评犯了错误的学生。教师的批评，既要依规，又要重情，目的是治病救人。批评纠错，却不损其尊严，这是最最重要的。真正的教育一定是要有设身处地的同情、理解和体贴，一定要能够维护人的尊严。这门课外之课，没有人可以来开设，维护尊严的尺度也不能量化。失之毫厘谬以千里，只能靠教师自修了，而且需要自修一辈子。

蒙田说过，"教育不是为了适应外界，而是为了自己内心的丰富"。我们的教育，尤其是课堂教学更应该能够丰富学生的内心。

高中记叙文写作教学应侧重思维品质的培养

上课背景：

这是一节作文讲评课。

《读你千遍也不厌倦》是一篇命题作文，要求学生写一篇 750 字左右的记叙文，叙议结合。目的是希望学生在学习了叙事性文章（比如《一碗阳春面》《我们是怎样过母亲节》），又写过两篇记叙文的基础上，写作题材的选择和叙议结合的写作能力有所提升，也希望能为之后的议论文写作作铺垫，更希望学生的认知能力和思维能力得到提高。

批阅之后发现，学生的选材覆盖范围的确比第一次作文更广，但绝大多数学生文章中"读你"的"你"，是我们常规理解的"书"。有些学生选择各式各样的人，如普通人、名人、古人、今人、身边熟悉的人以及陌生人等入笔。也有少部分学生选择物，比如家中的宠物、陪伴长大的乐器、玩具等；只有极个别学生的选材比较个性化，如以自然作为写作对象。要求的叙议结合，大多数学生沿袭了初中时的习惯，文章写上几句议论性文字，和叙能否切合，并不在他们考虑范畴里。

这节讲评课设计了两个讨论题，（讨论题 1：以下几篇同学习作中的"你"分别是什么？你是如何确定自己笔下的"你"？你认为哪些"你"更有层次和深度？讨论题 2：本次作文的要求是"夹叙夹议"，请你挑选其中一篇谈谈该作文叙议之间是如何结合的？如果有不妥处，请给出修改意见。）希望通过课堂讨论交流，拓宽视野，提升学生思维品质，提高选材和叙议结合的写作能力。

撷取课堂讨论如下：

生 1：我在写这篇作文时，看到题目中的"读"，自然就想到读的对象应该是文字性的，所以我就选择了读诗歌。

师：能让我们自然联想到的，往往是受习惯影响，那是定势思维在左右我们。（教师指明思维受限的原因。）

生 2：我知道题目是一首歌的歌名，其中的你在歌中应该是个人，我也受定势思维影响，就选择了写人。在读了学生的文章后，觉得以人为写作对象，更易写出层次感。就像第 1 篇中"人就像是一本书，有的一读即懂，还有的读千遍也不厌倦"。所以会读千遍，他眼中的你——老师，就从起初以为读的是"理论书"，到后来"抒情的散文"，直至"不晓得该将你比作什么书"，这样的人显然应该读千遍也不厌倦，对"你"

的认识也越来越全面深刻。

生 3：我和前面同学想法接近，第 1 篇写身边的人，更能让文章有层次和深度，因为对身边人的认识应该有一个过程，会逐渐加深，写出来的人会有灵性，而第 3 篇写古人的话，因为对他了解不够深入，所以会显得空洞。

师：文 1 选择了初中时的语文老师作为写作对象，将题目中的"不厌倦"理解为"常读常新"，"读"的方式主要是课堂上听老师讲课，课后和老师交流。作者努力写出"读"老师由浅入深的过程，呈现出了一定的写作层次。对老师的"常读常新"表现得不够充分，而主要表现的是不同情境下老师的反应。读老师，想要常读常新，可能还要涉及老师本身的职业特点。在当下的教育环境下，老师本身的教育行为、观点有哪些耐人品读之处？老师对学生的心灵成长有哪些触动？这样可能会更有层次和深度。（引导学生不仅要有思考的广度，还要有深度。）

生 4：我不认同刚才同学的观点，葱油饼那篇，写的就不是身边的人，而是卖葱油饼的生意人。他也写出了层次，作者第一次只看到卖葱油饼人的辛苦，第二次看到他坚守岗位的精神，但是不知道他的精神是怎么产生的，第三次看到卖葱油饼人的内心。其实只要通过一些细节描写，就能写得有层次。

师："你"的选择有独特性，"你"的精神思考可以更深入些，"不厌倦"的不仅是坚持，应该还有对自己的产品精雕细琢、精益求精、更完美的匠人精神，融入产品的品质灵魂。还可以由此及彼联想到像老人一样的匠人仍有很多，当今社会心浮气躁，追求"短、平、快"（投资少、周期短、见效快）带来的即时利益，这样的匠人尤其有着独特的存在价值。看似平常的你，却可以千遍不厌地读。（肯定学生个性化思考的价值，也引导学生打开思路，能从点到面联想，提升对问题的认知能力，提高文章的立意。）

生 5：我说不管是什么人，亲近的人也好，陌生的人也罢，哪怕是古人，你要用心走进他，对他认真地读，而不是隔空想象，就可以写好。第 2 篇文章和第 3 篇文章是同一种类型的，都选择了将古诗词作为读的对象，选择诗歌作为读的对象，第 2 篇千遍不厌地读，随着自己一遍遍接触和诗人年龄的变化，对诗人的认识也发生了变化。第 3 篇作者将自己阅读苏轼作品的体会和个人成长感悟联系起来，就写得很好。

师：杜甫写《春夜喜雨》时为 49 岁，正是成都草堂时期；《望岳》是他 25 岁时写的，说壮年，可能不是太准确，避免这样的知识性误读。既然是以诗词作为读的对象，可以多联系具体的诗作，细致地读，将亮点擦得更亮。（引导学生勇于质疑，对于例文，不可盲目相信。）

生 6：我首先关注的是"千遍"，意味着每一次看的视角可能不同，如果以"书"

为对象，可能受书的束缚，不能写出层次。如最后一篇，对于两个情节的理解，受自身思想认知束缚，写不出层次。如果写景，像第4篇并没有将立意很好表现出来，缺乏很深的了解，立意与选材就会显得隔阂。更好写的应该是人。

师：文4读星空，读自然，这个写作对象"你"选择很好，有其独特和深意。本次作文写阅读自然的同学很少，是因为缺乏这方面的思考，在审题立意上比较趋同；或是因为即使有想法，也可能受到观察不够细致、语言表达不够细腻等问题的困扰，不能写也不敢写，这也许正是我们写作上应该突破的地方。作文要想体现写作人的个性，我们同学就应该在平时关注生活，深入生活。写作时打开思维，大胆联想，用自己的笔说出自己想说的话，表达你独一无二的认识。（重申勇于质疑，发散思维的重要性。）

教后反思：

一、概念化思维决定选材的类型。在传统西方哲学乃至中国的现代哲学中，概念被认为是人类的观念化理性思维的细胞，以它为起点，构成了判断、推理和概念化推衍系统。"概念"一词，《现代汉语词典》这么解说："思维的基本形式之一，反映客观事物的一般的、本质性的特征。人类在认识过程中，把所感觉到的事物的共同特点抽出来，加以概括，就成为概念。比如从白雪、白马、白纸等事物里抽出它们的共同特点，就得出'白'的概念。"[1] 可见"概念"是概括了一类事物的共通点的观念。"概念化思维"就是一种依据事物的共通点及其衍生族类（比如依据概念形成的判断和推理）而想问题的方式，这种方式具有普遍化或一般化的特点，容易忽视文化的、生活的"特殊状态"。"你"一词，《现代汉语词典》释义："①称对方（一个人）有时也用来指称'你们'，如：你军。②泛指任何人（有时实际上指我）。"[2] 可见，在日常生活中，我们基本使用他来称人，概念化思维就很容易让学生以人为中心，把写作对象确定为人。"读"，《现代汉语词典》释义："①看着文字念出声音。②阅读；看（文章）。"[3] "读"和"你"结合起来，概念化思维就易让学生判断写作对象为文字性读物，如诗、文或书籍等。当这种思考问题的方式占据主要地位，日日与我们相伴的自然，可以反观的自我等素材就很难进入学生的笔端，选材的范围就会变得狭窄，写作的对象就会普通化一般化。

想要减少概念化思维对学生的负面影响，在课堂教学中，尤其是在写作教学中，更应该侧重培养学生发散性思维的能力，能够多角度去思考问题，从而挣脱概念化思维的束缚，为写作找到个性化新颖的素材。具体做法是教师可以提供学生思维的路径，让学生能有思考的方向。比如可以引导学生从具体到抽象思考"你"，就会发现可读的"你"就不仅仅只是具体的人或物，也可以是抽象的文化或某种精神。再如由此及彼地联想，"你"可以是个体，也可以是一个群体，就如习作5中卖葱油饼的人，从他身上可以读出一群人的工匠精神等。在课后，教师可以选择一些作品推荐给学生阅读，针对这节课，可选择如史景迁读历史的相关作品，李娟读自然的作品，反映工匠精神的《我在故宫修文物》等，扩大学生的阅读量。让学生在各类作品阅读中，丰富对"你"这一概念的理解。"你"不只可以用来称人，如果我们以平等的视角看待一切，那么所有的存在都可以以"你"相称，这样概念化思维形成的壁垒就可能打破。

二、试错型思维影响立意的深度。所谓试错型思维即通过尝试得到反馈，由此不断调整自己的应对方式及至整个应对策略，从而达到在动态变化过程中的最大效益。学生在长期的应试作文写作技巧训练中，迎合应试作文的要求，不断调整写作的应对策略，尽可能做到以最少时间、最简单的思考、最不会犯错的方式取得最好的写作分数。为了让记叙文的分值能够高一点，学生往往在纯记叙的基础上，生硬地添加一段看上去很美，实则和记叙内容并不是十分贴合的议论，人为拔高文章的立意。至于叙议如何才能做到有机结合，并不做认真思考。就如习作 3，同学们写眼中的苏轼，只是简单应用日常阅读到的各种材料，而没有结合自己所记叙的内容，因而议论就显得大而无当。这样的议论不仅不能提升文章的立意，还给阅读者生搬硬套之感，口号式的议论居多，文章立意相对肤浅。绝大多数同学认为读千遍也不厌倦的缘由是阅读对象具有多面性，或者是因为读的角度不同，学生立意往往在广度上做文章，而纵向的思考偏少，深度就无法表现。

尽管学生的生活体验、阅读水平、认知能力等也对写作有一定的影响力，但对写作能力起决定性作用的依然是学生的思维品质。在作文教学中，应该把教学重心放在学生的思维能力培养上。作文教学是一件着急不得的事情，思维品质的提升更是不可能一蹴而就，在后续教学中，要在思维品质培养上多下功夫，学生作文才可能有质的提升。

参考文献

[1][2][3] 中国社会科学院语言研究所词典编辑室 . 现代汉语词典 [M]. 北京：商务印书馆，1997：404，924，310.

上海市市北中学　韩立春

作者介绍

　　中共党员。中学语文一级教师。上海市陈军语文学科德育实训研究基地学员。2002 年 7 月毕业于华东师范大学中文系，获文学学士学位，同年进入市北中学工作至今。现任学校教科研室副主任。曾获上海市中小学教师读书征文活动一等奖、第二届"创造教育与课程建设"主题征文案例类评比一等奖、第十九届沪浙苏皖新语文圆桌论坛主题征文二等奖、区骨干教师"百花奖"、区教育系统优秀青年等荣誉称号。平时勤于读书、思考、写作，在《文汇报》《新民晚报》《语文学习》《语文教学通讯》《文学报》等报纸杂志发表教学论文、教育随笔四十多篇。指导学生在《新民晚报》《文汇报》《中文自修》《上海中学生报》等报纸杂志发表习作二十多篇，并荣获上海市中学生作文竞赛一等奖、恒源祥中国中学生作文大赛一等奖。语文课堂注重立足日常生活，注重强化思维训练，由课内而课外，拓宽学生语文学习的道路，培养学生"读书看报写文章"的能力和习惯。

引导学生走出"似是而非"的认识误区

月　夜

杜甫

今夜鄜州月，闺中只独看。

遥怜小儿女，未解忆长安。

香雾云鬟湿，清辉玉臂寒。

何时倚虚幌，双照泪痕干。

在教高三年级第一学期第五单元的杜甫名篇《月夜》之前，我先请学生背诵全诗并初步探究作者所要表达的主题。课上，当我就预习的问题提问时，学生竟然异口同声地告诉我"思念亲人"。问起理由，学生抱以一笑，答曰依据有二：第一，课本注释"诗是秋天月夜在长安怀念妻子之作"；第二，第五单元的单元主题导语"每个人都有自己的家园。故乡的明月，亲人的目光，时时牵动着天涯游子的心。'归去来兮'的呼唤，处于天性的亲情，谱就了文学史上多少动人的篇章！亲情、故园情将照亮并温暖我们的一生。"

对于学生的第二个依据，我给予了肯定，赞扬他们这是动脑筋找依据的表现，而第一个依据则有偷懒的嫌疑——这样的答案显然是不需要动脑筋的！但是学生的这种回答又不能算错，至于理由则要有一番考究了。其实，学生的这种"似是而非"的答案非常常见，特别是高三的学生，在诗歌鉴赏的练习中更有可能犯这样的"错误"——笼统的概念化的模糊回答。因此，在古诗词教学中，教师一定要引导学生走出这种认识上的误区，让他们明白这种"似是而非"的模糊理解不可取。

课堂上，我就顺着学生的第一个依据——课本注释——往下说，这首诗确实是作者在长安怀念妻子之作，注释中还有一句话交代了写作背景：这年（唐肃宗至德元年，公元 756 年）五月，杜甫携家避难鄜州，八月只身投奔在灵武即位的肃宗，被安史叛军掳至长安。紧接着，我将写作背景作了细化交代：天宝十五载（公元 756 年）春，安禄山由洛阳攻潼关；五月，杜甫从奉先移家至潼关以北的白水（今陕西白水县）的舅父处；六月，长安陷落，玄宗逃蜀，叛军入白水，杜甫携家逃往鄜州羌村；七月，肃宗在灵武（今宁夏灵武县）即位，改元至德，杜甫获悉即从鄜州只身奔向灵武，想为国效力，不料途中被安史叛军所俘，押回长安；八月，杜甫被禁长安望月思家而作此诗，表达了对离乱中的妻子儿女的深切挂念。

我进一步肯定了学生"思念亲人"一说的可取之处。但话题一转，提出了新的问题：望月怀远，睹物思人，触景生情，自古皆然，思亲之作可谓数不胜数，那么这首诗的独特之处在哪里呢？

于是，我带领学生从他们预习中的结论入手，进一步探究他们的"思念亲人"之说是否准确。抛出了两个疑点：本诗题为《月夜》，作者看到的自然是长安月，如果写自己独处长安，思念尚在鄜州的妻儿，起笔应是"今夜长安月"，此为疑点一；疑点二，谁在思念亲人，即抒情主人公究竟是谁？我请学生再细读全诗，找出诗中能够表现主人公抒情的字词。学生很快就找到第一联中的"独"字——"独看"表明是一人孤独望月思念亲人，情感立现！学生颇觉得意。我紧跟一句：是谁在"独看"？学生立刻反应过来——是妻子，而不是作者！此时疑点二也解决了，第一联的意思也明明白白了：今晚鄜州的月色多么美好，妻子孤独一人在闺中远眺那空中的圆月。诗人并没有写自己望月怀妻，却想象身处鄜州的妻子此刻正望月怀念远在长安的丈夫。但仔细一想，诗人又何尝不是月下"只独看"呢？正所谓"两地独看，一种愁思"，表达的主题一致，但是写法上稍加变换，达到的效果却是天壤之别了！此时，我顺势问学生，说作者"思念亲人"的说法需要推敲吗？有没有更好的说法呢？

一波未平一波又起！我紧接着抛出第二个问题，如果说诗人只身处在长安，算是"独看"的话，那么妻子尚有儿女在旁，为什么也是"独看"呢？其实，杜甫不愧为大诗人，立刻用"遥怜小儿女，未解忆长安"一联作了回答。年龄尚幼的孩子们哪里懂得想念他们远在长安的父亲，更不会理解他们的母亲望月怀人、思念长安之苦！天真幼稚的小儿女的"未解"更能体现出大人们的痛楚，同时也进一步显出妻子此时之"独"，她携儿带女，独处荒村，自是苦不堪言。

第三联则把抒情主人公和盘托出，表明月下怀人的是妻子。两句进一步想象夜深露重之下，妻子那乌黑的散发芳香的发髻已被雾气所湿，洁白如玉的臂膀应该感到凄冷。"湿""寒"二字，写出夜虽深而人不能寐的场景。对于妻子而言，望月越久而思念越深，甚至还会担心战乱中的丈夫是不是还活着，此时此刻怎能不是热泪盈眶呢？神思恍惚之中，诗人也仿佛看到了妻子笼罩在清冷月光下的孤独身影，想到妻子满怀愁绪、夜深不寐，诗人自己恐怕早已泪流满面。

尾联则是妻子的美好期盼——何时能团聚，夫妻双双依偎在帷帐之前，共赏月色，让皎洁的月光照干两地相思的泪痕呢？想象中将来的"双照泪痕干"，证实了现在的"独看泪不干"，此时，"双"与第一联的"独"呼应对比，形成巨大的艺术张力，让读者领略其思念之深，感情之深！清代学者浦起龙《读杜心解》云："心已驰神到彼，诗从对面飞来，悲婉微至，精丽绝伦，又妙在无一字不从月色照出也。"题为《月夜》，字字都从月色中照出，"独看"是现实，却从对面着想，只写妻子"独看"鄜州之月而"忆长安"，而自己"独看"长安之月而忆鄜州则蕴含其中。"双照"包含了回忆与希望，既感伤"今夜"的"独看"，又回忆往日的同看，而把并倚"虚幌"、对月抒愁的希望寄托于渺茫遥远不知"何时"的未来，至此一诗之眼"独看""双照"之意毕现。

讨论至此，学生们才明白了杜甫在整首诗中是通过想象写妻子对自己的深深思念，来表达自己对妻子儿女的深深思念，而不只是"思念亲人"这四个字那么简单。明末清初学者黄生高度评价杜甫的《月夜》——"五律至此，无忝诗圣矣"，肯定不是从"思念亲人"的角度评价的。根据以上解读，学生们也发现"一代诗圣，落笔见奇，因情造像，不写自己望月怀妻，而将相思之情幻化为生动具体的生活图景，设想妻子望月怀念自己，又以儿女未解母亲忆长安之意，衬出妻子的孤独凄然，进而盼望聚首相倚，双照团圆"（《杜甫诗精品赏读》，五洲传播出版社，2005 年版）。

杜甫《月夜》诗的构思采用"从对方着笔"的方式，妙在从对方那里生发出自己的感情，在想象中展开，曲折别致，感人至深。清代仇兆鳌在《杜诗详注》中说："意本思家，而偏想家人之思我，已进一层；至念及儿女之不能思，又进一层。"后世诗人常常学此法度。白居易《邯郸冬至夜思家》："想得家中夜深坐，还应说着远行人。"运用虚实结合的手法，从对方着笔，想象家人坐在灯前，诉说远行人直到深夜的情景，更加表达了诗人对家人的思念之深，也给读者留下无穷的想象空间。温庭筠《望江南》："过尽千帆皆不是，斜晖脉脉水悠悠"一句诗，从思妇着笔，等待久别不归的爱人，一次又一次从希望到失望，空寂焦急之态布满纸上。柳永《八声甘州》："想佳人，妆楼颙望，误几回、天际识归舟"一句直承温庭筠词意，用意中人的望归写自己的望乡，曲尽游子思乡之苦，归思之切。

在本次《月夜》的教学过程中，我们不难发现，主题内容的理解只是古诗词教学的一部分，怎样让学生学会捕捉类似《月夜》开篇内容表达上的突兀、抒情主人公的变换等问题都是值得好好研究的。总之，我认为，古诗词教学不是告诉学生一些前人的结论，而应当基于学生现有的认识水平，带领他们一起探究，特别是学生自认为掌握的一些似是而非的结论性内容，一定要让他们"知其所以然"，写法探究、鉴赏评析都是古诗词教学的应有之义。

《游褒禅山记》（第二课时）课堂教学实录

【设计说明】

《游褒禅山记》是传统经典文言篇目，相关研究文章、教学设计多如牛毛，不同的教学思路实际上都是大同小异：要么着重分析"志""力""物"三个条件的关系及其对于成功的重要性；要么研究"深思慎取"的严谨的治学态度和认真的求实精神；还有研究干脆把从山名读音引申出的"深思慎取"跟游洞经历引申出的"志力物"的关系当成是文中的两个观点，勉强说成"这一段（第四段）与前一段的论述略有游离而又不无关系，是从前一段议论的基础上申发出来的议论，也是全文的关键所在"（《高中二年级第一学期语文教学参考资料》，华东师范大学出版社，第 144 页）。

文章究竟是不是两个观点？"志力物"和"深思慎取"之间究竟有没有关系？细读文本可以找到答案。本节课我们试图带领学生从文本出发，探究王安石的写作意图以及文章的主旨。

【教学实录】

师：同学们，上一节课我们一起熟读了文章，梳理了重要字词。这节课我们将在熟读文章的基础上，进一步探究文章的主旨。请大家先齐读课文，并简要概括每一节的主要内容。

生齐读课文。

师：请四位同学概括课文四个小节的主要内容。

生：第一节考证褒禅山和华山洞得名的由来。

生：第二节记游山洞的经历及出洞后的心情。

师：什么心情？

生：悔。

师：好的。第三节呢？

生：表达自己未能深入后洞的感想和体会。

师：有哪些体会？

生："志""力""物"对成功的重要性。

生：我们做事应求思之深。

生：尽志就可以无悔。

师：从这一次游褒禅山的经历中，王安石有这么多的感想啊？我们等会儿重点讨论这些感想。第四节？

生：由华山读音的以讹传讹，提出"深思而慎取"的观点。

师：好，又是一个感想。加上你们刚才说的三个，总共有四个了哦。根据大家刚才的概括，我们很容易看出来，前两节是记游，后两节是说理。围绕"志""力""物"，能梳理记游与说理的对应关系吗？

生点头，举手。

师示意举手的同学。

生：我先说"志"。从记游来讲就是作者想走到山洞的尽头，从说理来看大概就是表达一个人的心愿吧，或是志向？

师：都可以，或者说心志也行，你看呢？

生：嗯。"力"在文中比较清晰，应该就是作者的体力。因为作者说"方是时，予之力尚足以入"。

师：是不是也可以说智力、能力等？

生："物"在这里是指作者进入山洞时照明的火把，我们可以把它看成是外部条件。

师：很好，分析得比较透彻了。作者用"有志矣，不随以止也，然力不足者，亦不能至也。有志与力，而又不随以怠，至于幽暗昏惑而无物以相之，亦不能至也"这一句话，把"志""力""物"的重要性说得很清楚了。我们一起总结一下记游与说理的对应关系。

PPT 投影：

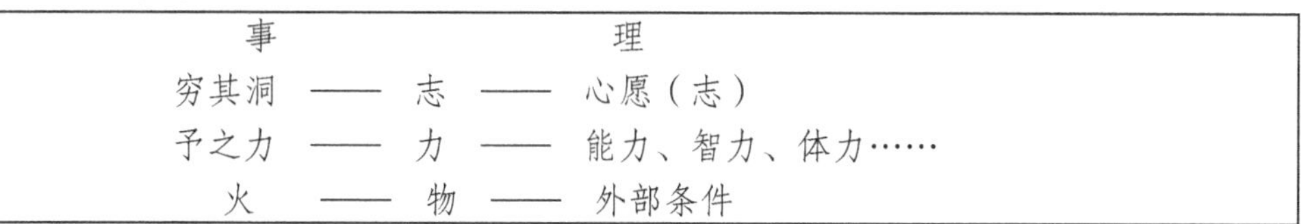

师：但是，问题来了，作者分析"志""力""物"三者的关系后并未结束文章，而是宕开一笔，继续写道："然力足以至焉，于人为可讥，而在己为有悔；尽吾志也而不能至者，可以无悔矣，其孰能讥之乎？此余之所得也"。反思自己，体力尚可，火把尚明，关键在于没有尽志，最终强调了自己所得为"尽志则无悔"，呼应了前面提到的"悔"字，但是作者在接下去的第四段又突出了"深思而慎取"的观点，与第三段开头的"求思之深"意思相同（板书：尽志则无悔，深思而慎取）。这些就是你们刚才概括主要内容时总结出来的作者感想。那么，这两个观点之间有联系吗？还是仅仅是两个不同的观点？

生沉默。

师：大家还是回到课文里，再找一找，作者用哪一句话连接了记游和说理两部分？

生："于是予有叹焉"。

师：这句话用现代汉语怎么说？

生：于是我有了感叹。

师：能不能准确一点？我们以前强调文言文的翻译要注意些什么？

生：尽量字字落实。

师：这里落实了没有？

生：我再试试。"于是"可以不译吗？

师：按照你刚才的译法，你把"于是"等同于现代汉语了。

生：哦，这里应该是古今异义，"在这里"，或者是"在这个时候"。

师：体会一下，哪一个更好？

生："在这个时候"吧。

师：去掉"吧"，确定一点。最后的"焉"你译了吗？

生：没有。好像做兼词，解释成"于此"更好一些。

师：具体怎么译？跟前面的"于是"一样吗？

生：不一样，一样的话就重复了。在这个时候我对这件事有了感叹。

师：修订后比你刚才的翻译要准确了。这句话在文中起什么作用？

生：承上启下。

师：准确地说是哪一个字承上启下？

生："叹"。

师：承接上文因什么而"叹"？

生："而予亦悔其随之，而不得极夫游之乐也"，后悔自己因"随之"而没有深入华山后洞。

师：让王安石后悔的"随"是什么意思？

生：跟随。

师：这个解释是不是准确？有一句话大家应该很熟悉，业精于勤……

生：荒于嬉，行成于思，毁于随。

师：对啊，韩愈《进学解》中的这句话大家很熟悉啊。"随"怎么理解？根据上下句的对应关系，"勤"与"嬉"相对，"随"与"思"相对，"随"的意思就是不思，即不思考，盲从别人。"予亦悔其随之"就是后悔自己盲从别人，在体力尚可、火把尚明的情况下，跟着别人退回了，没有走到山洞的尽头。所以，作者王安石在说理部分的第一句就谈到"古人之观于天地、山川、草木、虫鱼、鸟兽，往往有得"的原因是"求思之深而无不在也"，而自己就是因为没有"求思之深"，盲从别人，才不能尽享这次游玩之乐。

生若有所思。

师：其实，文中的"随"字不止一次出现。请大家圈划文中的"随"字，大声读出原句。

生：而余亦悔其随之。有志矣，不随以止也，然力不足者，亦不能至也。有志与力，而又不随以怠，至于幽暗昏惑而无物以相之，亦不能至也。

师：还有吗？这些都是显性的"随"，有没有隐性的"随"？作者是跟着别人退回的……

生：哦，有怠而欲出者，曰："不出，火且尽。"遂与之俱出。"与之"也是"随"。

师：对。还有，作者在第四节重提开头提到的"仆碑"，并告诫我们要"深思而慎取"。关于华山的读音，读作"华实"之"华"也是"随"的典型表现吧？而王安石细心研究了路边的仆碑，找到正确的读音，就是"不随"，就是"深思而慎取"。"后世之谬其传而莫能名者"也是"随"。现实生活中，"随"、盲从的现象很多，如今网络信息杂乱无章，自媒体时代，人人都是信息发布者，"深思而慎取"尤其显得重要。

生："谬其传"是隐性的"随"。

师：文中还有"随"。

生：还有啊？

师：你们没读出来？我读出来了，直接告诉你们吧。"然力足以至焉，于人为可讥，而在己为有悔"，这句话我觉得直接翻译不太通顺，把句中省略的意思补充完整了才通顺，然力足以至焉（却因为盲从别人而未至），于人为可讥，而在己为有悔，是不是更顺畅？

生：真的哎！

师：有"随"了吧？作者如此不厌其烦地谈及"随"字，是因为在志、力、物三者中，"力尚足以入，火尚足以明"的情况下，"随"别人而出，而没有"求思之深"，没有"尽吾志"导致留下遗憾。因此，作者对"志""力""物"的思考以及"尽吾志"的观点和主张与"深思而慎取"不是截然分开的。对"志""力""物"的思考以及"尽吾志"的观点恰恰就是王安石"求思之深"的结果，也是他"深思而慎取"的生动表现。文中说理统一到"随"字上，从而告诉我们应该"不随"。

生点头赞同。

师：其实，"尽吾志"与"深思而慎取"的精神充分体现在王安石后来的政治生涯中，《游褒禅山记》也是王安石思想性格的侧面写照：王安石变法不畏艰险，深思慎取，坚持推行新法（人称"拗相公"）。

师：通过前面的分析可见，王安石从游褒禅山的日常经历出发，告诉我们一个深刻的道理。如果你是王安石的同游者，同样经历了这次游褒禅山的过程，你也写一篇《游褒禅山记》，你写什么？我们假想一下，苏东坡会怎么写？每个人找到的说理出发点肯定不一样。

PPT 投影：

> "凡物皆有可观。苟有可观，皆有可乐，非必怪奇伟丽者也。哺糟啜醨，皆可以醉；果蔬草木，皆可以饱。推此类也，吾安往而不乐？"
>
> ——苏轼《超然台记》
>
> "士生于世，使其中不自得，将何往而非病？使其中坦然，不以物伤性，将何适而非快？"
>
> ——苏辙《黄州快哉亭记》
>
> "而世之奇伟、瑰怪，非常之观，常在于险远，而人之所罕至焉。"
>
> ——王安石《游褒禅山记》

师：因此我们说，物象或者经历与事理之间不是唯一的对应关系，即使面临相同的情况，每个人也可以有不同的议论出发点。

PPT 投影：

师：大家注意，虽说游记散文的立意可以是多角度的，但是文章立意的高下与作者的性格、事业、胸怀、抱负、学养、眼界等有很大的关系。所以，同学们在学习、生活中要不断提升自己，做更优秀的自己。最后小结一下，本文写法上因事说理，叙议结合。作者略写华山、慧空禅院、仆碑和华山前洞的景色，详写游华山后洞游人的活动，为下文抒写感想、发表议论作铺垫，而议论又句句回应记游。这些构思都是经过"深思而慎取"的。建议同学们学完本文后，重新审视自己曾经的旅游经历，或许会发现更多的写作点。

上海市大宁国际小学　丁蕾蕾

作者介绍

丁蕾蕾，女，小学高级教师。1999年毕业于上海师范大学，从事小学教育21年，一直从事着小学语文教育，兼任班主任工作。作为一线教师，她扎根在三尺讲台，语文教学沉稳踏实，求真，求诚，与时俱进，引领着学生遨游在知识的海洋。曾参加过市、区级各项教学比武，获得各类奖项，其中执教的《花木兰》获得五省六市优秀课堂展示的特等奖。《创设语言环境，培养学生语言能力》《漫谈课堂教学中的鼓励性评价》《浅谈汉语拼音随文教学的必要性》等多篇论文曾获得全国优秀论文评比的一等奖。作为一名教师，她始终尊重学生个性发展，用心引领学生成长。

漫谈课堂教学中的鼓励性评价

古希腊思想家德莫克里特强调，在教育过程中，教育要适应儿童的天性，主张对儿童教育要采取说明和鼓励的方法。"修辞立其诚"，求真，求实，无论是做人，还是做事，做教育更该如此。一线教育，更应该回归孩子的本质，激发儿童的天性，给予他们真善美的鼓励。

特别在小学阶段，不论是哪门学科，教师在课堂教学中，都应采取不同的方法，调动他们学习的积极性，培养他们参与课堂讨论的兴趣。尤其是在语文学科的课堂教学中，更应如此。我是这样做的：

一、在课堂教学中，注意鼓励的形式要多样化，真诚地鼓励学生。

教师应十分注意自己的神态和语言，这对于学生的课堂参与有着一定的影响。在学习过程中，教师可采用"体态鼓励法"。当学生回答问题时，教师可轻轻地点点头，也可微微地笑一笑，甚至可走到学生面前，在他头上摸一摸等。这些小小的举动，对差生而言，或许会激动好几天。教师也可采用"语言鼓励法"。当学生回答正确时，如果单纯地运用"好的"来肯定，在短时间内或许能提高他们的积极性，但时间一长，学生自然而然地会产生厌倦的情绪。这样，课堂气氛就会显得呆板。因此，教师应针对不同的学生、不同的问题，给予不同的评价，给予不同的鼓励，这就是"语言鼓励法"。除了常用的"好"以外，还可用"对，不错，可以"等。对回答非常满意的学生，可用"真好！多好啊！非常好！"等口头语言进行表扬，激发他们参与讨论的积极性。当然，给予口头鼓励语的同时，又要适当穿插点评或点拨，也就是"点评鼓励法"或"点拨鼓励法"。在点评时，以表扬为主，如请学生朗读后，可让学生自己评议或采用教师穿插点评，评一评，"谁读得好？哪些地方读得好？为什么？"评讲对了，给予表扬，即使讲错了，也不给予批评，可从参与学习态度方面进行表扬。学生自己在评讲的基础上，不仅能加深对课文的理解，而且培养了他们口头表达的能力。对较有难度的问题，可采用"点拨鼓励法"。这种方法，是对一些基础较好的学生提出一些更高的要求。如《吃水不忘挖井人》一文中，主要让学生知道毛主席为老百姓考虑，带领战士们和乡亲们挖井，解决了村子里的饮水问题，让学生懂得幸福生活来之不易，要学会感恩，懂得珍惜。课文学完后，我设计了这样一个问题：乡亲们为什么要在井边竖立一块纪念碑？一生答：因为他们要感谢毛主席。说完，她坐下了。我又说："说对了，但没有说清楚感谢的原因，如果能加上'感谢毛主席什么'就更好了。"因果关系的句式低年级的学生从未接触过，我在这里有意识地设计这一步，不仅帮助学生养成了说话完整的习惯，而且为中年级的学习作了铺垫。因此，针对不同的学生，采用不同的鼓励形式，既能提高他们学习和参与讨论的兴趣，也能培养和提高他们的语言表达能力。第一位站起来说的并不完整的孩子，自信心未被减少的同时，还激发了他想要说的更好的意愿。

二、在教学过程中，要时时处处寻找学生的闪光点，对他们进行表扬，让学生看到最棒的自己。

教师如何在一堂 35 分钟的课上，充分调动每位学生的积极性呢？一句话：只要有进步，都应鼓励、表扬。尤其对低年级学生的课堂学习行为，更应如此。比如，对一些基础较差和中等生而言，有的以前不肯说，现在肯说了，我就给予表扬；有的回答不出问题，他能重复别人的话，我就给予表扬；有的从小声回答到大声回答，我就给予表扬；有的从回答语言不规范到规范，我就给予表扬。对一些基础较好的学生而言，有的能及时找出其他同学说错的地方，并帮她纠正，我就给予表扬；有的回答中有好词好句，我就给予表扬……时时处处寻找学生的闪光点，在了解每个学生特点的基础上，从不同的角度，对每一个学生的每一次表现，都给予充分肯定，哪怕正确的部分是极其细微的，也必须充分肯定。这样，不断为学生创造表现成功机会的环境，就意味着为每一个学生提供更多参与的机会，让他们体验成功的喜悦，才能充分调动他们参与讨论的积极性，进一步增强自信心，去争取更大的成功。

三、在教学过程中，针对不同层次的学生，进行表扬，让每个孩子都激发潜能。

首先，必须扭转课堂讨论中少数基础好的学生始终围绕教师的提问，而大部分中等及其偏下的学生冷落旁听，参与面狭窄的局面，使教育的机会均等起来。因此，教师在备课时，应考虑到学生们的不同基础而给予不同的提问。简单问题可叫一些中等生回答。当然，也要考虑到一些尖子生，他们知识面广、思维活跃，可适当设计一些难度较高的问题。那么在教学中，如何使学生的回答从不到位到到位，从不完整到完整呢？如《聪明的华佗》一文中，主要是讲华佗把两只相斗的羊引开。在教学中，我设计了这样的思考题：华佗是怎样把两只相斗的羊引开的？从哪里可看出？我先请两三个中等生，让他们从文中找出有关句子，再找一两个基础较差的学生学着样子读，最后，我问：为什么华佗要这样做呢？于是，我就请了一些好的学生，让他们各抒己见。有的同学说，一只手各拿一把，不仅不会让他们分开，而且会越斗越凶；有的说，羊最爱吃草，晃动是引羊吃草，羊一吃青草，他们就会分开；还有的说：两只手各拿一把草，两只羊分别去吃两只手上的草，羊就被引开了……

学生从正反两方面阐述了自己的观点，由被动的学习逐步转向主动学习，这样的课堂教学，为不同层次的学生创造和提供了参与学习的机会，激发了他们的学习兴趣，提高了课堂教学的效率。

让教育的语言回归到质朴的真诚，用真诚的语言去激发我们学生的潜能。多一些鼓励，多一些发现，多一些爱。

《我喜欢小动物》课堂实录

师：同学们早！

生：老师早！

师：请坐。

一、引领探究

师：你们知道我今天要上第几课吗？

生：第 21 课。

师：我们按顺序来上，今天我们要上的是第 21 课：我喜欢小动物。（板书：21 我喜欢小动物）谁能来读课题。

生：我喜欢小动物。

师：我觉得他关键词没有读好。你认为？

生：我喜欢小动物。

师：你认为哪个是关键词？

生：我喜欢。

师：但是你没有读好啊。

生：我喜欢小动物。

师："喜欢"读重音了，"我"后面停顿不要那么长。谁再来？

生：我喜欢小动物。

师：读得很好。加上课题，第 21 课，预备起。

生：第 21 课 我喜欢小动物。

师：把书打开，翻到这一课，发现了没有？在课题的右上角有一个①，这样的符号我们已经接触过好多次了，它是什么意思呢？

生：这个①是表示这篇课文有注解。

师：有什么注解呢？我们翻看课文最后一页，你说说看。

生：这篇课文是谁写的。

师：好，看屏幕，老师把书上的注释再具体化，给你们罗列了些内容。你们仔细读一读，然后完成课练卷上的第二题：查阅资料。我看看你们获取信息的能力强不强。两分钟完成，开始。

师：我们已经有同学开始写了，但是有同学笔都没有拿出来，我想你两分钟是完成不了的。（师巡视）

师：根据解释，结合课练卷的这张表格，按顺序来说说，你获取了哪些信息。首先，第一个信息。

生：我知道了他的原名叫林觉夫。

师：现在的笔名叫作？

生：秦牧。

师：正确，继续。

生：我知道了他的代表作有《艺海拾贝》《花城》《长街灯语》等。

师：好，我们一起来把他的代表作来读一读，他的代表作有——

生：《艺海拾贝》《花城》《长街灯语》

师：填在填空里的时候，千万不要忘记写——

生：书名号。

师：继续。

生：我还知道课文的原名是《小动物》。

师：这里有表格的第二栏：原名，这个原名指的是这篇课文的原名还是这位作者的原名。错了，请坐。

生：我还知道了他曾经当过作家，当过教师，还当过编辑。

师：哦，你把第四栏人物的其他情况说得很清楚。你呢？

生：我还知道了他是广东澄海人。

师：你还知道了他的祖籍，请坐。同学们，你们现在获取信息的能力越来越强了，通过这个注释，我们知道了这篇文章的作者是——，原名——，他的祖籍是——，他不仅是一位——，还曾经当过——，他的主要作品有——。这篇文章叫作《我喜欢小动物》，原来的名字就叫作《小动物》，编入课文的时候，根据我们小朋友的特点，有所改动。

师：今天我们就要来学习这篇很有趣的文章。秦牧这位作家，他特别的贪玩，在他的儿童时代，他就非常非常地喜欢——

生：小动物。

师：瞧，他养过——

生：小鳄鱼、小白鼠、兔、斗鸡、山龟和斗鱼。

师：六种东西。发现了吗？养过那么多小动物，它们之间都用了什么符号。一起说。

生：顿号。

师：表示并列的内容，我们可以用顿号来隔开。除此之外，他还养过其他小动物呢，课文当中具体介绍了他养过什么小动物，快速浏览课文。

生：他养过鳖。

师：知道什么叫鳖吗？就是像甲鱼一样的。还养过什么小动物？

生：小作者还养过过山鲫。

二、自主探究

师：接下来请你们自己读读课文，读准字音，读通句子，思考一下：课文的那几小节写了作者做过的趣事，这些趣事是什么呢？用上这三个词。课文那几小节又写了作者做过的蠢事，这些蠢事又是什么呢？用上这两个词。要求清楚了吗？准备开始。读出声音。（师巡视）

师：在这篇课文中，有这些生字，我们一起来学习一下。第一组开火车，每人读一个词。

生：小鳄鱼、过山鲫、鳖。

师：发现了没有，这三个字都有一个共同的特点。

生：都是鱼字旁。

师：这两个字都是鱼字旁，这个字是鱼字底。继续。

生：愚蠢、水缸、哼。

师：语气词读得很准确。第二组。

生：鞭子、血淋淋、久、天旱。

师：旱的意思是什么，知道吗？

生：旱的意思就是很干燥。

师：是的，旱的意思就是特别的干。老师说一个词语"干涸"，我们一起读。

师：把词语放入课文中，我们每人读一句话。我的火车往哪开？火车从第三组开始开。（生开火车读课文）

师：现在谁能来完成这两个填空题。课文的哪几小节写了作者做过的趣事？

生：课文2~4小节写作者做过的趣事。

师：请你把第二小节读一读。

生：3、4两小节。

师：课文的3、4两小节是写作者做过的趣事。（板书）看看，认真读一读，你就发现了。那么，课文哪几小节写的是作者做过的蠢事呢？

生：课文的第 6 节写了作者做的蠢事。

师：有不同意见吗？

生：我认为第 5、第 6 小节写的是作者做过的蠢事。

师：那我请你读一读第 7 小节。这是在写愚事还是趣事？所以哪几小节是写作者做过的蠢事？

生：5~7 小节。

师：所以读课文啊，我们一定要认真，不要匆匆读完立马举手。（板书）"蠢"字上面写个"春"，撇和捺稍微长一点，下面写两个虫。跟我读"蠢事"。"蠢"还可以组什么词语？

生：愚蠢。

师：我们来看看作者做过的趣事，这些趣事是什么呢？看看书。

生：这件趣事是作者把过山鲫捞起来，放在地上，看它们跃动。

师：和丁老师概括得一模一样，掌声送给他。刚才你说 5、6、7 小节写了作者做过的蠢事，这件蠢事是作者干什么？

生：这件蠢事是作者用一根手指去逗鳖玩，结果被鳖咬住，手指变得血淋淋的。

师：把一个动作"逗"说清楚了，把一个结果"血淋淋"说出来了。谁再来说一说，可以有不一样的表达方式。

生：这件蠢事是作者逗弄鳖的时候不小心被鳖咬住了，手指变得血淋淋的。

师：我给你的是"逗"，不是"逗弄"哦。

生：课文 5、6、7 节写作者做过的蠢事，这件蠢事是有一次作者逗鳖的时候，把手指伸到十分接近鳖的吻端，鳖咬住了他，手指变得血淋淋的。

师：你们知道吻端是哪里吗？最靠近嘴巴的部位就叫作吻端。不同的表达方式意思说得很清楚，也是用了概括的方法，我们一起来看，这件蠢事是——

生：我用手指逗鳖，结果被它咬得血淋淋的。

师：一件趣事，一件蠢事，都是围绕课文哪一小节写的。

生：我认为都是围绕课文第 2 小节写的。

师：看，第 2 小节一句话，"有趣的事"就是概括了课文的 3、4 小节，后半句"也做过一些蠢事"引出了课文的 5、6、7 小节，赶紧把这句话划出来，原来啊，这篇文章就是用了先概括，后具体的写作方法来写的。这样的写作方法，我们把它叫作——

生：先概况后具体。（板书）

师：这是一种写作方法，那么这一句话它在这篇文章当中有什么作用呢？

生：承上启下。

师：没有承上，只有启下，我们把这种作用叫作过渡。（板书）主要是引出下文。现在你能完成课练卷上的第二大题了吗？根据课文内容填空。三分钟时间完成。

师：接下来我们先来看一看作者做的那一件有趣的事情。这个过山鲫的名字是怎么来的？

生：是听说天旱的时候，它能从干旱的地方不断跃动，找到有水的地方，再度生活下去。

师：我还是不明白，你就是把这篇文章这几句读了出来。谁能用自己的语言，简单告诉我为什么叫作过山鲫。

生：它有一个特点是能不停地跳跃。

师：还有什么特点？

生：生命力特别顽强。

师：你是概括地说了，他刚刚具体地说了，我现在明白了他为什么叫作过山鲫。那么作者在逗弄过山鲫的时候，觉得特别有趣，有趣在什么地方？接下来请你们小组合作，先读，在组长的带领下用你喜欢的方式读。你们觉得可以用什么方式读？

生：一人一句、齐读、合作读、引读。

师：各种方法来读，圈出能够表现出作者在逗弄它的过程中感到特别有趣的词语，然后说一说为什么这个内容能够感受到逗弄的过程是很有趣的。再次读，读出有趣的感觉。四步：读、圈、说、读。开始。

师：哪个小组先来读。第五组都举手了，你们先来。

生：每次洗澡的时候，我总是把它们捞出来，放在地面，看它们跃动，数着："一，二，三，四！"想象着它们是在进行比赛，过了好一会儿才把它们放回水缸。

师：你们是男女分开读的，这个方法真不错。哪个小组再来读读看。第六组。齐读，也很整齐。哪些词语你能看出来小作者觉得很有趣？

生：请大家看这个词"每次"，每次他洗澡的时候都要去。

师：说明频率特别高，你们小组有补充吗？

生：我有补充，大家看这个词语"总是"。

师：一次都不落下，他最爱看的就是过山鲫。

生：请大家看"好一会儿"，证明他一直在看，过了很久才把它们放回水缸。

师：说得很好，那他是怎么看的呢？还记得这些动作吗？我总是把它们捞出来，放在地面，然后看。人站起来，一边说，一边做动作。

师：而且还数着"一、二、三、四"，你来数。面带微笑，心里面很雀跃。女孩子一起数。男生一起数。

师：还有哪里让你们觉得作者逗弄它是一件特别有趣的事呢？

生：我想补充一点，"每次"和"总是"能看出作者玩过山鲫是百玩不厌的。

师：我喜欢你这个词，百玩不厌。还有哪里看出这是一件趣事。

生：请大家看"想象"这个词，因为那些过山鲫都在跳跃，作者想象它们在比赛一样。如果他并不喜欢这些过山鲫，就不会想象。

三、感悟探究

师：看着他们玩，甚至眼前都出现了画面。也请大家来想象一下。瞧，鱼儿不停地跃动，有的？有的？小组讨论一下。

生：瞧，鱼儿不停地跃动，有的往前不停在跳……

师：停，我觉得不够有趣，你要自己觉得有趣，我才会觉得有趣。

生：有的慢悠悠地向前跳着。

生：有的一下子从地上蹦到了马桶上。

生：有的一下子跳出了一米远。

生：有的一个鲤鱼打挺飞出了水面。

师："鲤鱼打挺"太有画面感了，虽然不是鲤鱼，但是用上了这样的表达方式，真棒。

生：有的甚至蹦到了我的腿上。

师：和我亲密互动。谁能够一下子把这个填空说清楚，三个章。自己在下面说说看。

生：瞧，鱼儿不停地跃动着，有的都跳出了一米远，有的在地上不断跳跃，有的跳到了我的腿上，有的又好像在比赛，有的甚至又跳回了缸里。

生：瞧，鱼儿不停地跃动着，有的跳到了我的床上，有的围着我直转，有的向厨房间蹦去，有的跳出去想去找吃的，有的甚至跳到了我的身上。

师：继续想象，作者想象出了很有趣的画面，想象它们之间在比赛，在比什么？走出座位，去找你的好朋友说一说。

生：在比谁先跳到缸里。

生：在比谁跟头翻得多。

生：在比谁跳得远。

生：在比短跑谁速度比较快。

生：在比谁先抢到食物。

生：在比谁先跳出房间。

师：在比谁先蹦到主人的手上。让我们把这种有趣的画面通过朗读表现出来，尤其要把红颜色的部分读好。预备起。

　　师：下节课我们要来看看作者逗鳖做了一件什么蠢事。

21. 我喜欢小动物

教学目标

1.能在阅读过程中独立认识"鳄、蠢、鲫、旱、缸、鳖、哼、鞭、颈"9个生字，重点指导"鳖"的笔顺。能用联系上下文、查字典等方法理解并积累"逗弄、干涸、不胜其烦、平安无事"等词语。能辨析"恳求、请求、要求"等词语的意思。

2.正确流利地朗读课文，了解第2节与后4节的关系，读懂第3、4节中句子与句子之间的联系。学习把句子写具体。能理解最后一句话的含义。

3.体会作者亲近动物、喜欢动物的感情，说说自己亲近动物的感受。

教学重点

正确流利地朗读课文，用联系上下文、查字典等方法理解并积累词语。

教学难点

1.熟读课文，了解第2节与后4节的关系，读懂第3、4节中句子与句子之间的联系。

2.理解课文最后一句话的含义。

教学过程

一、引领探究

1.板书：秦牧

2.秦牧简介

师：我们可以通过课文注释，结合上网查询等方式了解作者及文章相关内容。

3.揭题，齐读

板书：21.我喜欢小动物

二、自主探究

（一）初读课文，整体感知

1.学生自由读课文。预习要求：读准字音，读通句子，说说秦牧小时侯究竟养过哪些小动物？

2.交流并学习生字：鳄、鲫、鳖。

（1）读准字音。

（2）比较字形，归类识字，三个生字都和鱼有关，指导书写"鳖"，看图片认识"鳄、过山鲫、鳖"。

（3）区分：鳄—愕。

（4）理解词义：干涸（近义词）、不胜其烦、实事求是、平安无事。

3.分节读课文，随机正音。

（二）研读重点，指导朗读。

1.师：年幼时的秦牧非常喜欢小动物。他与小动物朝夕相处，将它们当作玩伴。

出示：

在逗弄小动物的当中，我做过一些有趣的事，也做过一些蠢事。

指名读，齐读。

板书：逗弄　趣

　　　　　　蠢

2.自由读文，思考填空。

课文的第 _______ 节写作者做过的趣事，这件趣事是 _____________________。

课文的第 _______ 节写作者做过的蠢事，这件蠢事是 _____________________。

3.教师小结；课文的第 3~6 节就是围绕第 2 节展开的。

4.师：从哪些句子中体会出"趣"字,用"——"画出；哪些地方又体会出"蠢"字？用"┄"画出。

四人小组交流，试着把有关语句读好。

5.交流。

写趣的句子：

每次洗澡的时候，总是把它们捞出来，放在地面，看它们跃动，数着："一、二、三、四！"想象着它们是在进行比赛。过了好一会儿才把它们放回鱼缸。

（1）指名读，并说说哪些词语能让你感受作者逗弄过山鲫的乐趣（"每次……总是""看""想象""过了好一会儿"）。

（2）朗读体会。

（3）师：你能想象它们在举行什么比赛吗？试着说说当时的情景吧。

板书：捞　放　看　数　想象

（4）引读：

每次洗澡的时候，总是把它们（捞出来），放在地面，（看它们跃动），数着（女同学数）："一,二,三,四！"

让鱼儿跳得更高些！（男同学数：）"一、二、三、四！"

让鱼儿跳得更远些！（女同学数：）"一、二、三、四！"

写蠢的句子：

出示 1：

我伸出一只手指去逗它，当它把脖子伸出来的时候，我迅速移把手移开。经过多次逗弄，我都平安无事，胆子越发大了。

（1）引读：我第一次伸出手指去逗它，它——

第二次伸出手指去逗它，它——

第三次伸出手指去逗它，它——

（结合课文理解"多次逗弄""平安无事"）

（2）自由读，体会作者开心得意的心情。

（3）指名读，齐读。

板书：逗　移开　咬

出示 2：

最后一次，当我把手指伸到十分接近鳖的吻端的时候，它突然迅速伸颈一咬，唉，一下子就给咬住了。

（1）指名读，交流感受从"十分接近"体现了我的"蠢"，"突然""迅速""一下子"说明这只鳖咬的速度很快，"我"终于领教了鳖咬的痛楚。

（2）齐读。

出示 3：

鳖咬的痛楚，是很难形容的。但我强忍着，不敢哭喊，生怕给大人们知道。我举起手来，企图甩脱它。但鳖悬在半空中，仍然不肯松口，我只好拼命用力甩，过了好一阵子，才把它甩脱，手指已经变得血淋淋了。

（1）自由读，理解"痛楚"，并说说你体会到了作者怎样的心情？（紧张、害怕、出乎意料、后悔）

（2）比赛读，点评。

板书：甩　血淋淋

三、感悟探究

1.复述我逗弄鳖的故事。

提示：根据黑板上的动词，运用课文中的语言，同桌互相说一说。

2.集体交流。

3. 理解最后一句话的含义。

4. 总结：我们喜欢小动物，珍惜小生命，但同时也要了解动物的习性，懂得要保护自己啊！不然会像秦牧那样，小愚蠢是要受小报复的哦！我们亲近小动物时要善待它们，与这些小动物和谐相处。

★ 5. 说话训练：你喜欢小动物吗？你在亲近小动物时有什么趣事？与同学交流交流。

练习设计：

1. 写出正确的读音。

血淋淋（　　）干涸（　　）过山鲫（　　）

2. 选词填空。

  恳求　要求　请求

（1）我不小心把明明心爱的电动玩具摔坏了，我_____他原谅。

（2）我们的班长对自己_____很严格。

（3）在我的再三_____下，表哥终于答应让我玩一会儿电脑。

3. 照样子，把句子写具体。

例：这种鱼生命力很强，把它捞起来，离水半个小时也不会死。

小猴子很顽皮，_________________________________

小花猫真可爱，_________________________________

4. 写一个自己与小动物亲近时发生的故事。

板书设计：

  21. 我喜欢小动物

 趣（3、4节）：捞　看　数　想象

逗弄　　　　　　　　　亲近动物

 蠢（5、6节）：逗　咬　甩　血淋淋

上海市晋元高级中学　朱洁文

作者介绍

朱洁文，女，中学高级教师，现任教于晋元高级中学。教学中，注重培养学生的语文关键能力，建构学科知识体系，尊重学生个体差异，着意建设开放性、生成性、面对明天的语文课堂。曾在《语文学习》《语文教学与研究》《思想理论教育》等期刊发表论文、案例 11 篇；曾获得上海市中青年教师评选活动二等奖、上海市"卢湾杯"班主任基本功竞赛高中组一等奖、"网络教育与传统教育的优势互补研究"评课与评优活动一等奖、上海市教育科学院"中小学幼儿园课题情报综述"征文二等奖、2018 届"黄浦杯"长三角城市群"我的教育观"征文评选一等奖等多个奖项。

提升理性思维能力的作文教学策略探究

全国各地高考作文越来越侧重于对学生理性思维能力的考察，而高中生在作文中依然存在以下不足：思考缺深度、思考不严谨和思考不开阔。对此，除了引导学生熟悉常见辨析角度和方法之外，笔者认为还应该加强以下 5 点，即（1）确定概念内涵，保证概念的严密和统一。（2）充分挖掘材料中的隐含信息，开阔思路。（3）注意设定观点表述的对象、范围和条件。（4）增强辨析的针对性。（5）贴近现实，学会阅读和思考等。

提高学生的理性思维能力是《高中语文新课程标准》中多处涉及的写作教学要求，也是高考作文不断趋于加强的考察目标。纵观近两年的各地高考作文题，基本上都摆脱了只要求考生简单迎合给定观点、印证材料的模式，考查学生深入理性分析的能力。这种趋势，受到了社会各界的广泛肯定，也呼唤着作文教学"回归理性，强化思辨，摒弃宿构、套作、模式化与文艺腔"[1]，对社会人生做深入的思考，并形成自己的体悟、独立的见解，不人云亦云，不虚浮伪证。

《礼记·中庸》曰："慎思之，明辨之"。写作过程中的理性思维能力，体现在作文当中，至少应有以下要义：（1）思考问题的独特性，不囿于成见，不人云亦云；（2）分析问题的严谨性，逻辑严密，富有思维张力；（3）思考问题的深入性，有相当的思考容量，内容厚实。

而学生在日常习作和高考作文中思辨能力的不足，主要有三个表现：

1.思考无深度。即观点过于浅显平易，缺少思考深度，说服力不强，对问题的分析，只停留在事物的表面，忽视深入开掘，缺乏思辨性。

如 2017 年上海卷高考作文，部分考生的作文立意只能说是在"伪说理"，仅仅停留在"预测能让我们更接近成功，预测能让我们更有勇气"等貌似进行理性分析但实则没有任何深度的笼统的层面。2013 年上海卷高考作文题，部分考生只列举"什么是更重要的事"，然后和"自己认为重要的事"进行比较。其实，这已经是材料明确了的现象，比较"重要"和"更重要"是思考的出发点而不是归宿，思考的关键应该是突破比较，思考两者之间评定选择的标准及背后的原因、理据，否则就很难表现出考生的思维素质和思辨能力。

2.思考不严谨

思考不严谨主要表现为观点过于片面或绝对。学生为了强调中心论点，在分析论证时往往只强调事物的某一方面，说"过头话"。如作文"得与失"，部分同学的观点是"有失一定有得，有得必定有失"；作文"缺憾也是一种美"，有些同学立意为"只有缺憾才是真正的美"，这些观点都非常偏激，使说理暴露出明显的漏洞。

3.思考不开阔

即思考偏狭，难以从不同的角度、方向、层面灵活地分析问题，分论点较少，难以形成严密的逻辑思路。因为分论点太少，这样的作文往往要靠堆砌事例来凑足字数。

比如，作文"理性和感性哪个更重要"，思辨能力不强的同学仅能够从价值利弊的层次想到"感性更重要，因为感性更有趣味，更能发现生活的美"或者"理性的生活，更为严谨和客观，所以理性更为重要"就写不下去了。实际上从前者的角度来讲，什么叫做感性？感性的价值还有哪些？为什么很多人忽视了感性的价值？中国当前的社会弊病是因为太感性还是太理性？这些都是可以深入思考的。

围绕上述问题，同行和前辈们做了很多深入的研究。目前研究成果最多、一线教师做得最充分的是引导学生熟悉最基本的辨析方法和思辨角度，常见的有：（1）介绍常见的思考角度供学生参考，比如" 是什么—为什么—怎么做"的写作思路、"引、议、析、联、结"的思路框架等等 [2]；（2）引导学生学会广泛联想，如"由此及彼""由近及远""由小到大""由具体到抽象""由原因到结果""由生活现象到社会现象"等等 [3]；（3）引导学生运用常见的哲学观点分析问题，如矛盾分析、现象与本质分析、数量与质量分析、普遍性与特殊性分析、因果分析、必然性与偶然性分析、可能性与现实性分析、内容与形式分析、内因与外因分析、纵向与横向分析等等 [4]。因为相关的研究成果已经非常丰富，在此不再赘述。

应该说，熟悉这些常用的辨析方法和思辨角度为学生提供了大致的思考方向，对提升学生作文的思辨性大有裨益，但大部分学生的困难在于，即便知道了常见的辨析方法和思辨角度，依然无法在写作过程中进行运用，比如他们知道可以从"为什么说感性很重要"这个角度谈自己的看法，但是实在想不出"感性的重要性"体现在哪里，所以还是停留在之前的浅思维层次上。本文在各位同行前辈研究的丰厚基础上，就如何提升学生思辨能力进行进一步的研究。

一、充分挖掘材料中的隐性信息

材料当中往往包含着丰富的信息，但学生易于被动接受材料表面提供的思想与观点，而不能主动挖掘材料中隐晦的深层的信息，比如材料当中限定性修饰性词语的内涵、材料当中隐喻的含义、材料所引现象背后的实质和根源、材料非连续文本内在的统一性、材料中多主体之间的内在联系等等。在平时的作文教学中，要引导学生把材料读"细"读"深"，寻找"言外之意"，方能使思考趋于深入，避免思考流于表面。

比如，2014年上海市高考作文"你可以选择穿越沙漠的道路和方式，所以你是自由的；你必须穿越这片沙漠，所以你又是不自由的"，材料之间除了包含着"自由"和"不自由"的张力，还隐藏着"沙漠"对"困境""险途""人生现状"等环境信息的隐喻，"道路"则意味着追求自由的途径、方式等。综合这些信息，我们可以发现客观束缚界制与个人主观能动性之间的关系。

二、观点表述注意限定条件、对象、范围

文章的思辨性也体现在遣词造句的严谨性上，所以在提出论点时应充分考虑到自己的观点所适用的客观条件、适用对象或适用范围。比如，2013年上海市高考作文一类卷《停下看看，这个世界》中"大家似乎都在努力做自己认为重要的事，在这蹒程向前的人流里，很少有潜心的思考，也许我们还有更重要的事情要做"，"似乎""很少""也许"等词语都表现出作者严谨的逻辑思维能力。

而上文提到的《得与失》作文中过于绝对的表述加上一些限定语，就可以修改为"得与失是相对的，而不是绝对的。有很多时候，你会发现，失去实质上是得到的另一种呈现，虽然，那'得到'不一定会那么快到来。"这样，文章的观点说服力会大大增强。

三、增强辨析的针对性

（1）针对反方进行辨析

针对反对者可能会主张的观点加以辨析，是一个非常好的呈现文章思维张力、增加思辨性的方法。还以"理性和感性哪个更重要"作文为例，针对反对者的主要理由学生就可以进行这样的辨析，"有人认为感性更为重要，理由主要是艺术都是感性的产物，理性的人难以在艺术领域有所建树甚至无法领略艺术的美。其实不然，仅以文学为例，《卡拉马佐夫兄弟》《追忆似水年华》等名著之所以能经历时空考验，很大程度上正是因为对宇宙人生、对社会、对人性有力透纸背的理性思考。"这样的

观点直接针对对方的观点进行辨析，非常有力度，也增加了思辨的内容含量。

（2）针对现实，进行辨析

新课标要求语文教学引导学生关注现实人生。多地高考作文，如2014年江西卷"课内外学习探究"、全国卷一"两人过独木桥"、广东卷"胶片与数码时代"等的作文材料本身就体现出很强的现实色彩。所以，高中生在写作时也应该思考"为何此时此地命此题"的问题，指出文章与现实的联系性。针对现实中存在的问题对观点进行辨析，这不仅是对学生个体体验的表达，也能够通过解析现实、思考现实来提升学生思考的深度和广度。

四、通过比较辨析深化思考

比较是促使思维深化的一种手段，通过对两个或多个相近概念进行辨析和厘清，使概念内涵的阐释更为准确和完整，从而增强文章思辨的严谨性。

如材料作文"寺庙里新来的小沙弥，对什么都好奇。秋天，禅院里红叶飞舞，小沙弥跑去问师父'红叶这么美，为什么会掉呢？'师父一笑'因为冬天来了，树撑不住那么多叶子，只好舍，这不是舍弃，是放下"，学生可以通过比较辨析使"舍弃"的内涵更为清晰和严谨，比如"舍弃是不做有可能成功的事，而放下是不做不可能成功的事"，"放下的是超过能力所及的不可承受之重，舍弃的却是本可及却因为不坚定而中途搁浅的目标"，"放下是自我释怀，放弃是无助逃避；放下是智慧和理智，放弃是颓废和轻率"等等，一连串的比较揭示出两个概念内涵的差异，也表现出作者睿智的目光和文章严谨的思辨性。

五、源头活水是阅读和思考

1.改变阅读"挑食"的习惯

小学、初中阶段的作文以叙述和描写为主，学生的阅读趣味（尤其是女同学）主要是散文、小说一类书籍，男同学则更喜欢科技、军事类书籍，阅读"挑食"现象严重。因为缺失理性文章的阅读体验，到了高中阶段，看似"枯燥艰涩"的理性文章一时难以激发学生主动阅读的兴趣，即便教师精心挑选阅读资料，学生也不见得"领情"。

所以要想改变阅读"挑食"的习惯，除了阅读面要广，口味要"杂"之外，关键在于要选择能够激发学生兴趣的材料，具体来讲：（1）应与学生生活贴近，比如

"部分专家呼吁把网络用语收入汉语词典遭质疑""多所大学改名忙"等报刊文章;（2）观点新颖，与传统观点形成争鸣的文章，比如"清华大学毕业生不能当保安吗""为孩子找圈子未尝不可"等;（3）文质兼美的理性文章，如莫砺锋教授的《请敬畏我们的传统》《读吧，阅读陶渊明吧》等文章都深受学生喜爱。

2. 改变被动阅读的习惯

部分学生有一定的阅读积累，但作文的思辨性并不强，这固然是因为积累还不够丰厚，所以"书到用时方恨少"，但更重要的原因在于学生缺少从阅读积累到作文素材之间的桥梁——思考，即缺少对阅读内容进行加工、提炼、分析乃至质疑，最后把阅读内化为自己感悟的过程。不经历这个过程，读书不过是充当"书橱"。这座"桥梁"不能到了考场之上或者写作文之时才去架设，而应在阅读和生活中进行。所以，在教学当中更应该注重引导学生关注"你读的书，用了多少，在多大程度上对习作起到了直接支援或间接支援的作用"，而不仅仅是"你读了多少"。如果能够通过培养学生的阅读和思考习惯提升学生的思维能力，不仅作文写作有了源头活水，整个语文学习都会受益匪浅，阅读与思考最重要的价值正在于此。

参考文献

[1] 温儒敏 . 高考语文改革的走向分析及建议 [N]. 光明日报，2014–03–18.

[2] 虢凌云 . 供材料议论文写作指导方法 [J]. 作文成功之路（下），2014(01).

[3] 张华兴 . 高考作文的立意要深刻 [J]. 中国教育技术装备，2010(19).

[4] 许舒婷 . 矛盾性、思辨性——材料作文中的切入点 [J]. 教育教学研究，2013(01).

《世间最美的坟墓》课堂实录（片段）

【教学说明】

《世间最美的坟墓》是上海市华东师大版教材高三年级第一学期第三单元的一篇课文。1928 年，奥地利作家茨威格受邀访问苏联，在此过程中专程拜谒了托尔斯泰的坟墓并撰文以表敬意。这篇课文篇幅不长，全文也只有两段。从德育的价值上讲，似乎也简单清晰，扣住题目中的"最美"，引导学生体会托尔斯泰的坟墓美在"朴素"，美在他蜚声文坛、成就卓著却主动追求朴素的人格，这些都没错。

可是，为什么朴素就是"最美"呢？这个问题似乎不用解释，一般也很少想到要去解释，但如果默认这些无须多说，当学生口称"朴素是最美"的时候，他们内心真的理解托尔斯泰的"朴素"吗？如果不借助补充阅读材料，仅就作品而言，茨威格又是如何把托尔斯泰对朴素的追求通过两段文字传达出来，以其"恳切"去触动读者的呢？思考和探究这些问题，不仅是对文本的深入解读，也是对作者深意的准确捕捉。

《周易·乾·文言》中有言"修辞立其诚"，其实这不仅是我国的优良文化传统，也是中外许多作家的共同追求。在今天这个"人人都有麦克风"的时代，引导学生持中正之心，言真诚之言尤为重要。因此，在学生初步感受到作品对"朴素"的赞美之后，我们的讨论才刚刚开始。

【课堂教学实录片段】

一、"朴素"中的道德力量

师：一言以蔽之，托尔斯泰的坟墓有什么特点？"

生：（齐答）非常朴素。

师：茨威格受邀到苏联旅行，14 天里，应该看到不少异国的美丽风光，托尔斯泰的坟墓这么朴素，为什么作者却认为它是最美的呢？

生：托尔斯泰有那么杰出的文学成就，坟墓却这么朴素，这么巨大的反差让我们觉得托尔斯泰的人格很美。（回答不假思索，但缺少"诚意"）

师：这篇课文中还提到莎士比亚等几位名人的坟墓，为什么要提这些坟墓？

生：起衬托的作用。

师：这些名人的坟墓不美吗？莎士比亚、歌德的人格不美吗？

（PPT 展示莎士比亚坟墓、歌德等名人陵寝的图片）

生：这些坟墓非常美。（由衷赞叹）他们的人格还有成就也值得赞颂。

师：我们阅历有限，尚且能感觉到这些坟墓视觉美感的冲击力，也知道拿破仑、莎士比亚、歌德都是值得世人记住的名字。茨威格却说朴素的托尔斯泰坟墓最美，是否有"强词说理"之嫌？你能否用文本中的词句来反驳我？

（生小声讨论）

生："更能打动人心""更扣人心弦"等句子反复用"更"一词，可见作者并非完全否定其他名人的陵寝，而是肯定其他名人陵寝的视觉美和建筑价值。

生：这些建筑能烘托墓主的高贵身份或丰功伟绩，能寄托后人的敬意。

师：好，取得这一共识之后，我们再来想想，视觉上如此朴素的托尔斯泰坟墓既然不具备艺术上审美价值，那么它的主要价值在哪里？

生：托尔斯泰坟墓虽然朴素，不具备建筑上的艺术价值，但与托翁的卓越成就形成巨大反差这正体现出托翁的道德情怀。

二、"朴素"中的名利观

师：成就与坟墓的反差，确实体现了托尔斯泰的人格美。就文本来看，托尔斯泰为什么要留下这样的遗愿？你能从文本中找到答案吗？

（生自读课文）

生：课文"这个比任何人更感到受声名所累的人"这句话透露出托尔斯泰生前的想法——他要无声无息地离去，不愿再被盛名所累；他不愿被名利包围，愿做一个平凡的人。

生：就如同课文中提到的"流浪汉""士兵"一样，托尔斯泰希望不留姓名，所以他的坟墓不立墓碑，也没有十字架。

师：你们说的是不是茨威格之所以盛赞托尔斯泰的又一个原因呢？朴素的坟墓暗暗传递了老人对名利的摒弃，对自然朴素的追求。再联系他的生平，出身贵族的他从青年时期就开始反省自己的贵族生活方式，致力于填平地主和农奴、农民之间的鸿沟，寄身于朴素的坟墓并非为了"矫俗干名"，而是老人的真诚追求。茨威格用大段的文字描摹托尔斯泰坟墓的朴素，正是对这种真诚的赞叹。

三、"朴素"中的幸福观

师：经过刚才的探讨，我们发现了很多初读没有关注的语句，但是有一处依然还未被大家提及。课文第一段，用相对较多的笔墨细细补叙了托尔斯泰墓前那几棵树的由来，为何写这些？

生：因为这是托尔斯泰亲手栽种的。

生：因为托尔斯泰童年时听过一个美好的传说，"亲手种树的地方会变成幸福的所在"，所以，托尔斯泰表示"愿意将来埋骨于那些亲手栽种的树木之下"。

师：童年时相信这个传说，是孩子的天真和单纯，而作为一个饱经沧桑又卓有成就的老人，在晚年为什么还会相信种树之处会带来幸福呢？

生沉默。

师：大家去过秦始皇兵马俑博物馆吗？我们试着想想，像秦始皇这样死后一定要住进豪华地宫的、有兵马俑陪葬的帝王，他相信"埋骨于那些亲手栽种的树木之下"就能够幸福吗？

生：不会。（异口同声）

师：这其实就是一个幸福观的问题，何处会带来幸福？回到童年种下的树下，回到泥土中，回到大自然里，就是幸福。这种幸福观正是托尔斯泰内在素养的外部呈现，表现出托翁的品位和格调。

【教后反思】

高中语文教材所选取的篇目均是文质兼美、文学性与思想性俱佳的作品，如果说语文处处可树德可育人，应该是无可置疑的。但课堂教学最终是否能够真的实现文化理念的内化，并在学生的生命中逐渐植根生长呢？我们首先要做的是避免简单生硬，把观点强加于人，构建"立诚求真"的语文课堂，引导学生阅读文本时关注作品的"内容真实、情感真切、态度真诚"，培养学生说真话、抒真情、做真人的优良品质，杜绝浮夸、虚伪和夸饰。这节课正是基于这样的思考，引导学生因文解道，通过对文本的深入咀嚼、用最为水到渠成的方法让学生深入体味其丰富的思想意义和审美价值。

上海市崇明区民本中学　王想龙

作者介绍

　　王想龙，湖北荆州人，2003 年 7 月毕业于湖北师范学院中文系汉语言文学专业。现为上海市崇明区民本中学发展研究室主任，上海市语文学科德育实训基地学员。近五年，主持市级课题 2 项，在国家级专业期刊发表文章 3 篇。在语文教学实践中，始终坚持并确立了"一读二写三结合"的教学理念，"一读"是指创造性设计了高中语文校本专题阅读系列，力求用专题阅读培养学生的阅读能力，促进学生思维品质与能力的提升；"二写"是指实践并开发了"跟着课本学写作"和"高中微作文写作序列"两门学科拓展课程，注重用课程丰富学生的语文学科素养，引领学生全面发展；"三结合"是指课前读报与课堂教学、专题阅读与写作教学、语文教学与课程建设相结合，不断丰富和充实语文"教与学"的形式和内容。先后参与并编著了《青青子衿——传统文化书系之交往之道》《中华传统文化优秀基因现代传译》等，曾先后荣获上海市农村学校教师优秀教学工作君远奖、崇明区教育科研先进个人等 10 多项。

从"感性行为"走向"理性思辨"的言语形式

【教学背景】

语文课程有识字与写字、阅读、写作、口语交际和综合性学习五个学习领域。然而，当前高中语文教学大都以阅读教学为主，即一篇篇课文的教学。课文是当下学生学习语文最重要的资源凭借。可以说，任何形式的语文课堂教学都少不了语言文字材料的依托。因此，语文"学与教"的过程和活动都要依赖对语言知识的理解，这既是课堂教学的有效前提，又是语言建构的核心基础，更是培育学生语文素养的核心要素。

《邂逅霍金》是上海高中语文教材（华师大版）高一上第三单元中的一篇课文，主要叙述了作者与霍金的一次"邂逅"，充分展现了作者内心微妙而复杂的情感变化，传递出一个"普通社会人"面对一个"极度冷漠却又有超常魅力"的人时所表现出来的强烈的人文意识和人文情怀，由衷地表达了对剑桥人文环境的赞美和渴望。

在常态化教学中本文较多地定位在体会和探究文本传递的复杂情感和独特思想，很少从文章的语言形式和言语建构两个方面进行课堂教学设计，从而缺失了文本解读的多样性、独特性和生成性，削弱了文本语言的张力和内在逻辑思维的表现力。

在学生完成了课前预习后，为了让学生准确理解语言文字在特定语境中的语义、语理和结构形态，教师试图通过矛盾冲突、问题驱动、自我构建、体验共享等方式，准确捕捉、提取和筛选文本的语言信息，借助课本有效拓展"教与学"的增长点，着力探讨文本从"感性行为"走向"理性思辨"的呈现形式及内涵，整体感知语言的表现力，构建富有内在逻辑性的言语形式。

【教学过程】

本文的写作结构主要由"邂逅前—邂逅中—邂逅后"三个过程组成，前后两个过程作者抒发情感的语言是显性的，而"邂逅中"的情感方式则较为隐性，而且内容深厚复杂，需要学生在整体理解文本的基础上重新梳理和建构。因此，课堂教学选取"作者表达情感的言语形式"这一角度，设计了以下两个教学过程：

过程一：构建矛盾冲突，形成思想认同。

教师教学行为首先应该满足、激发和提升学生的需求。尤其是当文本中的直接语言构成矛盾冲突时，学生的语言认知冲突、阅读理解和思想冲突更需要在求异存同或求同存异中，不断激发学生挑战的言说"需求"，并在满足需求的过程中逐步形成思想认同。

当作者突然邂逅"和以前照片上见到的完全一样"的霍金时，整个人几乎是用"呆滞的状态"目送他静静地离去。当自己下意识地摸着照相机，产生拍照的念头时，随即被自己否定。这一系列的感性行为或心理活动，可以看成是作者主观情感自然表达的需要，但这一本能的需要随即被自己否定，究竟有何原因？学生带着问题走进文本，感知作者写作视角的转换和独特的言语形式。

虽然文中有直接的语句回应，但是如何理解两个"或许是……"这种极其委婉而又含蓄的表达方式、内容以及两者之间的关系？需要对这一语言现象进行合理分析和阐释，才能感知语言形式背后所要传递的思想内容。作者借助写作视角的转换，即从关注和比较"我、霍金以及周围的人"三者之间的行为和言语形式，对文本直观的语言进行比较和分析，不难发现这样三组主观情感和客观行为之间的矛盾：呆滞而又热情的我与独特的（随时面对逼近的死神却依然像超人一样奋斗）霍金；呆滞而又热情的我与周围平静的人，包括照料他的老护士；独特的霍金与周围平静的人。这三组矛盾的建立有利于构建学生的认知冲突，激发学生主动挑战言说的"需求"，最终在语言文字的理解和构建中集中形成对问题的思想认同，即人与人之间要学会"尊重个人的自由和权利，懂得尊重他人就是尊重自己"的道理。

过程二：理性思辨统一，形成情感共鸣。

在梳理出"邂逅中"作者的具体感受与情感变化，整体理解文本语言语义的基础上，师生聚焦"与霍金的这一次邂逅，引发了作者怎样的思考？作者又是如何表达出来的？"这一主问题，深入研读文本，整体感知和探究作者从"感性行为"走向"理性思辨"的思维路径和言语方式。

从本文语言的表现形式来看，正是"当霍金经过时，一切都是那么平静"这句话，引爆了作者的思考，并引发了作者自觉完成从"感性行为"到"理性思辨"的思想和情感的升华。作者独立成段，而且采用判断句（运用判断动词"是"）的形式，借助并运用"主旨句＋原因分析"的句群，即"霍金是……，他……"集中而又鲜明地表达出自己的思考——霍金的"幸"与"不幸"，富于理性思辨。最后借助一个"更"字自然深入推进一层，不仅回归了理性思辨的统一，而且强调突出并点明了文章的主旨——表达了作者对培育和涵养霍金的那种和谐、宽松、平等、充分尊重个人自由的剑桥人文环境的由衷赞美。

课堂引导学生感知并理解"借助文本的直接语言来构建理性思辨的统一"这种独特的言语形式，不仅可以充分调动学生的表达欲望，激活文本语言形式和内容的张力，而且加深对语言文字背后的情感、语理、主旨理解和辨析，甚至是增强学生的思辨能力，产生情感的共鸣，建构自己的言说方式等都有明显的效果。

过程三：拓展实践分享，形成价值认同。

在教学过程中，教师的教学行为不仅要以满足学生学习语文的需求为出发点，而且要以指导学生在"运用语言中学习语言的运用"为落脚点，切实满足学生"成为自己"的内在需求，构建从"语言理解"走向"语言构建"再到"语言运用"的言说形式，并通过这一言说形式，在表述、传递自己思考的言说实践活动中，逐渐完成符合自己实际的语言建构过程，真实而又客观地呈现学习过程中的真实体验，提升学生对语言文字的价值认同。

结合以上教学内容和过程，教师主动创设课堂教学情境，设计课堂教学拓展性主问题："假设有一天，你在某个地方忽然遇到了自己非常崇拜的偶像，请你围绕这一情景，简要描述自己的心理活动过程，集中表达出自己的一点思考。"这样一来，有效拓展"教、学和考"三者之间的生长点。在此基础上，师生共同明确解决问题的具体要求，过程中加以行为跟进，及时进行教学总结和评价，有序开展课堂教学实践活动。

根据学生写作的内容，教师进行分析和归类，并组织学生进行智慧分享，期待形成写作价值的一致认同，主要有三类：第一类是仿照课文写作的思维方式，先有感性的行为和心理变化，如惊讶、忐忑、求签名、想拍照合影等，然后对照身边同类人相似或相反的表现，反思自我的行为，并引出自己的思考。第二类是直奔主题，直接表达自己对尊重个人习惯、自由和权利的人文环境、人文意识的认识与思考，导致了理性思辨因缺乏相应的心理活动和细节描写，失去了应有的说服力和内在的逻辑性。第三类是完全脱离课文，一味地追求个性化的自我表达，有激动不已的、有情不自禁的、有沉默是金的……总体而言，学生停留在单一的情感表达和心理活动，缺乏自己独特的思考以及呈现思考的言说形式。

【教学反思】

通过从语言的理解、构建与运用的角度来开展教学实践，我们不难发现：语文课文本身就是最好的学习语言，而课堂师生的交流与活动，特别是学生的口头、书面等言语表达，则是客观运用语言材料和语言规律进行交际活动、表达思想和交流情感的过程和结果。基于此，有以下认识和思考：

首先，明确了语言与言语的本质区别与联系。"语言"是约定俗成的，具有规范性、多元性等特点，而"言语"则是动态的，具有独特性、社会性等特点。由于"言语"发出者或"语言"使用者的主体差异性和生成性，决定了相同的言语者在不同的语境，或不同的言语者在相同的语境下，往往会因为自身或周边的不确定因素说出风格迥异的话语，从而达到不同的影响与效果。因此，语言知识的理解、运用和建构都离不开言语教学活动。任何个体只有借助一定的语言材料和相应的语言规则，才能准确流利地表达自己的情感，传递自己的思想，并借此接受别人言语活动的影响。这就是"语言"与"言语"的本质区别和内在联系。

其次，如何构建学生自己的言说形式，增强学生的言说能力？从心理学的角度来说，问题和矛盾可以引起认知冲突，或产生障碍或发生困难，而这种障碍和困难的内在反应是积极思考问题和矛盾的解决方案，从而达到心理顺应平衡状态。换言之，增强学生对文本语言的感知能力和言说思辨能力的有效途径，不仅要有具体的言说情境，还要有个性化的激励和引导。教师能结合文本内容，形成矛盾冲突，设计主问题，创设课堂问题情境，并通过有效拓展实践分享，促进学生深入理解、把握和探究语言文字的语义和语理，引导学生在相互交流分享等体验过程中进一步体会、升华文章的思想和情感，激发学生要说的欲望和潜能，激活学生问题解决的思辨能力，不断增强学生从"感性表达"走向"理性言说"的自信力。

总之，语言的理解与建构属于两个不同的概念和学习层次，前者是内化在学习者心中的合法规约或规则体系，后者的完美习得与灵活施展才是语文教育的本质追求，是对前者的一种深化与超越。学生理解和构建语言文字能力的形成、思维品质与审美品质的发展、言说形式与语言能力的增强，都需要以语言的建构与运用为基础，并在学生个体言语经验不断内化和习得的过程中得以实现。如果离开了对课本语言的学习、品味、建构和运用，学生语文核心素养的发展与培育，就只能是无本之木、无源之水。

《项脊轩志》课堂教学实录（节选）

这是高一下的一节常态课，在学生有针对性地读过几遍课文后，师生围绕文末结尾的一段景物描写的文字（"庭有枇杷树，吾妻死之年所手植也，今已亭亭如盖矣。"），共同探讨作者补写庭中枇杷树的情形，揣摩作者表达的思想情感，引导学生运用"以词带句、以句带段、以段带篇"的阅读方法，鼓励学生提出并生成自己有价值的问题与思考。学生呈现出了如下问题：

1."今已亭亭如盖矣"中的"矣"，表达了怎样的语气？有怎样的含义？

2.句中作者强调枇杷树是"吾妻死之年所手植也"，有何深意？

3.句中作者进一步强调枇杷树"今已亭亭如盖"，又有何深意？

4."今已亭亭如盖矣"何以感人至深？

5.这一句话单独成段，在全文中有何作用？作者想要表达怎样的意思？

……

在这些问题的推进和作用下，课堂上师生聚焦"'今已亭亭如盖矣'何以感人至深？"这一主问题，课堂捕捉到了以下几组典型而又独特的教学镜头：

一、抓语气词"矣"，感悟词句的表现力和张力

师：句末的一个"矣"字，虽然朴素简单，但情真意切，其表现力和张力值得关注。同学可以通过反复品读、推敲，深入体会虚词"矣"在句子中所表达的丰富的情感色彩。

生：可读出肯定的语气。通过重读句中"有、也和已"三个字，不难发现作者在陈述中表达出肯定和强调的语气，作者运用句末语气词的作用，掷地有声。

生：可读出感叹的语气。通过重读"今已亭亭如盖矣"，可以体会到作者在"亭亭如盖"的前面加上"今已"这个时间词，强调随着时光推移，昔日的枇杷树如今已经"亭亭如盖"，传递出作者内心的无限感慨。

生：可读出伤感、悲伤等深沉的语气。通过品读句末语气词"矣"，可以适当读得深沉而悠长，并在这种语气中体会作者对亡妻早逝的一片深情与无奈。

师：重点圈划并品读叠字"亭亭"，在叠字的品读中还能体会到什么？

生：体会到作者由于想念妻子而触及与妻子有一定关系的物，更添了几分对妻子的思念，以及在思念中饱含着的悲伤、悲痛之情。

师：文末结尾虽然以景物描写为主，但处处表现出抒"情"的一面。一个"矣"字，

不仅加深了"今已亭亭如盖"的感慨，而且生发了内心的"可悲"之感，无不让人感动落泪。

二、抓句中的对比，领悟作者补写的深意

师：文末结尾段落笔于写枇杷树的来由及生长情况，看似很普通的一句话，其实饱含了深意，具有"不言情而情无限，言有尽而意无穷"的艺术效果。请同学们找出这句话中能构成对比关系的内容，并说说作者写作的深意。

生："妻死之年"与"今已亭亭如盖"，时间上的一昔一今，一死一生，先陈述了生命的消逝，然后描绘了一幅生机勃勃的美好景象，在对比中突出了作者对妻子英年早逝的挂念与悲痛。

生：作者明写"亭亭如盖"的枇杷树，暗中隐含的却是"亭亭如玉"的爱妻，今已成为一片黄土，明与暗的对比，让人油然而生"树犹如此，人何以堪"的悲伤。美好的爱情到最后却只能一声长叹，无不让人为之动容。

师：两位同学都有自己独特的发现与思考，尤其是"明与暗"这一组对比的发现，把"树与人"勾连起来进行思考，很有价值。

生：我想补充一下，枇杷树种植时的情状与如今高大耸立，宛如伞盖，这两种形态上的一小一大，似乎有"以乐景写哀情"的味道。

师：在功业意识占据绝对主流位置的文化背景下，归有光对亡妻的思念，可能无法用直抒胸臆的方式来呈现，或许借助铭刻在灵魂深处的某些细节、某些事物，委婉地表达出内心无尽的伤痛。这种"曲折达意"的方式，反而更能表现出作者内心的悲伤和未能获取功名的无奈。

三、抓物象"枇杷树"，体会其丰富的含义

师：本文题为《项脊轩志》，文末作者为何要补写枇杷树？"吾妻死之年所手植"的"枇杷树"，何以感人至深？

生：庭中的枇杷树，本来是没有思想的外物，但作者把它的种植时间与自己的妻子逝世之年，两者紧密地联系起来，于是枇杷树就成为寄托作者思想情感的一个物象。

生：（补充）从写作时间上来看，似乎有一点跨度，而这种时间跨度不仅增强了文章的抒情效果，而且表达了作者人亡物在的悲伤感慨。

师：作者采用补写的方式，借物来写人，移情于物，正如以上同学所说，枇杷树就成为了作者抒发内心情感的一个触发点。结尾的构思不仅使作品结构严谨，而

且往往把人写得更具体、更真切和更丰满。

生：作者由眼前"亭亭如盖"的枇杷树而生发联想，想到了"种树的人"，从而引发了对亡妻的思念和往事的感怀。

师：随着时间流逝的，也许并不只是枇杷树的日益生长，更多的是归有光对亡妻日益增长的怀念。"其后六年，吾妻死"，作者深爱的妻子去世了，睹物怀人，在看似平静的描述中透射出作者内心无比的悲痛。

生：上文内容中作者写了很多人，比如他所挚爱的先大母、先母和亡妻，怀念的也是人，文末却不从"人"落笔，而是借枇杷树来写人，可见作者的感慨和情思，都是因"人"而生的。

师："今已亭亭如盖矣"何以感人至深？归根结底，其力量恐怕并不在于作者内心哭泣般的伤痛，而更多的又体现在哪里？

生：我认为是体现在客观的细节描写之中。作者多次选取与人有关的细节，并通过片段式且相对独立的细节描写和刻画，真切地传递了情感的力量。

师：这种情感的记忆、书写及表达，对个体生命而言，就显示出一种内在的张力和感召力，这或许正是作者要传递给读者的，值得思考，更值得回味。

文学与审美

　　当人类的"理性"大厦越建越高的时候，我们不能放任"感性"的地盘日益萎缩。"务善"和"审美"是与"求真"同等重要的人生归旨。千百年来，文学一直忠实地守护着人们的审美意识。审美是对感受力的召唤和重建。这种感受力不仅来自视觉、听觉，更源于心灵对世界的观照。审美情趣从来不是一个人的附加值，它能点亮人的精神生活，延伸人的生命体验。除了欣赏美，人还要懂得创造美。文学创作正是呈现审美体验、体现审美品位的重要途径。在文学的世界里，美的语言、美的形象、美的情感都是品鉴的对象。若是用程式化、概念化的方式来培养学生赏析作品的能力，那无疑是缘木求鱼。如果说文学是谜面，那么生活就是谜底，审美就是不断穿行在文学与生活之间的解谜过程。

（沈文婕）

复旦大学附属中学　张慧腾

作者介绍

　　华东师范大学中文系文学学士、教育学硕士。复旦大学附属中学语文高级教师。上海市陈军语文学科德育实训基地学员。曾获第一届全国中小学青年教师教学竞赛高中组一等奖、第二届上海基础教育青年教师爱岗敬业教学技能大赛中学文史组特等奖、第九届上海市语文大讲堂"语文教学之星"、2017年长三角语文教育论坛征文比赛一等奖、2014年上海市基础教育教学成果特等奖。入选部级学科德育精品课程。获得"上海市五一劳动奖章""上海市教学能手""杨浦区教育科研工作先进个人"等荣誉。在《语文学习》《语文教学通讯》《中学语文教学》等杂志发表文章二十余篇，编选《谋者之言——〈孙子〉选读》。在语文教育中强调学生的主体性，教学充满激情，课堂气氛活跃，师生对话深入。既关注对学生语文学科核心素养的培育，也关注对学生生命成长和人格发展的引导。教育格言：语文教学须处理好"道"与"术"的关系，由"术"入"道"，以"道"驭"术"，最终"道""术"两忘。

从"生活的真实"到"艺术的真实"

阅读作品的过程，可以视为主观经验世界与客体文本世界的融合过程。小说与可能同样具有叙事元素但讲求实录的散文不同，它所创造的完全是一个虚构的世界。"小说取材于社会生活，各种类型的作品都在不同程度上融入了一些真实人事。但只是'融入'，并非实录。它们通过作家头脑的'想化'、改造，进入作品，就失去生活实录的'真'，获得艺术虚构的'假'；再以这种虚构的'假'，求得更高层次的'真'"。[1] 因而，小说教学要引导学生关注"生活的真实"与"艺术的真实"的联系与区别。小说中会出现日常生活中未必存在的人物或未必发生的情节，这是作家出于"艺术的真实"而进行的虚构，这些看似违背"生活的真实"的内容可能会让习惯以自身日常经验为主要理解依据和参照的学生在阅读时感到疑惑和费解，而这类引起阅读障碍的关键处可能恰是小说匠心独运之处，作家正是希望以这样的虚构反应更深广、更深刻、更本质的"生活的真实"。因此，教师有必要引导学生从日常生活的真实世界进入小说的虚构世界，并从小说的"艺术真实"中更深入地把握作家通过小说努力揭示的"生活真实"的意图。本文将以若干篇上海高中教材中的小说教学为例，试作探讨。

《荷花淀》讲述了抗战时期白洋淀人民在中国共产党的领导下，保家卫国的故事。将教学内容放在小说人物对话的精彩传神与女人心理的生动表现固然可以，但从全文看，另有一个问题更有关注的价值和需要。

按照一般分析小说"开端—发展—高潮—结局"的情节顺序，本文高潮部分应该是探夫未成的青年妇女们被日本鬼子的大船追赶而逃入荷花淀的水里，丈夫们突然出现，伏击日本鬼子大获全胜。从现实存在的层面看，战争自然是残酷血腥甚至恐怖暴力的，而孙犁的描写却是"那些隐蔽的大荷叶下面的战士们，正在聚精会神瞄着敌人射击，半眼也没有看她们。枪声清脆，三五排枪过后，他们投出了手榴弹，冲出了荷花淀"。战争的结果很快就是"手榴弹把敌人那只大船击沉，一切都沉下去了，水面上只剩下一团烟硝火药气味"。学生在阅读时难免产生疑问：为什么孙犁会将歼敌获胜的过程写得如此轻松容易，靠手榴弹就能炸沉敌人的大船？为什么文中不见一点战争应有的"刀光剑影、血雨腥风"？如果文章真实细致地展现战争的激烈交锋是不是更能塑造战士形象，歌颂抗日精神呢？这些都是学生以自己的日常经验世界与小说的虚构世界进行比照得出的阅读结论。其实孙犁《荷花淀》的独特性也正在于此，他有意回避战争残酷血腥的元素，是出于他不愿让鲜血玷污荷花淀美丽纯洁的艺术创作意图，他的美学追求便是"对美和善的爱"。

如果从《荷花淀》作为诗化小说的文体特征来看，教学也理应把重点放在通过景物描写与意境营造来抒情言志而非战争场面的写实描绘上，家乡美、人情美与精神美才是孙犁希望展现的更重要的"真实"。

现代主义作品在阅读方式上与传统的古典小说、现实主义小说注重情节、人物与环境三要素非常不同。学生对阅读《变形记》很有兴趣，非常关注格里高尔的奇幻且悲惨的遭遇，他们能隐约感知卡夫卡有意通过小说揭示什么，但难以明确地表达。

其实，《变形记》中唯一不符合"生活的真实"的就是格里高尔"变成甲虫"这一情节，如果读者能暂时"相信"它的真实性，便能很快发现小说其余的内容，比如格里高尔作为人的思想意识、变成"甲虫"的形体特征，父母、妹妹等人的语言行为等都完全符合"生活的真实"，卡夫卡正是着力通过大量的细节描写逼真地展现格里高尔变虫之后的心理活动以及周围人对他的反应与态度。由此，理解"变成甲虫"这一荒诞的情节背后的象征意义成了关键：真实的日常生活中，人不可能变成甲虫，但人们像变成"甲虫"的格里高尔一样感受在工业文明社会的无助、孤独、焦虑和压抑却是真切的心灵体验，人们在温情脉脉的表象背后的金钱关系与利益纽带却是真实的社会存在。卡夫卡只有通过小说看似荒诞（与日常生活真实逻辑相悖）的虚构，以格里高尔的体验来传递这一种"异化"生活的感受，并以格里高尔的视角来揭露"异化"人性的黑暗、丑陋与可怕。如果结合小说的结局格里高尔再也没有变回人形，而是在孤独与痛苦中默默死去，更能看出卡夫卡所预言的人类未来发展真实可能性——人的异化、世界的异化是不可逆转的。

《变形记》超越了生活的真实逻辑，进入卡夫卡所创作的有些可怕的艺术的真实世界，并深刻地揭露了生活的真实本质与终极可能。正如戴·赫·劳伦斯反复说："艺术家是个说谎的该死的家伙，但是他的艺术，如果确是艺术，会把他那个时代的真相告诉你。"[2] 在西方工业文明开始勃兴的时候，卡夫卡要给世界敲响警钟，用文学的途径将世界重新审视一遍。他的发现超越了时代，揭示了一种人类生存的普遍性。

《促织》是有奇幻色彩的中国古典小说。其中有两处超现实的情节设置，一是巫以图画指点成名妻子"猎虫所"；二是成名的儿子化魂为虫，骁勇善战，所向披靡。这两处虚构情节都出现在成名因无法上交促织而陷入绝境之后，最终也直接决定了成名"裘马扬扬"的"光明结局"。充满神话色彩的情节自然不符合"生活的真实"，但设想如果去掉这两处超现实的情节，那成名最终只有面临毁灭，而这恐怕才是在封建黑暗现实中成名的真正命运。此外，小说的"光明结局"还包括"遂使抚臣、令尹，并受促织恩荫"，揭示官场官员"不谋其政，只谋其位"的普遍性与严重性。这样的虚构艺术巧妙地展现了更深广的"生活的真实"，也增强了小说的讽刺意味与批判价值。

对于教材选文篇目更多的现实主义小说，教学中首先要关注作家如何在虚构世界展现"真实"，使读者形成"真实感"。塞万提斯说过：虚构愈切近真实就愈妙，情节愈逼真、愈有可能就能使读者喜欢。虚构的作品必须和读者的理解力相适合，因此写作时应该把不可能的写得仿佛可能。

教师在教学《套中人》的时候常会引导学生通过文中的各种描写来关注别里科夫身上有形无形的"套子"，这固然是解读现实主义小说的一种常规做法。不过，小说中的布尔金作为讲述别里科夫故事的叙事者，更是作者为体现"艺术真实"的精心选择。这样的写法首先增加了故事的可信性：叙事者布尔金是别里科夫的同事，便于近距离观察和讲述人物，如此"套中人"的危害和影响能更形象与强烈地表现出来，使"艺术真实"贴近"生活真实"；其次，布尔金虽然身为受害者，但对于"套中人"除了情感上的取笑、厌恶、排斥外，竟然没有任何改变的意愿或行动，这一形象所体现的便是当时社会背景下人们的共同心态。选择布尔金作为有限的叙事视角，相比作者的全知叙事更能展现当时现实生活更广泛、更普遍的真实。

现实主义小说的教学，还要关注虚构作品中"艺术的真实"对"生活的真实"的突破与超越。

阅读《最后的常春藤叶》，学生进入文本世界看似难度不大。要回答小说结局"贝尔曼为何会死去"这一问题，如果从日常生活经验寻找文本依据，学生不难发现小说中的"伏笔"：比如当时肺炎猖獗，贝尔曼年老体弱，画叶子的时候是在一个"凄风苦雨的夜晚"等等。但这些还不足以作为造成贝尔曼死去的必然因素。如果学生能在艺术的真实世界中理解作品，便能发现作者更深刻的用意，贝尔曼以生命为代价唤醒琼珊的求生欲望，无疑警醒人们对生命的珍视，体现了悲剧的震撼力。贝尔曼曾经一直念叨着终有一天要画一幅"杰作"，最终付出生命的代价完成了"杰作"，诠释了"真正的杰作需要以生命完成（置换）"的艺术真谛。因此，贝尔曼的死存在一定的"生活真实"的事理逻辑，更是出于符合"艺术真实"的情理逻辑的需要。

同样，在阅读《守财奴》时，我们通过巴尔扎克对老葛朗台的语言行为夸张戏谑的描写，发现这是作者对现实生活中各种真实的守财奴形象的提炼与重铸，理解作者借此形象反映的资产阶级社会现实，也更应发现巴尔扎克要通过老葛朗台的形象揭示人类为贪婪本性所异化而无法得到救赎的悲剧性。对于《阿Q正传》中的阿

Q 等典型人物的理解，自然可以还原鲁迅塑造人物时的生活观察与现实取材，也应发现阿 Q 的"精神胜利法"可能是属于全人类的普遍人性，这是现实主义小说最大的"艺术真实"，即更高层次的人性的"真实"、世界的"真实"。

黑塞在《获得教养的途径》中写道："在数千年来不计其数的语言和书籍交织成的斑斓锦缎中，在一些个突然彻悟的瞬间，真正的读者会看见一个极其崇高的超现实的幻象，看见那由千百种矛盾的表情神奇地统一起来的人类的容颜。"所谓"超现实的幻象"，可以理解为小说虚构的"艺术真实"的世界，而"人类的容颜"，正是小说家所要揭示的最深刻、最普遍也最本质的真实。

参考文献

[1] 马振方 . 小说艺术论稿 [M]. 北京 : 北京大学出版社，1991.

[2] 曹文轩 . 小说门 [M]. 北京 : 作家出版社，2003.

《蒹葭》课堂实录

（播放李健演唱《在水一方》的歌曲）

师：有人把琼瑶创作的这首歌称为《蒹葭》最美的现代传译。其实我们在预习作业里也依托诗歌文本进行了个性化的改写和演绎。有同学用散文，也有同学用现代诗。我们一起来交流一下。

（生交流预习作业，分享朗读自己的改写作品，同学点评）

……

师：正因为《蒹葭》的原典存在各种阐释的可能，所以同学们都能从自己的角度出发，对作品进行各种改编和演绎。请大家一起朗读这首诗，用诗中的一个词来概括它的主要内容。

（生齐读《蒹葭》）

师：一起说，是哪个词？

生：（齐）从。

师：（板书"从"的篆体字）"从"是两个人紧挨着。这里解释为"追寻"。诗里写的是怎样的一种追寻？

生：想尽各种办法苦苦追寻。

师：诗里有哪些句子体现这点？

生："溯洄从之"，还有"溯游从之"。

师：这两句在诗中出现了几次？

生：三次。

师：三次完全一样地反复出现，这就是重章叠句。这样的反复有什么效果？

生：写出追寻是不停歇的，无怨无悔。

师：永不停歇，在诗中还有哪些表现？

生：通过时间的变化，"白露为霜""白露未晞""白露未已"。

师：任时间推移，也不放弃追寻。还有哪里可以看出追寻的特点？

生："道阻且长""道阻且跻""道阻且右"，这是写追寻的艰难。

师：诗里用相同的结构，通过部分词句的变化来强调道路的险阻。这首诗再往下写，你觉得"伊人"能找到吗？

生：应该是找不到的，伊人是美好的形象，追寻不到更体现出美好。

师：可是诗中并没有直接描写"伊人"，"伊人"为何美丽？你能找到依据吗？

生："蒹葭苍苍"，衬托出"伊人"的美丽。

生：诗里还写了"白露"，"白露"是高洁的，想必"伊人"也是。

生：伊人"在水一方"，给人一种清幽的感觉。

师：很好。这种写法在《诗经》中我们称为"比兴"。在开头是起兴，同时也有"比"的特点。"在水一方"这个环境还表现出"伊人"的遥远,还有哪些类似的句子吗？

生："宛在水中央"。"伊人"距离遥远，有一种朦胧的美感。

师：这里也是重章叠句，三处"宛在"，你觉得伊人有什么特点？

生：伊人是飘忽不定的。

师：是的，伊人之所以如此之美，更多的还是借助我们的——

生：（齐）想象。

……

师：其实古人对于《蒹葭》一诗的经典元素，比如"伊人""在水一方"早就进行了一遍又一遍的改写和演绎，我们一起来看——

（PPT 展示《陈风·月出》，学生齐读）

师：《陈风·月出》和《蒹葭》有什么关系？"伊人"在哪里？

生："伊人"就是"佼人"。

师："佼人"是怎样的形象？

生："僚兮""舒窈纠兮"，描绘了舒缓、闲适的特点。

师：《蒹葭》中的"伊人"是什么形象？你是通过什么感受到的？

生："伊人"高洁、美丽，她所在的环境是"蒹葭"。

生："伊人"很纯洁，因为诗人写到了"白露"。

师：还有澄澈的"秋水"，"伊人"的塑造通过比兴，而《月出》里的"佼人"，虽然仍然没有写其容貌，但至少展现了其月下的剪影和姿态，那追寻的结果如何？

生："劳心悄兮""劳心慅兮""劳心惨兮"。

师：你注意到了重章叠句的特征。这些心理活动都表现了求之而不得的焦急。我们再来看一首《诗经》的作品《周南·汉广》，其中有没有写追寻？

（PPT 展示《周南·汉广》）

生："不可求思""不可泳思""不可方思"，又想象了迎娶女子的场面，也是写求之而不得。

师：我们来看看追求者与被追求者的身份。

生：樵夫追求游女。

师：对，明确了双方的身份，这是与《蒹葭》的不同。我们之前分析过，"伊人"的身份具有多元性。这两首是与《蒹葭》同时代的作品，我们再来到汉代，《迢迢牵牛星》这首诗大家很熟悉吧？你有什么发现？

（PPT 展示《迢迢牵牛星》）

生：写了牛郎和织女因为"河汉"而阻隔，"脉脉不得语"，和《蒹葭》很像。

师：这是"在水一方"的母题再现。我们再来看李商隐的《无题》（相见时难别亦难）。哪一联就是《蒹葭》意境在晚唐的又一次演绎？

（PPT 展示《无题》，学生齐读）

生：蓬山此去无多路，青鸟殷勤为探看。

师：很好。蓬莱山离我不远，但去不了，只有青鸟能为我去看看那心爱的人。李商隐的很多诗都写了爱情的缥缈与忧伤。我们来到宋代，晏殊的《蝶恋花》中哪一句就是《蒹葭》在那个时代的经典"传译"呢？

生：（齐）昨夜西风凋碧树，独上高楼，望尽天涯路。

师：王国维在《人间词话》中评价其为"悲壮"，说《蒹葭》是"洒落"。词人如此孤独地寻觅，结果是什么？

生：没有寻觅到，因为"欲寄彩笺兼尺素，山长水阔知何处"。"伊人"所在之处是不知道的。

师：《蒹葭》中也有非常重要的一个词来体现这一点，就是……

生：（齐）宛。

师：很好。我们来归结一下，从先秦到汉到唐到宋，再到今人琼瑶，为什么《蒹葭》从古到今一次又一次被"传译"呢？我们一起再读一遍《蒹葭》，要代入这么多后世作品的"回响"。

（生齐读《蒹葭》）

生：因为《蒹葭》有朦胧的美感，所以人们可以去想象伊人的形象。

师：很好。后人不断丰富了"伊人"的形象。还有吗？

生："伊人"的形象千百年来一直在人们心中，每个人在写的时候都会描述自己心中的"伊人"。

师：特别好！每个人心中都有一个"伊人"，这就是经典体现的人类普遍情感。

生："伊人"始终追求不到，每个人也都有可能经历可望而不可即的状态。

师：是啊，美正在追寻的过程中。其实，每个时代都有这样的追求者。我们一起来看一下这个单元的课文，按照时代排序。首先是《蒹葭》，然后呢？

生：西晋·左思《咏史》—东晋·陶渊明《饮酒》—唐·柳宗元《种树郭橐驼传》—清·龚自珍《种树郭橐驼传》。

师：确实。每个时代都有追求者。诗歌的本质是什么？就是"诗言志"，"志"就是心之所至、心之所向。今天的我们其实也是在通过对《蒹葭》的再度创作，用文学的方式表达和演绎我们自己的"志"。我希望同学们代入你心中自己的"伊人"，再来读一遍《蒹葭》。

（生齐读《蒹葭》）

师：好，我们来看一下今天的作业：之前播放了《在水一方》，请大家比较一下，琼瑶的歌词，和《蒹葭》这个原典相比，有什么成功的地方，又有哪些不足？另外，我们要进一步深化理解《诗经》作为中国文学源头的经典意义，理解它对于人类普遍情感和共同命运的揭示。请大家在我们补充的 30 首《诗经》作品中任选一首，进行阐述和分析。

上海交通大学附属中学　金怡

作者介绍

　　金怡，硕士研究生，毕业于华东师范大学。上海交通大学附属中学语文教师，校团委书记。杨浦区教育系统第五届骨干教师后备人选，上海市语文学科德育实训基地学员。曾获全国内地新疆班优质课评比语文组二等奖，上海市德尚课题一等奖，第十二届杨浦区教育科研成果三等奖，上海市教育科学研究院征文比赛优秀奖等。所写论文曾在《高中语文教与学》《语文博览》《新闻晨报》《杨浦区教育学院院刊》等杂志刊物上发表。她主要致力于高中生在语文学习过程中，她获得思维能力的发展和思维品质的提升。在平时的教学过程中，她引导学生通过阅读与鉴赏、表达与交流、梳理与探究活动来积极表达自己的观点和发现。同时，她重点关注学生思考问题的深度和广度，引导学生运用提问、质疑的批判性思维审视作品，探究语言现象和文学现象，使语文学习的过程成为积极主动探索未知领域的过程。

美丽有高下之分吗？

金 怡

梁衡先生的《跨越百年的美丽》一文被编入高中一年级第一学期语文课本第一单元。这是一篇写在居里夫人发现放射性元素镭 100 周年之际的文章。梁衡先生用"美丽"一词诠释了居里夫人从外表到气质，从精神到人格的美丽。编者在单元导语中写道："体悟创造生命之美，是每个生命个体的意义所在"。可见，本单元旨在通过展现不同人的生命体验来让学生体悟生命中各具特色的美丽。但在讲评文章的过程中，教师和学生都发现了一个问题：为什么我们现代人对居里夫人的印象都只停留在她的科学家身份上，她发现了"镭"与"钋"，她成为历史上第一个两获诺贝尔奖的人，而忽略了居里夫人作为女性的"美丽"？ 梁衡先生的文章中也对居里夫人的科学成就大加赞赏和推崇。这引发我们思考的问题是：作为社会属性存在的"理性美"难道比作为个体属性存在的"外貌美"更高一筹？难道只有"理性美"才能跨越百年吗？这是否又违背了单元导读中所希望的学生能发现和体悟每个个体生命不一样的美丽这一教学初衷呢？所以教师尝试引入多元价值理论，并结合学生课下阅读的不同版本的《居里夫人传》等作品，理性思考美丽的价值和意义，形成自己的思辨认识。

一、对文本的传统解读

梁衡先生的散文一直以其恢宏大气的治学风格，纵横捭阖的时空观念著称于世。在《跨越百年的美丽》一文中，他采用倒叙的手法，描写了居里夫人在法国科学院作学术报告的场面，将居里夫人美丽、优雅的形象和伟大的科学成就凸显在读者面前。接下来，梁衡先生具体描写了居里夫人为了探索"镭"元素而进行的艰苦的研究及在名利面前的"不被宠坏"。美丽，一个稀松平常的词语，在文中有着丰富的诠释，从外表到气质，到精神到人格，"美丽"之所以能"跨越百年"，是因为居里夫人坚定执着的信念、献身科学的精神、淡泊名利的风骨和锲而不舍的追求，梁衡先生将这种美归结为理性之美，将居里夫人定义为一位"挺立在智慧高地的伟人"。在梁衡先生看来，居里夫人是美丽的——有她的肖像作证，不容置疑，因此文题才可以使用"美丽"一词。但居里夫人的美丽又不在于外表的美丽——有其事业、成就、理性、淡泊为证，因此这种美丽才能跨越百年。

二、对文本的积极点赞

在语文教学中，我们提倡的是学生进行深入的文本解读，每篇文章都有自己的特点，作为一篇选入高中语文教材的文章，从文本解读中首先要努力去发现这篇文章有何特色和价值，抑或是有哪些值得我们在语文学习中借鉴的地方。如果学习居里夫人的科学探索和奉献精神，似乎没有什么必要，因为小学生就已经了解了这位伟大的女性科学家。如果是缅怀和纪念这位为科学作出杰出贡献的伟人，那么值得纪念的也不仅仅是居里夫人，她也仅仅是一个代表而已。如果是学习梁衡先生的写作手法或者研究这位"以文报国"的作家，则完全可以选择其他篇目。

《跨越百年的美丽》是一篇赞美居里夫人的文章，相同主题类型的文章应该说数不胜数，但梁衡先生有所不同，他抓住了"美丽"一词大做文章，同时，这美丽的出发点还在于居里夫人的"个人属性"——作为一个女人的美丽。

在历来对居里夫人的印象中，我们深深记住了两个人的评论。

一个是爱因斯坦："居里夫人，她的坚强，她的意志的纯洁，她的律己之严，她的客观，她的公正不阿的判断——所有这一切都难得地集中在一个人的身上。她在任何时候都意识到自己是社会的公仆，她的极端的谦虚，永远不给自满留下任何余地。由于社会的严酷和不平等，她的心情总是抑郁的。这就使得她具有那样严肃的外貌，很容易使那些不接近她的人发生误解——这是一种无法用任何艺术气质来解释的少见的严肃性。一旦她认识到某一条道路是正确的，她就毫不妥协地并且极端顽强地坚持走下去。"[1]

另一个是艾芙·居里："我的母亲是一个具有高贵品质的、异常艰辛的、献身奉献的但却时常得不到社会认可的女性。"[2]

在泰斗式人物和至亲女儿的评论下，人们习惯以仰视的视角膜拜、崇敬居里夫人这一伟大的女性，并且记住了她外貌的一大特点——严肃，但首先我们忘记了伟人也是人，伟人也有美和丑。其次，从严格意义上说，严肃并不能用来修饰一个人的外貌。梁衡先生的这篇散文首先从居里夫人的外貌美出发，这本身已是这篇文章的独特之处和创新之点。在文中我们不止一次看到对居里夫人外貌美的描述：

"玛丽·居里穿着一袭黑色长裙，白净端庄的脸庞显出坚定又略带淡泊的神情，……她那美丽庄重的形象也就从此定格在历史上，定格在每个人的心里。"

"居里夫人是属于那一类很漂亮的女子，她的肖像如今挂遍世界各国的科研教学机构，我们仍可看到她昔日的风采。"

"当她还是个小学生时就显示出上帝给她的优宠，漂亮的外貌已足以使她讨得周围所有人的喜欢。"

"当时大学里女学生很少，这个高额头、蓝眼睛、身材修长的漂亮的异国女子，很快成了人们议论的中心。男学生们为了能更多地看她一眼，或有幸凑上去说几句话，常常挤在教室外的走廊里，她的女友甚至不得不用伞柄赶走这些追慕者。"

梁衡先生在这篇散文中回归人的本来属性，回归居里夫人的自然属性之美，这本身是很有人情味，值得我们积极点赞。

三、对文本的深入反思

在佩服梁衡先生写作切入点的独特与精妙的同时，我们也发现了一个值得探讨的问题：梁衡先生针对居里夫人的"美丽"点，进行了明显的高下区分，这在文本中有大量的体现：

居里夫人是属于那一类很漂亮的女子，……但是她并不把美貌当作资本，她的战胜自我也恰恰就是从这一点开始的。

"本来玛丽·居里完全可以换另外一种活法。她可以趁着年轻貌美如现代女孩吃青春饭那样，在钦羡和礼赞中活个轻松，活个痛快。但是她没有，她知道自己更深一层的价值和更远一些的目标。"

"玛丽·居里让全世界的女子都知道，她们除了"身世"和"门庭之外"，还有更重要的东西。"

在这里梁衡先生明显将"貌美"定义为一个相对较低的个人价值，居里夫人在精神上的魅力指数远远高于由她本身的年轻貌美所带来的，认为只有精神上的美丽才有着更深的价值。梁衡先生还将用牺牲年轻美貌的方式来换取理性之美定义为"战胜自我"，这本身也就说明了年轻貌美是一种需要被克服和战胜的弱点，这就更进一步将作为人的个体属性的美推向了被批判的反面。

而为了说明只有精神上的美丽才有着更深的价值时，梁衡先生在文中的其他地方也做了大量的铺垫和叙述：

为了不受漂亮的干扰，居里夫人故意把一头金发剪得很短。

她对这种追求者的热闹不屑一顾，她每天到得最早，坐在前排，给那些追寻的目光一个无情的后脑勺。她身上永远裹着一层冰霜的盔甲，凛然使那些"追星族"不敢靠近。

她面对追者如潮而不心动，她知道只有发现、创造之花才有永开不败的美丽。所以她甘愿让酸碱啃蚀她柔美的双手，让呛人的烟气吹皱她秀美的额头。

她的青春美丽换位到了科学教科书里，换位到了人类文化的史册里。

居里夫人的美名从她发现镭那一刻起就流传于世，迄今已经百年，这是她用全部的青春、信念和生命换来的荣誉。

故意让自己变丑，对所有追求者冷若冰霜，25 岁最美好的年龄却没有一丝对爱情的向往，在这里，梁衡先生似乎有意夸大了居里夫人在科学追求上的"美"，但这种夸大明显将之与她作为一个女人对美的追求对立起来。作者描写居里夫人肖像的时候，特别使用了"庄重""端庄"等字眼。同时，不断出现的"换"这一字眼也让学生产生疑问，从个体本身来看，这种用青春、美貌和生命交换荣誉的做法是否一定对每个人来说都是好的？

其实，问题的核心就在于美丽的真正内涵是什么？美丽本身是否有高下之分呢？

梁衡先生对于外貌美和理性美高下的明显区分首先源于其文章一贯的政论色彩。季羡林先生曾评价说："梁衡总能将对国家民族的满怀忧心，化作美好的文学意境。在并世散文家中，能追求、肯追求这样一种境界的，尚无第二人。"梁衡自己在接受采访时也承认，"一直以来，我所有的创作都带有对社会负责的功利主义。我的政治散文尤其强调为现实服务的很实用的目的。"[3] 在写到外表美的时候，作者使用了莫泊桑的《项链》中的话：女人并无社会等级，也无种族差异，她们的姿色、风度和妩媚就是她们身世和门庭的标志。这句话很值得我们咀嚼，梁衡先生在写这篇文章的时候，似乎关注到了这样一种存在于社会中的现实，而教材的编者将这篇文章放入课本，也是观察到了这样一种社会现象。如果是这样，那么作者与编者都是带着强烈的责任感在写作和挑选文本，这本身能对青少年价值观和人生观有所引导，但是否违背了文本本身的文学真实感与艺术感？

梁衡对于外貌美和理性美高下的明显区分也来源于中国传统观念中对人的内在美的关注。似乎在中国人的观念中，大家历来重视人的内在美。美人往往为美所累。即使如古代四大美女貂蝉、西施、玉环、昭君，她们的外在美也更多还是在男人争权夺利，政权更相交替的故事中被人们所记住。外在的美丽到达了一定的程度之后被视为红颜祸水的例子也不胜枚举。

梁衡对于外貌美和理性美高下的明显区分更来源于我们审美上固有的一元价值观。所谓一元价值观就是认为唯一的某个理论就是终极的理想。从"楚王好细腰"到孱弱病态的黛玉美，这两种美都曾风靡一时，但现在看来是如此的可笑，由于社会经济的进步，观念的更新，社会开放度、包容度的增大，从中我们已经意识到了一元价值观不能再作为评判美丽的标准，而与之对立的则是多元价值观，尊重每个个体的意愿，以各自的能力寻求自我满足的途径。从这个角度上来看，东方所看重的肤如凝脂和西方所推崇的黝黑皮肤拥有同样的美丽，人的外貌美和内在美又有什么高下之分？一个依靠自己的外貌美获得成功的女子和一个依靠才能获得成功的女子又有何贵贱之分？假设有照相摄影技术的话，如西施、貂蝉之美，就不能够跨越百年了吗？其实，用多元价值的观点来审视美丽的价值，不仅仅是对个人属性的尊重，也是社会进步的一种表现。

四、对文本的理性回归

在深入解读文本，通过文本本身讨论了美丽本身的高下价值之后，我们更希望学生能够重新回归文本，去关注梁衡先生这样区分美丽高下到底是为什么，也就是我们在解读每一篇文本时都会碰到的母题之一——作家为什么这样写？这一母题的答案常常隐藏在文本后面，需要我们进一步追问。

韩愈强调文以载道，文道合一，以道为主。文以载道，文章到底是针对什么而言？《跨越百年的美丽》，本就是为纪念居里夫人发现镭 100 周年而作，梁衡先生写作就有一个重要目的——歌颂居里夫人的勇于探索的伟大精神。他在文本中并没有这么简单地给文章定位，而是从居里夫人"达于理，用其智"的人生高度反观生活中形形色色的人，告诉人们："人有多重价值，是需要多层开发的"。从行文看，这个道理好像更多是针对那些"止于形，以售其貌"的女性而言的。这也就使文章更具体可亲。

同时，我们的教学中也避免从一个极端跳入另一个极端，我们希望的是引导学生在思辨的过程中得到思维的成长。美丽本身没有高下，但无论如何我们也不能忘记，使居里夫人跻身伟大人物的最最关键的因素，并非她的美丽的脸庞，而是在于她身上的热忱、顽强、艰辛、公正、高尚、牺牲、奉献，在于发现放射性的重大意义。这种理性美丽的社会贡献是永远站在高处的。我们会对一位美丽绝伦的女子艳羡，但绝对不会敬仰，这是我们对居里夫人尊重的最重要来源。

正如吉鲁为居里夫人所写的传记《一个无上荣光的女人》中写道的那样：当我们试图把她变成圣人时，我们不仅伪造了她的形象，而且剥夺了她的另一面。[4]，当我们在为居里夫人作为一个科学家的牺牲、奉献与成就顶礼膜拜之际，我们也需要记得玛丽居里还有属于她自己的个人属性——她是一个女人。她有理性美，也有外貌美，而且这两者并不对立。这正是我们希望可以引导学生去发现的角度和去理性思考的问题。

参考文献

[1] 爱因斯坦 . 爱因斯坦文集 [M]. 许良英，范岱年，译 . 北京：商务印书馆 .1976.

[2] 艾芙·居里 . 居里夫人传 [M].5 版 . 北京：商务印书馆 .1995.

[3] 梁衡 . 提倡写大事、大情、大理 [EB/OL].(2010-10-18)[2019-3-10].http://www.people.com.cn/GB/14677/22114/37734/39104/2899106.html.

[4] 弗朗索瓦兹·吉鲁 . 一个无上荣光的女人 [M]. 北京：新华出版社 .1983.

《跨越百年的美丽》课堂实录（节选）

师：刚才，我们分析了"美丽"这个词语，它在文中有着丰富的诠释，大家都分析到居里夫人的"美丽"之所以能"跨越百年"，是因为她有着坚定执着的信念、献身科学的精神、淡泊名利的风骨和锲而不舍的追求，梁衡先生将这种美归结为理性之美，将居里夫人定义为一位"挺立在智慧高地的伟人"。接下来问大家一个最简单的问题：居里夫人是谁？

生：科学家。

生：一位伟大的科学家。（笑）发现了镭和钋。

生：既具有内在美又有外在美，艰苦卓绝投身于科学事业的女科学家。

师：还有没有补充？

生：波兰人？（不确定的表情）（大家笑）

师：补充得很不错，往往最简单的就是最好的，还有没有？

如果没有我继续问大家一个问题，大家在写作的时候常常会避开"两爱一居"，因为觉得写的人实在太多了，太泛滥了，为何梁衡要写居里夫人，他笔下的居里夫人有什么特殊？

生：他的文章写于纪念居里夫人发现镭100周年之际，比较有代表性。

师：但是他笔下的居里夫人依然是我们熟知的坚定执着投身于科学事业的伟大女性，有何特别？

生：（思考状）

师：回顾一下大家刚才对"居里夫人"是谁的问题的回答。"科学家""艰苦卓绝投身科学事业"，包括"波兰人"都是居里夫人的社会属性，但每个人在社会属性之前都有一个自然属性，梁衡先生的文章中首次对居里夫人的外貌美作了详细的描述，这是在1998年或者说历史长河中描写居里夫人非常少见的笔触。这一点就很厉害。

请大家找一找，圈划一下梁衡对居里夫人外貌美的描写。

生：圈划，回答。

师：很好！请坐。请问大家，外在美和内在精神之美，哪个更容易流传下去？

生：精神。

师：为什么呢？

生：因为她的精神是值得我们去学习的，而且是每个人都可能继承的精神。

师：很好。谁还有？

生：我认为外表美也可以流传，摄影技术使得美人的形象永远定格，欣赏奥黛丽·赫本的美丽也是一种永恒的流传。

师：很有趣的思考，那么请问梁衡先生对居里夫人外貌美的描写和其内在美的描写区分了高下吗？

生：我觉得作者还是比较明显的推崇内在精神之美。

师：从哪里可以看出，要从文本中找答案。

师：很好，还有吗？

生：嗯，第六段"她的青春美丽换位到了科学教科书里，换位到了人类文化的史册里"这些句子都说明作者觉得居里夫人在科学文化上的贡献能够彰显他的美貌。

生：老师，那梁衡为什么要这么明显地区别外在美和内在美呢？

师：有没有同学来回答这个问题？

生：我觉得这是和本文的写作目的有关，《跨越百年的美丽》，本就是为纪念居里夫人发现镭 100 周年而作，梁衡先生写作就有一个重要目的——歌颂居里夫人的勇于探索的伟大精神。

师：很好。还有吗？

生：我觉得梁衡想做的，是用这种高下的区别，来引起我们的思考。一方面1998 年可能大家更多地在追求物质生活的改变而忽略了精神的追求，这可能是作者想要通过再写居里夫人来达到的提醒世人的目的，另一方面从居里夫人最为外在的美丽写起，却着力于描写她的不在乎，虽然有点夸张，但这样的对立却易让读者心中产生高低之分，从而达到去追求那个内心美的美好境界。

师：非常好！（学生鼓掌）美丽本身没有高下，但无论如何我们也不能忘记，使居里夫人跻身伟大人物的最最关键的因素，并不是她的美丽的脸庞，而是在于她身上的热忱、顽强、艰辛、公正、高尚、牺牲、奉献，在于发现放射性的重大意义。这种理性美丽的社会贡献是永远站在高处的。我们会对一位美丽绝伦的女子艳羡，但绝对不会敬仰，这是我们对居里夫人尊重的最重要来源。

上海市延安中学　申龙

作者介绍

申龙，上海市延安中学教师，华东师范大学文字学博士，上海市陈军语文学科德育实训基地学员、第四期上海市双名工程种子计划学员、长宁区教学能手。曾在市区级教学、科研评优中获奖十余次；在《教学与管理》（北核）、《湖北民族学院学报》（CSSCI）、《语文教学与研究》等学术期刊发表论文十余篇，参编著作《字类注释整理与研究》，点校嘉靖本《三国志通俗演义》，承担市级青年教师课题（已结题）及区重点教科研课题；长期开设公开课《说文解字》，多次开设市区级公开课，教授的《登楼》入选 2018 年上海市德育精品课程。追求学术化的语文课堂，引入传统训诂方法，注重学生"文史哲"观念的构建、文化自信的树立、初步学术能力的培养，落红有情化尘土，润物无声和天倪。

文化视野下的汉字审美在语文教学中的价值和意义

文化视野下的汉字审美教学，就是在语文教学中突出汉字本身的表意文字特性和优势，挖掘其文化内涵，通过汉字字理的探寻了解汉字所蕴含的审美因素，帮助学生树立正确的审美意识、健康向上的审美情趣与鉴赏品味。这既是培养语文学科核心素养的有效手段，也是实现语文教学复合功能的有效途径之一。就美学特征而言，汉字具有音韵美、形体美、文化美等审美特点，在语文教学中进行汉字审美，是完成语文教学复合功能的有效途径，能使语文教学回归人文性和趣味性，也是完成语文教学的审美理想的有效途径。

一、汉字的音韵美

汉字分为四种声调，使汉语抑扬顿挫、和谐悦耳，音乐中的音阶也由音高决定，这就使得汉语读起来天然具有音韵美。汉字的音韵美使得汉语尤其是讲究平仄的对联、古诗读起来悦耳动听，再配以清浊、个性化的吟诵更如同一首首乐曲。此外，由于汉字是单音节词汇，汉字之间组合的自由度极高，断句、停顿时便有了节奏，而节奏往往具有美感。汉字发音时音节中占优势的是元音，元音天然单纯，发音时使得人体器官保持和谐均衡，吐出的声音清晰、向量。清儒刘大櫆写道："一句之中，或多一字，或少一字；一字之中，或用平声，或用仄声；同一平字仄字，或用阴平、阳平、上声、去声、入声，则音节迥异，故字句为音节之矩。积字成句，积句成章，积章成篇，合而读之，音节见矣，歌而咏之，神气出矣。"在语文教学中可以运用汉语的音韵美，鼓励学生朗读甚至是个性化的吟诵，让他们通过读、听感受到汉语独特的魅力，获得审美体验。

通过声音的高低升降来区别意义，加之汉字不是表音文字，所以就产生了许多同音字，也因此出现了许多有趣的语言现象，比如通假。古人有时忘记本字写法或者一时误会，常常借用或者错用另外声音相同或相近的字来代替。如"十成"一词，似很易懂，但若不深究，仍然囫囵。杨万里诗有"不须覆手仍翻手，可杀青云没十成""朝红侮绿成何事，自古诗人没十成"的诗句，《唐宋诗常用语词典》解释"没十成"，云"没有定准，易变化"，大致不错，但何以作此解却未加分析。"十成"是"实诚"

的同音省笔通假字。又如《齐人有一妻一妾章》："蚤起，施从良人之所之""颜渊蚤死"的"蚤"，都借为"早"。这类情况相当多。

二、汉字的形体美

汉字用抽象的线条，构造出种种展示生命形态的感性造型。在一个个美丽的，形态各异的汉字中，积淀着造字者和后代阐释者的许多现实经验，展示出鲜活的生命形态和无尽的生命信号。汉字不是抽象的符号，而是一幅抽象画，它是文字与视觉艺术的混合体，而视觉艺术的威力主要是直接震动感官。此外，结构平衡是汉民族文化表现形式的一个显著特征。中国古代的建筑，在平面布局上总是有一条中轴线。沿着轴线展开格局，再高大的建筑也因主次分明、平衡对称而形成了美的形式，称为建筑美。这样一种思维方式反映在汉字构形上，也使汉字具有了这种注重结构平衡、对称的美感。说解汉字的形体同时也是一种重要的训诂方法，在语文教学中可以广泛运用。

譬如《促织》有云："扶军大悦，以金笼进上，细疏其能"。"细疏"译为"仔细地陈述。疏，臣下向君主陈述事情的一种公文，这里作动词。""疏"小篆字形为"疏"，以形说义，明显本义当与水流畅通有关。《说文解字》："疏者，通也。"引申为疏阔、分疏、疏记，训为"分条记录陈述"，文体名"疏"，因该文体具有"分条陈述"的特点，故冠以"疏"名，实为动词用如名词。故"细疏"释为"仔细陈述"即可。

又有《送东阳马生序》："既加冠，益慕圣贤之道"中的"冠"字，小篆字形为"冠"，"冃"是"帽"的古字；"寸"是长度名，一指宽为寸，为中医诊脉之处，又因为诊脉时需找准恰当的位置，故"寸"字作为构件时往往含义与手部动作、长短、法令制度等密切相关。据《说文解字》："冠，絭也。所以絭发，弁冕之總名也。从冂，从元，元亦声。冠有法制，从寸。"因戴帽子有尊卑等级制度，所以字形采用"寸"作偏旁。"加冠"最早见于汉朝刘向的《说苑·修文》："冠者，所以别成人也……君子始冠，必祝成礼，加冠以厉其心。"冠是古代男子在二十岁时所举行的一种仪式，昭示成年。"冠"字依据字形便知其背后记载的礼法制度，象征对成年男子的约束节制。

三、汉字的文化美

"文化"指在人改造客观世界、协调群体关系和调节自身情感的过程中所表现出来的时代特征、地域风格和民族样式。汉字作为表意文字所包含的文化信息和语义密码，为中华民族文化心理的阐释提供了系统的依据。汉字的解析从一开始就蕴含中华民族的思想史和文化史，几乎每一个古汉字都可以从字形、字音、字义、字的发展演变解读出一部文化史。其形体构成与人的思想、情感、生活、行为往往有机地连接在一起，充溢着丰盈的文化意蕴。古诗文篇章中蕴含着中华民族的历史文化，在中学古诗文字词教学中除了释义，还需要了解字词背后的相关古代文化知识。教师可进行补充，不局限于文字所记载的客观内容，而是拓展到作者的主观创作意图以及所处时代背景，落实到具体的教学中，就是贯彻语境理念。这里的语境，不仅指前文所言的狭义的上下文，也包括古人的文化生活面貌，甚至日常起居、天文地理、风俗礼教、礼制科举等。

譬如《鸿门宴》："沛公旦日从百余骑来见项王"，仅仅训"旦日"为"明天、第二天早上"。学生读后知其然但不知其所以然，此处与古代计时法密切相关，宜详注。依据古代的十二时计时法，一天当中的时间依次为"夜半、鸡鸣、平旦、日出、食时、隅中、日中、日昳、哺时、日入、黄昏、人定"。"平旦"又称"明旦""旦日"，指十二个时辰中的寅时，相当于我们今天所说的凌晨三到五点。理解具体文化内涵之后可迅速判断出刘邦要见项羽的迫切，领略到项羽攻势之强。此注一出，其他古诗文中的类似计时专有名词学生也能知晓其意。

又有《琵琶行》："弟走从军阿姨死，暮去朝来颜色故"。如果望文生义理解为"弟弟和阿姨"，对照琵琶女自述"自言本是京城女，家在虾蟆陵下住"，稍显突兀。实际上可以查阅陈寅恪《元白诗笺证稿》，有详述，此乃教坊用语，"弟"指同坊姐妹，"阿姨"则是坊中头目。

还有《廉颇蔺相如列传》"且秦强赵弱，大王遣一介之使至赵，赵立奉璧来。""介"若训为"个"就句意而言尚通顺，但不符合先秦社会里诸侯国所遵循的一般礼仪制度。依据当时的"同邦之礼"，"介"应当训为"使臣助手"，在宾主间充当传话人的角色。

结语

于漪老师提出我们的校园教育要"培养有中国心的现代文明人"，"有中国心"就是培养学生对中华文化的认同感、自豪感，古诗文则是中华文化中不可或缺的构成部分。教师应尝试着运用多种教学方法帮助学生掌握字词含义，更为恰当、细致、深入地理解古诗文。需要指出的是，我们强调文化视野下的汉字审美在语文教学中的价值与意义，不等于去专门做文字研究或成就一家之言，只是把这样一种思路、方法传授给学生，以期培养他们的古诗文阅读能力，从而提升他们的古文素养，实现文化传承，树立文化自信。

参考文献

［1］王力 . 汉语史稿 [M]. 北京：中华书局，2004.

［2］许慎 . 说文解字 [M]. 北京：中华书局，2010.

［3］徐中舒 . 汉语大字典 [M]. 成都：四川辞书出版社，1996.

［4］罗竹风 . 汉语大词典 [M]. 上海：上海辞书出版社，1986.

［5］王宁 .《训诂学原理》[M]. 北京：中国广播出版社，1996.

《登楼》课堂教学实录

师：唐朝气象是具有处于世界舞台中央的大国气象，这样一个文明体孕育的灿烂文化绵延至今，也是十九大报告中所提倡的文化自信的源泉。今天我们来共同学习为唐代诗坛做出杰出贡献的大诗人杜甫在 1200 多年前创作的诗歌《登楼》。（板书：登楼　杜甫）

师：先请大家翻开书本，107 页，齐读一遍。

（学生齐读）

师：在预习作业中大家提出了非常多的问题，其中有的问题通过这堂课可以解决，有的问题需要大家课后再进一步研究，所以我给大家列出了这些推荐书目。比如我们有多位同学对诗人的生平特别感兴趣，我想他们肯定是从诗歌解读的一个路径——知人论世出发，这在《杜甫评传》中可以找到答案。有的同学问为什么《梁甫吟》的注解处理为指本诗，那就可以关注《杜甫全集校注》中的注解。另外还有两本，叶嘉莹的《叶嘉莹说初盛唐诗》，虽然没有收录《登楼》，但是入选的十几首诗也很有代表性。另一本是葛晓音的《杜甫诗选评》，相对来说学术性更强一点。

PPT 展示推荐书目

师：如果我们要从诗中找出一个词语概括你读完这首诗的感受，你会用哪个字？

生齐回答：伤。（板书：伤）

师："伤"什么呢？

生：伤心。

师：为什么事伤心？

生：为朝政腐败。

师：有补充吗？

生：为"西山寇盗"，外敌入侵。

师：请坐。他说为唐王朝的内忧外患伤心，还另外有补充吗？（板书：国事）

生：为百姓天下。

师：还有吗？首联读一读，还有什么？

生：客。

师："客"指谁？

生：自己，伤自己。（板书：身事）

师：这里用到的"伤"字符不符合杜甫作为唐王朝知识分子正常的表述方式呢？

（生沉默。）

生：不清楚。

师：有清楚的吗？

生：没有。

师：不清楚也不要紧，我们来看一下。

PPT 显示：乐而不淫，哀而不伤。

　　　伤者，哀之过而害于中和者也。

师：可见"伤"这个字太重了，超过了"中和"的分寸，为什么？诗这种"伤"是怎么一步一步形成的呢？请大家自由散读。

（学生散读。）

师：你首先看到的是为了什么"伤"？

生：花近高楼。

师：因为"花近高楼"所以诗人格外伤心吗？

生：不是。

师：那是为什么？

生：我需要再考虑考虑。

师：请坐。另请一位。

生：因为我的身份是"客"。

师：因为我是"客"，还有其他原因吗？

生：万方多难。

师：如此说来这首诗的正常语序应该是什么样的？

生：万方多难伤客心，花近高楼此登临。

师：诗歌首联因果倒装了，这样表达的好处是什么？

生：突出了外景和内心情感矛盾。

师：请坐。大家读一读，品一品，这两种语句除了突出矛盾，还有没有其他？

生：突出了内心。

师：很好，如此一来起势更突显"伤"字。内心因"万方多难"而"伤"，"万方多难"涵盖哪些史诗？

生：四面八方。

师：可以从四面分别说一说。

生：东面有农民起义，南面有广州节度使叛乱，西面有吐蕃入侵，北面并不安宁。

师：很翔实，非常好。"万方多难"之时诗人登楼看到了什么样的景色？可以用一个词概括。

生：壮丽。

师：这片壮丽的景色可以用语言概括一下吗？

生：变幻莫测的浮云，铺天盖地的春色。

师：这个用词相当漂亮。是在成都府锦江边，春光明媚，繁花满园，春色扑面而来，浮云变幻莫测，如此壮丽开阔的美景，为什么"伤"？

生：感叹世事变迁。

师：你从哪里读出来的？

生："变古今"。

师：有补充吗？

生："天地"是空间上的感受。

师：这个空间上的开阔、时间上的变换，诗人我站在这里显得——

生：渺小。

师：非常好。"变古今"以诗人所处的朝代来说，还可能暗示什么？

生：唐朝由鼎盛期到衰弱期的转变。

师："全盛期"的日子是什么样的呢？我们来第一读吧。

（PPT 显示《忆昔其二》，生齐读。）

师：动荡中的唐王朝命运多舛，诗人在这首诗里选取了什么样的历史事件做例证呢？

生："北极朝廷终不改，西山寇盗莫相侵"。西山寇盗入侵。

师：把历史事件记录在诗歌当中，这是什么意思？

生：写实。

生：现实主义。

师：这个表述很准确，所以诗人的诗被称为什么？

生：诗史。

师：记录历史现状并不是全部原因，仅此而已可能还有其他现实主义诗人当得起这一称号，比如写了《卖炭翁》的白居易，上个学期学到的《左思》，有补充吗？

生：融入了诗人的自身经历、情感，并且有深入思考。

师：非常好。我们请一位同学再来读一读颈联，看看轻重之分。

生读。

师：哪几个字你重读了？

生："终"和"莫"。

师：为什么？

生：杜甫对唐王朝灰心至极，无奈，一直不改。

师：这种解读确实在学术界出现过一篇类似文章持这种观点，但是主流观点却是另一种，咱们同学有没有不同意见？

生：这是信心，是一定不会改的。

师："莫"呢？

生：不要，西山寇盗的入侵都是徒劳。

师：既然充满信心，那么"伤"从何来？

生：现状，朝廷昏庸，西山寇盗入侵，人们生活在苦难之中。

师：很好，前途虽光明，然道路曲折。那尾联呢？为何而伤？

生：同情刘禅，可怜亡国之君。《梁甫吟》是一首伤感的葬歌，和全文的情感一致。

师：抓住了情感基调，不错。还有补充吗？

生：由诸葛亮联想到了自己。

师：哦，他是以诸葛亮自况，这就解释了大家在预习作业中提出的问题：为什么课下注解将《梁甫吟》注为指此时。"日暮"二字呢？你们怎么看？

生：杜甫已是老年，感叹诸葛亮出师未捷身先死，但是这里讲到自己是壮志未酬。

师：这个解读非常好，杜甫年轻的时候是想做宰相的，有诗歌佐证。而此时，客居异乡，身患重病，幼子早已饿死，兄妹也已离散，国家处于战乱之中，百感千愁，涌上心头。"花近高楼伤客心"，预备起。

（学生齐读。）

师：我们结合《登楼》还有其他我们学过的二十首诗说一说，为什么杜甫会被称为"诗圣"呢？

生：诗风沉郁顿挫。（板书：沉郁顿挫）

师：这是就什么而言？

生："沉郁"指内容，"顿挫"指结构。

师：有补充吗？

生：对人民关心。

师：你可以用更书面的语言或者四个字来表述吗？

生：富有仁爱之心。（板书：仁爱）

师：爱谁？

生：爱人们，爱国家。

师：刚才同学说"终不改"是指杜甫对朝廷、国家失望，再看看他的一贯思想，可以下去多琢磨琢磨，看看哪种观念更契合。还有补充吗？

生：遣词造句精益求精。

师：为人性僻耽佳句，语不惊人死不休。还有补充吗？

生：有一种责任意识。

师：可以用四个字具体化吗？

生：忧国忧民。（板书：忧国忧民）

师：这种忧国忧民的出发点是从哪儿开始的？

生："朱门酒肉臭，路有冻死骨"。

师：这个例子很好，这是关注他人。写这首诗的时候诗人刚经历什么？

生：幼子死了。

师：所以诗人的"忧国忧民"其实是从哪儿开始的？

生：从自身出发，推己及人。（板书：推己及人）

师："推己及人"如果用一个字来说是"恕"，你们讲到的"爱国"那是"忠"，再加上前面同学讲的"仁爱"，这是哪家思想的践行？

生：儒家。（板书：儒）

师：非常好，其实"仁"是儒家思想的最高境界。（板书：仁字的古文字形体）

师：从字形看，很明显，两个人一样的心思或者一千个人都是一样的心思，那么天下就达到了和谐的状态。"三千多年前的甲骨文和现在的字，基本结构没有什么变化，所以这个传承它真正是一种中华基因"。"诗圣"的"圣"很好地展示了诗人对儒学的践行和继承。

总结：不知过去，焉知未来。延续民族文化血脉，践行十九大报告所强调的增加文化自信，必须坚持从历史走向未来，千百年来传承"儒学"先进理念早就成了杜甫甚至你我日常而不觉的价值观，构成民族独特的精神世界。（PPT 显示）

作业：从"杜甫离我很远""杜甫与我同行"中任选一题言心得。

上海市市西中学 杨俊杰

作者介绍

　　杨俊杰，男，中学高级教师，上海市陈军语文德育师训基地和双名工程学员，静安区语文教师工作室主持人。从教 20 多年，他默默耕耘在语文教学的第一线。他热爱自己的语文教学工作，上好每一堂语文课是他的执着追求。杨老师努力将每一堂语文课上得深入浅出而又生动活泼，让学生能徜徉在语文学科知识的海洋中，既能获得知识的涵养，也能得到情操的提升，不断提升学生的思维品质。20 多年的教学生涯，成功与失败并存，让他在语文教学中有了更多的教学感悟和体会。在未来的语文教学中，杨老师会努力拓展自己的教学视野，探索语文教学多元化新途径，不断提升自己的教学质量，让自己的语文教学与科研更好地结合起来，去实现新的突破和超越。

是什么触动了你的心弦

情感是人类心理世界中一个最为丰富复杂、最为神秘玄奥又最令人神往的领域。一般认为，情感属于非理性、非逻辑的领域，但情感中也积淀着理性成分，情感有自己的理想诉求。

《一碗阳春面》写了一个亲人之间、店主与顾客之间、陌生人之间相互激励，相互扶持的故事。这个故事写得情真意切，感人肺腑。尤其是母子三人所经历的苦难，以及在这样的苦难中，母子三人团结一心、努力奋斗的经历，让人唏嘘不已。普普通通的一碗阳春面，却触动了每一位师生的心弦，着实让我们体会到作品的强大艺术魅力。可细想，我们生活中，还有许多家庭遭受的苦难甚至比作品中母子三人遭受的更加沉重，更令人悲伤，可为什么却没有如作品所讲述的故事这样能撩动我们的心弦呢？冷静思考，细读文本，就会发现情感中积淀的理性成分，或许这才是打动我们的最关键因素。

一、让幼小的身躯去承担深重的苦难

让我们看看作品中设置的主要人物形象，一个母亲带着两个孩子。分析人物形象时，我们会很自然地将分析的重点放在那位伟大的母亲身上。母亲、父亲是家庭两根重要支柱，父亲去世，母亲就要义不容辞地肩负起维持家庭生活的重担，努力面对生活中的一切苦难。但在分析母亲形象的同时，我们是不是可以将焦点更多地移到这两个孩子身上。在作品中，我们看到两个年幼懵懂的孩子（一个六岁，一个九岁）主动承担了大人所应该承担的重担和责任。很显然，在苦难面前让孩子承受这一切，是很不人道的，可两个孩子却毫无怨言，面对苦难时的那份主动、自觉、勇敢、坦然、乐观的生活态度和积极向上的精神，深深打动了我们。他们甚至做得比母亲做得更多，做得更好。"哥哥每天送早报和晚报，弟弟包家务"，"弟弟每天做晚饭，放弃了俱乐部的活动"。为了维系这个家庭，孩子们放弃了本该属于他们这个年龄段所应有的生活和快乐，可他们却毫无怨言，目的只有一个，"齐心合力，为保护我们的母亲而努力"。母亲本应保护自己的孩子，而孩子却主动站起来去保护自己的母亲。母亲心里也是明白的，如果没有这两个懂事儿子的支持，是不可能走到今天的。"大儿，淳儿，今天我做母亲的想要向你们道谢"，与其说这是母亲的真诚的道谢，不如说是对孩子的一份愧疚。当你读到这里，你就不为这么懂事坚强的孩子而感动吗？作者有意将苦难的沉重性与两个孩子幼小的身躯叠加在一起，并由此形成一种巨大的反差。于是，这样看似不合常情常规的人物塑造，取得了最合情合理的情感共鸣。母亲是伟大的，而孩子的精神更伟大。

二、在维护人格尊严中承受苦难

苦难可以激发生机，也可以扼杀生机；可以磨炼意志，也可以摧垮意志。维克多·弗兰克说得好，以尊严的方式承受苦难，这是一项实实在在的内在成就，因为它证明了人在任何时候都拥有不可剥夺的精神自由。母子三人不仅以维护人格尊严的方式共同承受苦难，而且在承受苦难中努力创造幸福。母子三人并没有因为突发的灾祸而倒下，相反，却迸发出了一种坚韧和执着。父亲去世后，还欠着八个人的钱，母亲毅然决定要偿还这些欠款，母亲首先将"抚恤金全部还了债，不够的部分每月五万元分期偿还"。母亲努力工作，还得到了公司的特别津贴，全部还清了债款。母亲如此，兄弟俩又何尝不是这样。兄弟俩始终以"不能失败，要努力，要好好活着"激励自己。家长会上面对弟弟的作文，哥哥发表的内心感言，是最真实的写照。起初哥哥对弟弟写的作文"感到丢脸"，但是看到弟弟激动地大声朗读，哥哥心里"感到羞愧"，直到最后哥哥内心自觉迸发出的勇气，"决不能忘记母亲买一碗阳春面的勇气。"兄弟俩大胆地在众人的面前袒露自己的心声，展现自己的苦难，这是需要勇气的。这样的方式不是为了博取别人的同情，也不是为了得到别人的施舍，而是展现出了一个家庭在面对苦难时，齐心协力，不屈不挠的奋斗精神。在保护母亲的同时，他们用自己的双手努力创造幸福，哪怕只是一个少不更事的孩子。事实上也的确如此，经历过巨大苦难的人有权利证明，创造幸福和承受苦难属于同一种能力。没有被苦难压倒，这不是耻辱，而是光荣。面对无可逃避的厄运，便是在勇敢承受命运时的尊严感。

三、战胜苦难从个体行为演绎为群体行为

对于别人的苦难，我们的同情一开始可能会相当活跃，但一旦苦难一直持续下去，同情就会消退。可在作品中，当母子三人的苦难在持续时，面馆老板夫妇和顾客们也纷纷自觉加入了这场苦难的奋斗历程中。他们的同情、祝福、惦记、守候也随这

个家庭的浮沉，不断地在素不相识的陌生人中传递、延续。在这个故事里，他们和母子三人同呼吸，共命运，几乎成为亲密团结的一家人。故事完美的结局离不开他们真诚和善意，他们和母子三人共同构成了这个完美的故事。

从文章一开始，多处反复出现的细节描写很值得我们注意。第一次吃阳春面的时候，老板抓起一堆面，继而又加了半堆。毫不起眼的半堆面，分量虽少，意义重大。老板知道，面要适量，不能多，多了就会给母子三人带来心理负担。在多数情况下，同情往往会伤害苦难者的自尊。第二次吃面时，依旧是"一人半份的面下了锅"，"如果下三碗，他们也许会尴尬的"，老板夫妇始终用他们默默无闻而又细致入微的关注，小心地呵护着母子三人的自尊，他们的关爱合理又无声。母子三人亲情之间爱是令人动容的，可陌生人之间的爱，不计回报，大公无私，更令人肃然起敬。在面馆重新装修后，家具都换新的了，可是"二号桌依然如故，老板夫妇不但没感到不协调，反而把二号桌安放在店堂中央"，老板夫妇还把"一碗阳春面"的故事告诉顾客们，顾客们再口口相传，普通的桌子竟然成为幸福的象征。从一个家庭立志到一个素不相识的社会群体因此而立志，从一个家庭追求幸福到一个社会群体为此而共同追求幸福，当越来越多的人加入到这场追逐中，那它背后的意义就不仅仅局限于一个家庭或个人，而可能成为一个社会价值观的体现，具有强烈的社会意义。要知道当一个不幸者处于苦难时，最需要的是同伴的理解和支持。可别人的关爱至多只能转移你对苦难的注意力，却不能改变苦难的实质。即使你想借此努力减轻命运给你带来的不公正的程度，可事实这只是心理上的幻觉和无助的自我安慰。面馆里的每一位顾客，期待母子三人能够走出苦难，期待母子三人能获得幸福，虽然这场苦难其实与己无关，甚至这一切的幸福其实也与己无关，但他们愿意，把别人的苦难当作自己的苦难，把别人获得的幸福也当作自己获得的幸福，而这样的过程竟然是面馆所有顾客用十年时间默默守候和期待换来的，而这仅是为了一个素不相识的家庭。这样的等待是漫长的，这样的幸福是伟大的。

《一碗阳春面》是一篇以情动人的小说。小说成功地击中了阅读者内心最柔软之处。一碗阳春面，承载的是所有人都期盼的人性温暖。我们在挖掘教材中的情感资源的同时，是不是也能够冷静下来，好好去想象情感背后的理性沉淀，或许我们会发现其实小说之所以动人的深层原因，更多的是因为它表达了更多的理性诉求和思考。

《想北平》课堂教学实录

【设计思想】

《想北平》是老舍的散文名篇之一。作品通过一个独特的写作视角"我的北平"，抒写了老舍对北平炽热而深刻的情感。文中对每一处景物的描写都是老舍用心选择，用情勾勒。教学过程中，如何激发学生的阅读情感，采取何种方式将老舍的炽热情怀传递给学生，并引发他们的共鸣，是上好这堂课的关键。在备课过程中，我决定将文本语言的品味和解读作为本堂课的抓手，通过对文本语言的细读，去引导同学品味、思考和把握作者的情感，希望借此将作品中所蕴含的情与理很好地呈现出来。让学生在质朴真实的语言品味中，去感受作者真挚热烈的情感。

【学习目标】

1. 品味本文真实质朴的语言。

2. 通过品读文本中的关键词句领悟文中作者的思想情感。

3. 感受作家对故都的深切眷恋之情，渗透人文精神，培养对故土的热爱之情。

【教学过程】

一、导入课文

师：请同学先看一段文字（展示 PPT）

老舍在他的《三年写作自述》中曾说过："我生在北平，那里的人、风景、味道，和卖酸梅汤、杏儿茶的声音，我全熟悉。一闭眼，我的北平就完整的、像一幅彩色鲜明的图画浮立在我的心中。我敢放胆地描画它，它是条清溪，我每一探手，就摸上一条活泼的鱼儿来。"

师：以上这段文字出自老舍，同学们也都预习过了老舍写的《想北平》一文。大家都会有相同的感受：北平的点点滴滴早已经深深镌刻在了老舍的心里。今天我们就一起来品读老舍的《想北平》，来感受一下老舍对北平的这份真挚情感。

二、整体感知

师：（朗读课文，初步感知）本文主要写了什么？（在朗读课文的基础上，请同学用一句话概括文章的内容）

生：主要写了两个方面，一是怀恋着北平在近乎平凡琐碎的日常事务中体现的韵味，二是在怀恋中传达了"我"对北平难以言说的刻骨铭心的爱。

三、研读赏析

师：作者笔下北平有何独到之处，如此独具韵味？（结合文本，一句话概括特点）

生1：人为之中显出自然，胜过巴黎。

生2：和太极相似，动中有静。

生3：布局匀称，处处还有空儿。

生4：里面无工厂，外面连园林，有"悠然见南山"的美趣。

（教师板书：人为中显出自然）

生5：花多菜多果子多。

（教师板书：更为接近自然）

师：我们一起看一下，板书中有两个"自然"，意思一样吗？

生：前者是人为，是物质上的。

师：这里的"自然"，可否用其他词语来替换？

生：和谐。

师：那后一个"自然"指的是什么呢？

生：花、菜、果子都是大自然的产物。

师：同学们再仔细阅读文本，除了强调自然这一特点之外，作者笔下的北平还呈现出了什么特点？

生：作者在文本中，从行文起笔开始，就一直在强调两个字——"我的"，这样的表达，有着强烈的归属感。

师：分析得很好，那么请在文中具体圈划出相关的词句来加以赏析。

生1："整个儿与我的心灵相黏合的一段历史"。

生2："我的每一思念中有个北平"。

生3："我的性格与脾气里有许多地方是这古城所赐给的"。

师：比如"黏合"一词，可否改为"贴合"？

生：不可以改，因为黏合的东西，如果分离之后，就永远无法恢复原样，两者之间会出现剥离，通过这个词语的使用可想而知北平和作者的关系是多么的亲密，再次强调了"我的"北平的归属感。

师：我一直有着一个疑惑，既然如此自然、亲密的一座城市，为何我对北平有着难以言说的刻骨铭心的爱？请圈划相关语句加以赏析。

生1：（如第2段中的语句）

"……这个爱几乎是要说而说不出的……"；

"怎样爱？我说不出……"；

"……这只有说不出而已";

生 2：（第 3 段中的语句）

"……我将永远道不出我的爱……";

"……可是我说不出来";

生 3：（最后一段）

"好，不再说了吧……";

（讨论分析）

师：对北平刻骨铭心的爱为什么"说不出"？

生 1：夸奖这个古城的某一点容易，我不能把我的北平看得太小了，而辜负了"我"的北平。这个北平不是一般地理概念上的北平，也不同于游客眼中的北平，这座城市是"我"的至爱，我在一种担心中表达对北平的爱。

（板书：知道的少——无法说）

生 2："我不是诗人，不能如杜鹃般用好看好听的字啼出自己的心血"，作者不是不会写诗歌，而是一种自谦的方式来表达自己的遗憾，北平的美以及作者对北平的爱，不是能简单地用一种词句来表达的，作者是在一种无力的遗憾中表达自己对北平的爱。

（板书：语言匮乏——无力说）

生 3："我的北平是整个儿与我的心灵想黏合的地方"，爱得深沉，爱得热烈，大音希声，大爱无形，情到深处只有人自知了，在无言中表达对北平的爱。

（板书：爱得炙热——无从说）

生 4：作者反复用"说不出"来表白，这表白的背后是一种深深的遗憾，遗憾的背后是一种深深的爱，作者最后还是娓娓道来，而且字里行间中，这种情感表达是如此自然亲切，让人读了之后也会产生心灵的共鸣。

（板书：身怀遗憾——不得不说）

师：（展示 PPT）犹如舒婷所说：纵使我心中有一个汪洋，但流出来的却只有两滴眼泪。

（文章的情感力量不是声嘶力竭的大声疾呼，也不是泪眼蒙胧的楚楚可人，往往一份真挚的情感就是通过如此简单而朴实的语言就能淋漓尽致地展现出来。）

师：舒乙曾用五句话来概括自己的父亲：第一句就是"他是北京人"；第二句话是"他是一个满洲人"；第三句话是"他是一个穷人"；第四句话"他是一个差不多有十年生活在国外的人"；第五句话是"他生于 19 世纪的最后一年，在 20 世纪 60 年代去世"。

四、深化探幽

师：我们不妨再结合文本和舒乙对父亲的评价一段话，再来重新审视老舍文章和他笔下的北平，究竟是什么深深打动了你、我，并为之而动情？

师：大家有没有注意到作者在表达自己情感的时候反复说一个字："真"想，"真"爱，"真"愿。这个"真"字的使用，很明显作者就是想要强调什么？！

生1：在作者的笔下，北平的一景一物都是如此的平凡而真实。比如，北平的好处不在处处设备得完全，而在它处处有空儿。可以使人自由地喘气。大家不觉得，作者为何偏偏独爱于此。其实，北平有着许多皇宫庭院．可作者认为它们并不是北平的好处，不只在这些。

生2：的确，我也有同感。文章里还写到"花草是种费钱的玩意，可是此地的'花儿'很便宜。而且家家有院子，可以花不多的钱而种一院子花，即使算不了什么，可是到底可爱呀"。作者独独喜爱便宜的花草，满足于平凡的生活。在我的感受中，似乎作者要表达像陶渊明式的生活追求，有着一种"采菊东篱下，悠然见南山"的隐者情怀。而这种情怀充满了实感，是属于平凡人的平凡生活，非常具有真实感。

生3：在我看来，这个"真"字还带有强烈的自豪感。北平这座城市和北平的日常生活是许多国外城市都不具备的特质。比如，"在巴黎我一定会和没有家一样的感到寂苦"。可以看出他在巴黎没有像在北平一样舒适，巴黎并不是家，而北平才让他有了家的感觉。作者甚至写到北平给作者带来的"像小儿睡在摇篮里"的安全感，这一切就源于北平这座城市有着边际，可以安放他的一颗童心。

生4：文章里还写到，"哼，美国的橘子包着纸，遇到北平的带霜儿的玉李，还不愧杀！"，一个简单的"哼"字写尽多少作者的自豪的情怀。这是孩子般的情怀，而孩子的纯真甚至天真的口气，也折射出了老舍先生内心具有的童真。语言的童趣化，也是内心真实的表达。

师：同学们都说得好极了。作者爱极了北平，北平也深深地影响着他，他的北平是安适、自由、平凡的。古人云"一枝一叶总关情"，所以作者笔下的北平也是极朴素的，北平有的是金碧辉煌的皇家庭院，但本文让我们看到的是属于平民的老城墙、花花草草和水果等日常的东西，就是这样的一个北平，是"整个儿与我的心灵相黏合的"，所以作者用了最真挚朴素平实的语言为我们描绘了他心中独特的北平，一个属于普通平凡人的北平，也让我们深深地体会到作者自己平凡、淡泊的精神追求和人生理想。这就是作品内在的情感与外在的语言表现形式达成的统一。

师：看似平常普通的文章，其实背后却有着复杂的情理因素。下面就写作背景以及作者当时的处境，对本文再加以分析。

1.久离故乡的游子

还记得上课前老舍对北平的自述吗？这个真字，我们会发现，作者笔下的北平景物竟会如此的真实，它的点点滴滴仿佛就在我们的眼前。因为他是地道的"北京人"。也正是因为他"差不多有十年生活在国外"，所以他是一个游子，一个游子怎么会不深深爱自己的母亲，爱自己生他养他的家呢？

【提示】：知人论世

尤其是在写《想北平》的时候，日寇的铁蹄已经在华北平原上肆意践踏，"华北危急""北平危急"，这一个真字倾注了作者对北平的多少牵挂与担忧啊，这种无奈与忧伤又有谁人知晓。

2.纯真质朴的平民

"他是一个穷人"，所以老舍走进了平民的世界，用一个"平民"的视野和角度去审视北平，所以在他的笔下带着一种泥土的清香和"平民式"的自豪。平民的眼光是世俗的，可以为了生计，为了家庭，为了金钱而忙碌一生，可为什么在他的身上却丝毫没有呢？在他的文章中更是丝毫没有？！

在老舍身上，在他的文章里，我们感受到的是自然无为、淡泊宁静，什么都可以做，什么都可以想，他不张扬，不世俗，丝毫不带有皇城脚下的贵族气息，就这样摸着古老而不荒凉的老城墙，看着酸枣树过着自己平凡而又质朴的生活。这样才会把写作的触角伸向老百姓的日常生活，才会有对平凡质朴生活实景细致入微的关注和热恋。

3.博大精深的人文精神

我们不仅看到老舍自身所流露的道家思想、儒生的中庸之道，还看到了北平在他的笔下呈现了不一样的特色：热闹而又清静，人为而又自然，有大都市的阔大又有农村的花菜果子，是大都市但又闲适。这种的对立统一，其实都是中国文化的核心命题——"天人合一"。

如"北平在人为之中显出自然……，而在它处处有空儿……"，简直就是科学的预言，带有很大的超前意识，几乎成了现代大都市必须遵循的定律了：有了"处处有空儿"，才能实现"使人更接近自然"。凡是违背了这个定律的，到头来都必须反转头重来，直至真正实现"处处有空儿"。

五、归纳总结

分析到这儿，其实老舍为我们展现的是一个真实的北平，一个真实的个人，一段真实的情感，一段耐人寻味的文化精神。而他就是"人民艺术家"——老舍。

（朗读自创诗歌）

题外文章弦外音，

句求平淡意求真。

呵成一气成天籁，

动情带泪想北平。

（板书）

$$
真\begin{cases}
一篇真挚的文章 \\
一段真实的情感 \\
一座真实的北平 \\
一种耐人寻味的文化精神
\end{cases}
$$

【教学反思】

散文教学中，语言的品味是重点。只有通过反复地朗读、品味，才可以逐步引导学生去把握作者的思想情感。尤其本文看似随性的写作，其实是作者对北平城市生活情与理的集中呈现与深刻感悟。这就需要学生和教师一起用心去体会与关注。我将此作为重点，以品味语言为纬线，以感悟情感为经线，两者很好地结合，让学生充分发表自己的真实想法，让学生在教学过程中，充分领会语言和情感的和谐统一。

上海市北虹高级中学　彭音

作者介绍

　　彭音，一个普通的高中语文教师，在二十余年的教学生涯中，始终把成为合格的语文教师作为自己的追求。语文教学的最终目标和教育的大目标是相契合的，那就是要"育人"。育人不是简单的价值观的灌输，因为那不是教育，而是洗脑。育人是要教会人去思考，教会人去伪辨真，培养发现真善美、创造真善美的能力。语文教育中的思维品质培养和逻辑能力培养都是为这一目标服务的。此外，语文教学以其兼涉文史哲的特殊性，在精神和品格的培育上较其他学科更为重要。韩愈曰："师者，传道受业解惑也。"又曰："授之书而习其句读者，非吾所谓传其道解其惑者也。"师因道而尊，道因师而显，教师应该有传道的自觉。我将以读书养精神，以思考辨真伪，以育人为目标，在三尺讲台耕耘不辍。

隐逸背后

在一次公开课上讲授陶渊明的《饮酒》，出于对教材单元主题（见《上海市高级中学课本语文（试用本）一年级第一学期》第五单元说明）安排的考虑，我将教学目标定为：1. 了解陶渊明及其诗歌淡而有味的风格；2. 体会陶渊明热爱自然、志趣高远的内心世界。讲课很顺利，我的自我感觉也还不错。可是，课后专家点评时提出了不同意见。专家的话引起了我对陶渊明隐逸作品价值的认真思考。

陶渊明是魏晋乱世中的奇人。他失了车马，得了田园；弃了仕途，得了自然。他是一个诚实地面对自己内心的人，所以苏东坡说他："欲仕则仕，不以求之为嫌；欲隐则隐，不以去之为高；饥则扣门而乞食，饱则鸡黍以延客。古今贤之，贵其真也。"他的作品基本就是他自然生活的真实再现，是他真实情感的自然流露。陶渊明现存的作品诗125首，文13篇（据袁行霈《陶渊明集笺注》）。诗据内容往往被分为三类：饮酒诗、咏怀诗、田园诗，其中描写对田园生活的向往及真实体验，表达自己隐逸之志、养真之志的作品超过了一半，而《咏荆轲》一类"金刚怒目"的诗歌只占不到十首。文涉及隐逸内容的有9篇。这样看来"隐逸"的确是陶渊明创作的核心内容。虽然数量不能完全决定分量，但是作家的创作重心的确是我们研究作家作品的重要入口。

陶渊明在诗歌中反复陈述自己"弱龄寄事外，委怀在琴书"，"少无适俗韵，性本爱丘山"，可见对自然人生的追求是其思想极为重要的组成。就以教材所选《饮酒》一诗而言，首四句作者就通过一个反常态的现象，道出了自己对于"心远"的追求，而后四句，"采菊东篱下，悠然见南山。山气日夕佳，飞鸟相与还"正是"心远"生活的真实写照。因为"心远"所以才能在尘世的喧嚣中，摆脱世俗的忧虑、羁绊，实现生命本真与自然的神会、冥合，仿若庄周梦蝶时的物我两忘，物我同化。这就是陶渊明内心感知的难以言传的"真意"。其中蕴含的超越于功利之上的精神之美、审美之美令人无限向往。这种精神上的清洁与美何遽不若金刚怒目呢？

历代爱慕陶渊明的文人很多，他们的评价也大都是从其恬淡、不慕荣利的角度出发的。如唐代隐逸诗人孟浩然的《仲夏归汉南寄京邑旧游》："赏读《高士传》，最佳陶征君，目耽田园趣，自谓羲皇人。"说陶渊明是高士中最高的。而高士的特征就是品行高洁，不慕荣利。又如唐代李白的《戏赠郑溧阳》："陶令日日醉，不知五柳春。素琴本无弦，漉酒用葛巾。清风北窗下，自谓羲皇人。何时到栗里，一见平生亲。"

表达了自己对于陶渊明潇洒自然的生活方式的追慕。白居易用"尘垢不污玉，灵凤不啄腥"（《访陶公旧宅》）来讲陶渊明高洁的品格。宋代文豪欧阳修推崇说："晋无文章，唯陶渊明《归去来兮辞》。"欧阳修肯定的也是他追寻田园之乐的作品。苏东坡是陶渊明最大的拥趸，他不仅和作了陶渊明全部的诗歌，而且在各类文章、题跋总反复表达自己对于这位诗人的隐逸精神的仰慕。这么多的评价其实都说明了一点：淡泊宁静，追求生命的自然本质，的确是陶渊明思想最引人注目、最令后人景仰追步的部分。

然而简单地赞扬他有隐逸的高志，而不能在隐逸的表象下再探知他的精神境界，就无法将其从历史上众多的隐者中分别出来，也无法真正实现对于陶渊明精神的理解。

陶渊明并非是生来的隐士。少年时他也有自己的宏大追求，"猛志逸四海，骞翮思远翥"。年过四十，他也会叹息"总角闻道，白首无成"。考察他的生平，就可以约略了解他的隐逸的价值究竟在于何处。

以袁行霈所作年谱为据，陶渊明出生于晋穆帝永和九年，卒于宋文帝元嘉四年，76 年的人生经历了两朝八代。末代晋朝权力更迭迅速，登位的皇帝多是多方权力平衡的结果，所以出现了娃娃皇帝、白痴皇帝、清谈皇帝。与此同时，权臣的野心潜滋暗长，从桓温到刘裕，终于取而代晋。在这样的滔滔乱世中，出身寒微的士人的选择并不会太多。他们可以与世浮沉，抛弃做人的底线，左右逢源；也可以寻找靠山，成为工具，以期立身；但是不可能凭借个人的力量实现自己大济苍生的人生抱负。正直纯良的知识分子既不愿与世同流，所能做的选择就只有退居田园。可是世道混乱，田园并非桃源，不是对自由清洁的精神有极高追求的人，是不可能安然于出家清贫的生活之中的。在《五柳先生传》中陶渊明以古代隐士黔娄自比，可见其追求个性独立之一斑。梁启超评价陶渊明，说他"极热烈极有豪气"，"缠绵悱恻最多情"，"道德责任心极重"，但是也指出，这样的品格与文艺后面支撑的是他"自然"的人生观，"'自然'是他理想的天国"，"爱自然的结果，当然是爱自由"。笔者以为梁启超的评价反过来讲可能更合适：陶渊明爱自由独立的人格的结果，就是在乱世之中向自然寻求高尚人格的自我保全。陶渊明的隐逸不是逃避，而是在无可作为情况之下，最大的作为。而正是这种独立自由的人格追求，才是一个知识分子所应该拥有的高贵品格，也正是他区别那些山中宰相，或者以终南为捷径的隐士的最本质的地方。

再看专家在点评《饮酒》一课教学时，反复重申鲁迅先生的一个经典评价："金刚怒目"。这个评价出自鲁迅先生的杂文《题未定草》（见《且介亭杂文二集》），原文如下：

  又如被选家录取了《归去来辞》和《桃花源记》，被论客赞赏着"采菊东篱下，悠然见南山"的陶潜先生，在后人的心目中，实在飘逸得太久了，但在全集里，他却有时很摩登，"愿在丝而为履，附素足以周旋，悲行止之有节，空委弃于床前"，竟想摇身一变，化为"阿呀呀，我的爱人呀"的鞋子，虽然后来自说因为"止于礼义"，未能进攻到底，但那些胡思乱想的自白，究竟是大胆的。就是诗，除论客所佩服的"悠然见南山"之外，也还有"精卫衔微木，将以填沧海，形天舞干戚，猛志固常在"之类的"金刚怒目"式，在证明着他并非整天整夜的飘飘然。这"猛志固常在"和"悠然见南山"的是一个人，倘有取舍，即非全人，再加抑扬，更离真实。

  从以上文字可见，鲁迅先生要表达的中心是看人应该全面，而不能够只取一面，并没有否定陶潜"静穆"的一面。其中的一句"再加抑扬，更离真实"是对于所有阅读、教授陶渊明的人的告诫。"静穆悠远"与"金刚怒目"是一枚硬币的两面。没有"金刚怒目"的精神，是不可能有坚定的意志信念远离尘世的污水浊泥的，没有"静穆悠远"的精神，也不可能在"环堵萧然，不避风日，短褐穿结，箪瓢屡空"的生活中"晏如也"的。这一点其实在《饮酒》的组诗中就可以看出来。《饮酒》共二十首，据袁行霈考证其创作于晋安帝义熙十三年丁巳，即公元四一七年，陶渊明66岁，隐居在家之时。此时陶渊明的生活已经相当困顿，但是他仍然拒绝了复出投靠刘裕的邀请。他描写自己的门前冷落"贫居乏人工，灌木荒余宅，班班有飞鸟，寂寂无行迹"，"敝庐交悲风，荒草没前庭"，因为自己不屑于"为五斗米折腰"，所以，故旧亲友自然就疏远了，可是在这样的境况下，他以隐居为乐事，因为这来自自己内心对人格自由、精神高洁的执着追求。他在这组诗中歌颂菊花、青松，歌颂古时候的"达人"，"鹿皮带索"却"鼓琴而歌"的荣启期；正当壮年，而因与世不合归隐的张释之；志乖于时，高风自持的杨伦，这些意象，这些隐士所呈现的与世、与时相悖的"静穆悠远"的精神力量正是另一种形式上的"金刚怒目"。

  昭明太子可以称得上是懂得陶渊明的人，他说："渊明文章不群，词采精拔，……加以贞志不休，安道苦节，不以躬耕为耻，不以无财为病，自非大贤笃志，与道污隆，孰能如此乎？"他指出了陶渊明文字背后的是与道同在的浩然胸次。这种至大至刚的浩然之气才能造就精神的静穆之美与怒目之美。这两种美相辅相成，彼此辉映展现了陶渊明丰富而深刻的精神世界。这才是陶渊明隐逸作品背后所蕴含的最有价值的精神财富。

  再提一笔，陶渊明思想中关于"金刚怒目"的一面的积极意义的肯定早已有之，但是到了清初顾炎武才得以大力推进，这里存在着一个社会历史环境影响的因素。顾此失彼地单方面强调这一点总是有失偏颇的。

《饮酒》课堂实录

师：我们曾经学过《桃花源记》，大家还记得其中的内容吗？

生：记得。讲一个打鱼的人偶然发现了一个"世外桃源"。

师：作者为什么会想象这样的一个世界？

生：因为作者生活的时代东晋好像总打仗。

师：是的。桃花源只是作者在黑暗动荡的魏晋时代做的一个虚幻的美梦，陶渊明所要面对的还是内忧外患不断的东晋小朝廷，黑暗腐朽的官场政治，清贫艰难的生活。可是在这样的情况下，陶渊明依然能够保持着生命的本真状态。有人说他是中国历史上少有的真正的人，他是如何在乱世之中构筑了自己的心灵花园呢？那么今天我们来一起欣赏陶渊明的诗作《饮酒》。

……

师：有哲人说，生活在别处。陶渊明也有如此的想法吗？

生：没有，他对自己的生活好像挺满意。

生：我想他会说重要的不是地方，而是自己的心灵。

师：依据在哪里？

生：心远地自偏。

齐读全诗，概括前四句。

生：前四句就是讲自己为什么能够在人境却听不到车马的喧闹。

师：作者的"心远"具体表现在何处？

生：采菊东篱下，悠然见南山。山气日夕佳，飞鸟相与还。

师：为什么这样的景象会让你觉得是"心远"？

生："飞鸟"给人的感觉比较自由。

师：你觉得"心远"的含义里是包括了自由精神的，是吗？陶渊明在他的《归园田居》组诗里也曾经将自己比作鸟，"羁鸟念旧林"，说自己在官场上的生活就像是鸟儿被关在了笼子里，思念着渴望着旧日生活的树林。那么现在他所看到的在南山的暮霭中自在飞翔、结伴归巢的小鸟其实也就是作者自己的化身。

师：还有什么让你觉得是"心远"的？

生：菊花。菊花应该是一种高洁的象征。

生：好像有一篇文章讲过"菊，花之隐逸者也。"隐逸的人往往都是不与世俗相融的。所以菊花是高远的。

师：那句话是出自周敦颐的《爱莲说》，里面还有一句"晋陶渊明独爱菊"。菊花开放的季节是在秋季，它的花往往经霜不落，有"宁可抱香枝头死，何曾吹落北风中"的特性，所以被人们用来作为高洁的代表。

生：他说"山气日夕佳"，我觉得山中有一种很恬静、很宁静的感觉，就是山是一种很高很远的地方，表达了自己心高志远。另外"日夕"是傍晚的情景，一般人都会想到老年人风烛残年的日子，但是作者却觉得无所谓。

师：是无所谓的吗？他用了一个什么字？

生："佳"。具体描绘南山之美。好像有喜悦的心情在里面。

师：陶渊明在采菊花的时候还是看到了南山，但是陶渊明说自己住的地方因为自己的心远而"地自偏"了呀，难不成是假话？其实特别想到山里去隐逸？

生：陶渊明看到的山应该是印证了自己的"心远地自偏"，他看到山的时候心情是很宁静平和的。"悠然"的心境不会是特别羡慕渴望的心情。

师：说得真好，你抓住了诗歌中最重要的"情感内核"来分析诗歌。还有一个字可以印证你的说法。有人曾经说用"见"字太平淡了，应该用"望"。你怎么看？

生：用"望"不好，太刻意了，不符合"悠然"的心境。"见"是更合适的，因为很随意，有一点自然而然的味道。

师：作者选取了一个独特的观景视角，在自己的院子里采菊，看南山，心与山会，心里如山一般宁静、空灵，让人想起后代词人辛弃疾的一句词"我见青山多妩媚，料青山，见我应如是。"那傍晚时分景致美丽的南山，正是作者内心的物化。

师：齐读五到八句，用几个词语来概括这种生活的特征。

生：宁静。

生：自由，舒适。

生：随心所欲的。

……

师：诗歌的结尾说"此中有真意，欲辨已忘言"你能成为他的代言人，结合诗歌和资料，用你自己的话来诠释这首诗中的"真意"吗？

生：他告诉我们生命只要自己的心灵宁静，就会生活宁静。

生：我觉得真意应该是一个人不管外界的环境是怎样的都应该保守自己的内心。

生：我查到《饮酒》是一组诗，我觉得不一定每一首都是在喝酒的时候写的。作者在日常宁静的家居之中，享受着内心宁静所带来的愉悦，仿佛就像是饮酒一样有着陶然自醉的乐趣。而这里的"真意"应该指的就是"平淡从容才是真"。

师：你能够从另一个角度来解析，说得太棒了，真让我喜出望外！

……

师：你能谈谈这首诗对你的生命启示吗？

生：读了这首诗我觉得陶渊明十分有魅力。他安于田园安于贫苦，在田园和贫苦中也能找到生机勃勃的很有趣的地方。整首诗非常宁静，非常淡远，但是从中也能看到他神采飞扬，无拘无束，十分豪放。我欣赏他身处这样的乱世还能有如此境界。

生：看到这首诗的时候，我觉得很奇怪，他为什么要去饮酒，当读完整首诗后，因为古人云饮酒知醉，陶渊明他没有说饮酒是因为他陶醉于自己的生活，所以他觉得自己的生活是美好的，如今的我们应该像陶渊明一样，坚持自己的生活，而不要在意别人的评价，而是发现自己生活中的美好，这样才能悠然、自由、美好。

生：我从这首诗里面得到的启示是：不论在怎样的情况下都要保持自己内心的一片净土。要保持自己生命本来的颜色，因为这是一种来之不易的、随着我们出生而来的东西，应该去小心地呵护。

师：关于生命是一个永远谈不完的话题，今时今日，此时此刻，我们所感受到的生命是我们现有的阅历的积累，在经过更长时间的洗礼后，在岁月的磨洗中，我们可能会一点点加深自己对于生命的理解。

根据袁行霈先生的陶渊明年谱，他活了七十多岁，而这首诗写作于他六十多岁的时候，这是他历经尘世后的人生感悟。我希望这首诗能够留在你记忆的某个角落，在经历了长长的人生，在今后的某个时刻你也许会发现自己的心灵穿越时空与陶渊明产生了关于生命的共鸣。

师生共诵。

上海市崇明区城桥中学 倪俊娟

作者介绍

倪俊娟，上海崇明人，2001 年毕业于上海师范大学汉语言文学教育专业。现为崇明区城桥中学语文教师、学校德育辅导中心主任、崇明区语文学科标兵、崇明区语文学科命题组中心组成员、崇明区中小学德育科研中心组成员。近五年，主持市级课题 1 项，区级课题 2 项，参与国家级课题 1 项，市级课题 1 项；区级以上发表教学类、德育类文章共 19 篇。在教学过程中，她秉持"为主动学而教"的理念，主动学习，积极探索，能从学情出发，致力于培养学生对语文的兴趣，提升学生的语文学科素养，开发了《考试选文阅读指导》《高中作文分层教学》等校本课程，有效提升了学生的学习能力，任教班级语文成绩，尤其作文成绩突出。曾先后荣获崇明县青年教师岗位能手、教育系统优秀青年、德育先进个人、崇明区"十佳"班主任、崇明区"十佳"教学之星等荣誉称号。

教"无用之用" 育生命自觉

于漪老师说："语文就是人生，伴随人一辈子。"确实，在语文的三尺讲台上，学生可以站在历史的高度，站在人性的角度，于古今中外经典著作中体会历史风云、感悟世事人情。语文学科中精辟深邃的灼见真知、宽广厚重的真挚情怀、优美斑斓的真诚语言，对心灵正在发育的学生而言，无疑是最好的精神养料，促进他们终身成长。

一、问题提出

先来看当下的语文教学，却是功利主义盛行：教什么？取决于考试考不考；学什么？取决于能否得高分。只注重"有用之用"，忽略语文最本真的价值的后果便是学生对语文的反感，更别提可享受到吸吮精神养料的快乐了；其次，人生的立足根本是生命，然而，近几年，漠视生命，花季陨落，屡见不鲜；得过且过，消极人生，亦是常态。

党的十八大明确提出了要"落实立德树人"的根本任务。《上海市中小学语文新课程标准》指出：语文的基本特点是"工具性和人文性的统一"，要为学生"终身学习和全面而有个性的发展奠定基础"。可见，在我们的语文教学中，在注重"工具性"的同时，也不能忘记"人文性"，因为语文本身就是"为人生"的学科，承担着"教天地之事，育生命自觉"的重任。

二、内涵界定

所谓"无用之用"，是指在当下功利主义盛行，实用主义大行其道的当下，挖掘语文课程中看似"无用"的人文部分，唤醒学生"最本真的生命意识"，促进其精神发育，增加其生命厚度。

三、实施策略

下面我将以自己在教学中的实践，谈谈如何以教材为依托，以拓展阅读为载体，以写作教学为助推，培育学生的"生命自觉"。

（一）以教材唤醒学生的生命体验

语文学科德育的主阵地依然是课堂，是教材。上海高中语文教材的现行版本是以主题单元来划分的。其中很多课文都是唤醒学生生命体验的极佳素材。

如高一第一册，第一单元主题就是"生命体验"，伟人毛泽东以天下为己任，改造旧中国的豪情壮志让原本"自古逢秋悲寂寥"的秋景也变得生机勃勃；《跨越百年的美丽》中居里夫人"不售其貌"，挺立在智慧高地执着进取，永葆理性的美；《生命本来没有名字》更是唤起了学生对生命本质的关注，引发自我意识的觉醒。再如"美好亲情""人我之间""走向社会"等，这些优秀作品都有一个共同点：表达对生命最真实的体验。这样的作品无疑"具有思想感情上影响人和对人进行道德规范的力量"，是我们唤醒学生生命体验、审视自我、完善自我的非常好的育德素材。

高一的学生处于叛逆期，在情感体验方面还处于懵懂期。面对父母亲人的牵挂关心，很多学生非但不懂感恩，反而视为累赘，视作负担。在《合欢树》的教学中，我将"体味母爱的深沉无私和史铁生'树欲静而风不止，子欲养而亲不待'的伤痛，引导学生学会爱，学会感恩，学会珍惜"作为教学目标之一。当我问学生最打动你的是哪一幕场景时，有同学回答："是第一段，史铁生与母亲斗嘴的一幕。"这让我有些惊讶，因为根据经验，打动人的往往是苦难，这幕场景是这篇文章里难得的较为快乐的一幕。她继续说："这让我想起了前两天和父亲的吵嘴，当时还觉得父亲不理解我，读了这一段，让我忽然意识到，即使是吵嘴，能与父母在一起，也是那么的幸福。更何况，这吵嘴其实是另一种爱的表达。"

还有同学表示："是这一段，'三十岁时，我的第一篇小说发表了。母亲却已不在人世，过了几年，我的另一篇小说又侥幸获奖，母亲已经离开我整整七年。'虽然作者的语言非常质朴，但我读着特别难受。"我在黑板上写下了"树欲静而风不止，子欲养而亲不待"，告诉学生："如果还拥有，那就珍惜，不要让自己的人生留下悔恨。"史铁生以其真而诚的表达引发了学生的共鸣，润泽着学生的心灵。

（二）以阅读促进学生的精神发育

阅读的意义在于，它在超越世俗生活的层面上，建立起精神生活的世界。"一个人的阅读史就是一个人的精神发育史。"我们必须赋予学生更多精神层面的东西，促进他们的精神发育，增加他们生命的丰度。在教材以外，我们根据教材单元主题和学生的实际需要，编写了校本配套阅读书目。

如学完《生命本来没有名字》，我们就让学生拓展阅读《人生的三种觉醒》，文中"生命的觉醒"让学生懂得生命的可贵，珍惜生命；"自我的觉醒"让学生懂得在世俗中坚守自我，不被名利左右的重要；"灵魂的觉醒"让学生超越小我，明白唯有内在的力量才能使自己活得有意义。

此外，市教委最近提出了整本书阅读，据此，我们语文组以读书节为契机，开展了系列读书活动。首先，我们推出年度十本最受城中学生欢迎的书籍，引导学生阅读并积累。如米兰·昆德拉的《不能承受的生命之轻》启示学生勇于承担生命中的重责，因为"负担越重，生命就越贴近大地，它就越真实存在"；再如《麦田的守望者》，主人公"要拯救那些处于危险之境的纯真者，使他们免受精神的伤害，使他们永远纯真，使他们坚守道德的阵地，不受堕落之苦"这一美好而纯真的理想，引发了学生的强烈共鸣……

在阅读的基础上，我们引导学生做积累，写感悟，让阅读成为他们精神发育的养料，成为促进他们终身发展的琼浆与醍醐。如学生写的《目送》的读后感：

从来没有思考过，或许有一天，常伴你左右的父母忽然就不见了，你除了目送，别无他法。《目送》残忍地让我不得不去思考这个可能性，或者叫必然性。无能的我们该做些什么呢？我想，除了把握当下，除了学会感恩，除了做最好的自己，让父母少操一点心，或许是最好的办法。

这位同学因为阅读，开始思考正视生命轮回的必然性，也启示他更加珍惜生命中拥有的亲情，促进了其思想的成熟。

（三）以写作增加学生的生命厚度

"听说读写"是语文的基本能力，写作是一个表达自我认知与精神诉求的过程，是调动所有语文能力凝结成的结晶，同时，写作能力不断提升的过程也是学生生命意识不断成熟的过程。在写作中，学生的思维得到发展，审美得到培养，文化得到传承，生命的厚度得以增加。

怎样的生命是有厚度的？我们将其定义为"经历的丰富"和"精神的充实"。然而，人的生命的长度是有限的，在有限的生命中如何尽可能地让学生的生命变得有厚度？

一方面，我们引导学生进行时文写作。所谓时文写作是指针对当下的热点，进行理性剖析，表达观点，提出解决策略。我们都引导学生对时事积极思考。时文写作，不仅培养了学生关心时事，参与社会，以天下为己任的意识，同时也培养了他们的文化眼光，即对人对事物背后蕴含的文化现象、文化观念有清醒的认识和判断。

另一方面，我们注重在写作中培养学和提升学生的批判性思维能力。这种批判性思维能力其实也是当代学生应具备的适应终身发展和社会发展需要的关键能力。

这样的写作能力培养，有利于引导学生敢于表达自我，形成积极健康的思维方式，有利于培养正确的学习方法，有利于培育科学精神，更有利于关照自我，形成责任担当意识。

四、在反思中前行

在德育课程一体化的当下，每一门学科也都承担着育德功能，因为，学科与德育本就是一体的。而语文学科本就承担着"充实底蕴，形成审美意识，树立正确价值观，塑造健全人格"（《新课标》）的重任，在以"培养全面发展的人"为目标的当下，语文学科的育德责任更是责无旁贷。

"为未知而教，为未来而学"，语文只有将工具性与人文性统一起来，才能引导学生探求"最本真的生命意识"，积极地、广泛地、有远见地追求有意义的生活。因此，在注重教"有用之用"的同时，不妨教些"无用之用"，也许"无用之用"方为"大用"。

《左忠毅公逸事》课堂实录（节选）

一、文题入手，初步感知

师：进入高中以来，我们邂逅了智勇双全，以国家之急为先的——

生（齐声）：蔺相如。

师：邂逅了"让灵魂从轮椅上站起来的"——

生（齐声）：史铁生。

师：我们也邂逅了"敢论列大事，指陈病利"的杜牧，他体现了一个知识分子应有的责任担当。今天，我们再来邂逅一位名人，他是——

生（看屏幕，齐声）：左忠毅公。

师：谁能把题目解释一下？

生1：记录的是左光斗不甚为世人所知的事迹。

师：你是如何知道的？

生（笑）：看注释啊！

师（赞赏地）：的确，看注释是学习文言文的一个好习惯，希望大家继续保持。"忠毅公"是他的？

生1：谥号。

师：什么是谥号？

生1：就是大臣去世后根据他的生平或褒或贬定的号。

师：对，相当于"盖棺定论"的评判。

二、细读文本，把握形象

师：既然同学都说"逸事"就是"记录未经史书记载，不甚为世人所知的事迹"，那么，本文从正面记载了左光斗哪些事迹？从这些事迹中，你读出了怎样的左光斗？

生2：首先，他任京城地区的学政官，在"风雪严寒"的天气里出去，可见其为国揽才，体现了他的爱国精神。

师：任京城地区的学政官，你从哪个词语翻译过来？

生2：视学，原来是学政官，这里是名作动。

师：有没有同学补充？

生3：我觉得左光斗是故意选择这个天气出行，他想知道在这样恶劣的天气是否所有人都在认真苦读。

师：你这个答案是我没有想到的，但也很有道理，可见如此严寒的天气里他依然要出去，表现其——

生3：爱岗敬业，因为他是学政官。

师：而且他等不及天晴再去，可见其内心——

生（齐声）：迫切。

生3（表示想接着说）：当他来到古寺发现有个书生在那里睡着了，但是完成了文章，他看了以后细心地"解貂覆生""为掩户"，表现了他对人才的爱护。

师：用一个词语概括，刚刚说是揽才，这里是——

生（齐声）：惜才。

师：语文学习要关注文本，这个"惜"字你能否再深入进去？

生3：为掩户，这三个字都看得出很重视吧！

师：有没有同学帮他？

生4：他作为一个学政官，为一书生关门。

师：你把"掩"翻成了"关"，你们觉得这两个词语能否换一下？我们请同学演示一下。

生5（走到门口演示"掩"和"关"两个动作）："掩"是小心翼翼地，怕吵醒史可法，能看出左光斗对史可法的爱惜。

师：我们在学史铁生《合欢树》时曾说"母爱是一堆堆的细节"，这里我们可以说——

生（齐声）：师爱是一堆堆的细节。

师：接着说。

生5：左光斗发现史可法参加了考试，就马上当面给了第一，表现其爱才心切。

师：你抓住里面哪个字？

生5："即"，副词，"面"，当面，名作状，为国家揽才。

师：对词语的分析到位，只是这部分你说揽才，前面同学也说揽才，我们能否改一个字，使概括更有针对性一点？

（学生七嘴八舌，有的说"寻才"，有的说"觅才"，最后认为"觅才"好听。）

师："即""当面"是爱才心切，其实也看出左光斗的果断，在我们同学的预习作业中有这么一个问题，展示PPT——

学生提问①："公阅毕，即解貂覆生""呈卷，即面署第一"，左光斗为何两次都是"即"，是否太草率了？

生6：不草率，"即解貂覆生"体现左光斗的"惜才"，"即"是跟在"公阅毕"后面的。

师：也就是说"阅"文章和"解貂覆生"这个动作之间是因果关系，他必然在文章中看到了一些内容，大家觉得应该是什么内容？

生（七嘴八舌）：对国家之事的评论，令他产生共鸣等。

师：像杜牧那样敢论列大事。那"即面署第一"呢？

生7：这个"即"表现了对史可法的肯定，果断。

师：作为一个掌权者，在他的果断背后我们看到了他"用人的胆识"。接着说。

生7：在狱中——

师：马上就监狱里了？（生笑）前面第一个同学就说"我从头开始吧"，这就是很好的阅读习惯，顺着文脉去思考，

生7："使拜夫人""吾诸儿碌碌，他日继吾志者，唯此生耳"，这些语言描写，表现了对史可法的器重。我读出了他的无奈。

师：再读一下。（学生再次朗读）最后一句话，大家有没有指导意见？

生8：声音应该高一点，表现内心的激动，和他的儿子形成强烈的反差。

师：应该说，按照人之常情，人人都希望自己的儿子能继承自己的事业，但是左光斗却非常坦诚地承认自己儿子的平庸无能，这背后是否能读出左光斗的无私？

生8：再次朗读，情感上有了起伏。

师：我们概括一下刚才同学们分析的内容是——

生：选才，赞才。

师："赞才"是可以的，能否选个更好听的词语？

生：誉才。

师：继续顺着文脉说。

生9：史可法了解到左光斗受刑罚。

师：你的主语是史可法，我们的提问是正面描写，所以是否把主语换一下？

生9：左光斗受刑，他的学生来看他，他反而驱赶史可法，对比反差。

师：你们觉得他应该受刑很严重，但是文中却用了个很重要的副词，是哪个？

生："则"，转折。展示PPT。学生提问②——前文说"旦夕且死"，但后面却是"席

地倚墙而坐"，而且"目光如炬"，完全不像一个将死之人，是否矛盾？

生9："席地"就是"把地当作席子"，意动用法，"倚墙而坐"，保持了他的尊严。

师：面对逆阉，遭受酷刑，依然保持尊严，用一个词语概括。

生9：无畏。

师：为何"倚墙而坐"。

生：左膝以下筋骨尽脱矣。

师："则""席地""倚墙""而坐"，"而"表修饰的连词，这里每一个字都暗含了左光斗为捍卫正义的"无畏"。刚才同学讲到"左膝以下筋骨尽脱矣"，我觉得很有必要探讨以下学生提问③——"左膝以下，筋骨尽脱矣"中的"脱"，我查了一下，有的版本解释为"脱落"，百度汉语是把这句作为例子，但有的版本解释为"露出"，请问哪个解释更正确？

生10：我觉得"露出"更好一些，因为他当时受的是"炮烙"之刑，应该伤势更严重一些。

生11（要求补充）："炮烙"这种刑罚是用烧红的烙铁烫，所以伤情应该是"露出"，而"脱落"的话一般是打断的。

师：很好。同学们敢于质疑，并且能与上文联系，这是很好的阅读习惯。回到"则"字，这表现出史可法的惊讶。这时候左光斗应该是怎样的情态？

（学生回答不出）大家可以从句式的角度，这里用的是——

生：长句。

师：长句具有怎样的表达效果？

生：舒缓，表现他内心的平静、坦然，将个人生死置之度外。

师：学生提问④——从前文看，左光斗对史可法非常关爱，又是"解貂覆生"，又是"使拜夫人"，为何在狱中对史可法如此凶，甚至"吾今即扑杀汝"？（倪佳骏等7位同学提出）我们请同学读一下，并说说你读出了左光斗怎样的心情？

生12：我读出了愤怒，"怒曰""吾今即扑杀汝""因摸地上刑械作投击势"，因为他已经是死囚，但是他很看重的一个学生冒着生命危险来看自己，觉得很不值得，只是因为个人情感而不明国家大事。我看到了一个"无情"的左光斗。

师：无情的背后是什么？

生12：爱才、护才。

三、写法鉴赏，深化主旨

师：有人评价说，这篇文章讲究"义法"，"义"是言之有物，"法"是言之有序，请结合这节课的学习，谈谈你对"义法"的认识与理解。

生13：都是围绕"才"展开的，以"才"为线索，即言之有序。这些内容都是为了体现他对国家的忠，体现他的坚毅，这就是言之有物。

师：如此，我们左光斗无私无畏无情的背后读出了"忠毅"，"大无"的背后是"大有"。范仲淹在《严先生祠堂记》中评价严子陵："云山苍苍，江水泱泱，先生之风，山高水长。"这句话同样可以评价左光斗"先生之风，山高水长"。下节课，我们将完成学生提问⑤，也是本堂课的作业——本文既然是写左光斗，为何花了许多笔墨写史可法，是否偏题？（施宇蕊等15位同学提出）

9 787510 674631